硫化氢防护培训
模块化教材

刘　钰 ◎ 主编

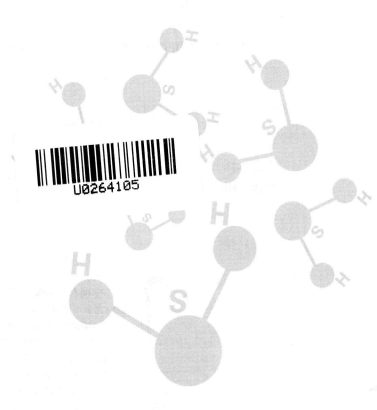

中国石化出版社
HTTP://WWW.SINOPEC-PRESS.COM

内 容 提 要

本书依据 SY/T 7356—2017《硫化氢防护安全培训规范》,以不同作业现场主要防护问题为导向,着眼不同岗位从业人员硫化氢防护培训的特定需求,介绍了硫化氢防护的理论基础知识;钻井作业、井下作业、原油采集与处理、天然气采集与处理等不同作业现场的硫化氢防护与应急处置;岗位从业人员硫化氢防护实操技能;硫化氢防护典型案例剖析等。

本书采用模块化编写,具有较强的针对性、实用性、灵活性和可操作性,各模块间相互独立成章,可灵活组合,满足安全培训机构教师及不同岗位涉硫从业人员的自主选择。

本书可作为硫化氢作业环境从业人员进行硫化氢培训的专业教材,也可作为安全管理、工程技术人员的工作参考用书。

图书在版编目(CIP)数据

硫化氢防护培训模块化教材/刘钰主编. —北京:
中国石化出版社,2019.10(2024.11 重印)
ISBN 978 - 7 - 5114 - 5485 - 0

Ⅰ.①硫… Ⅱ.①刘… Ⅲ.油气钻井 - 硫化氢 - 防护 - 技术培训 - 教材 Ⅳ.①TE28

中国版本图书馆 CIP 数据核字(2019)第 205983 号

中国石化出版社出版发行
地址:北京市东城区安定门外大街 58 号
邮编:100011 电话:(010)57512500
发行部电话:(010)57512575
http://www.sinopec-press.com
E-mail:press@sinopec.com
北京富泰印刷有限责任公司印刷
全国各地新华书店经销
*
787 × 1092 毫米 16 开本 20.5 印张 488 千字
2019 年 10 月第 1 版 2024 年 11 月第 2 次印刷
定价:60.00 元

《硫化氢防护培训模块化教材》
编　委　会

前　言

　　石油天然气行业作为高危行业，在石油天然气勘探、开发、储运等生产活动中，灾难性事故时有发生，其中因硫化氢逸出、泄漏、防护不当、措施不力、培训失范等原因造成严重的人员伤亡和设备损坏之事故也不乏其例，受到业内高度警觉和重视。

　　继2014年10月国家职业卫生标准GBZ/T 259—2014《硫化氢职业危害防护导则》发布实施之后，2017年3月28日，国家能源局发布了SY/T 7356—2017《硫化氢防护安全培训规范》，首次对行业内硫化氢防护培训进行了创新性、系统性的规范。这对于当前乃至今后一个时期的硫化氢防护培训质量的提高、从业人员防护技能水平的提升，无疑将起到积极促进作用。

　　要安全先培训，要培训需规范。为落实SY/T 7356—2017《硫化氢防护安全培训规范》新要求，依据其规范，我们在《硫化氢防护培训教材》（第三版）的基础上，参照SY/T 5087—2017《硫化氢环境钻井场所作业安全规范》、SY/T 6610—2017《硫化氢环境井下作业场所作业安全规范》、SY/T 7358—2017《硫化氢环境原油采集与处理安全规范》、SY/T 6137—2017《硫化氢环境天然气采集与处理安全规范》等最新的行业标准，开发编写了《硫化氢防护培训模块化教材》。

　　本书以石油天然气行业硫化氢环境不同作业现场主要防护问题为导向，着眼不同岗位从业人员硫化氢防护的特定需求，分理论基础知识、实操技能、案例剖析等3大模块、21个子模块。在硫化氢防护培训内容体系完整的前提下，本着理论够用为度，立足作业预防，重视问题处置，突出实操技能，模块间相互独立成章，可灵活组合，满足安全培训机构教师及不同岗位从业人员自主选择对应模块进行培训学习。

本书由刘钰主编，负责大纲的编写和内容框架设计，对全书进行统审、修改定稿。第一章、第二章、第四章由刘钰、潘积鹏、林波执笔编写，第三章、第八章、第九章由张合倩、张传玉、杨镇嘉执笔编写，第十章、第十一章由秦彦敏、张传玉执笔编写，第五章、第六章、第七章由潘积鹏、林波、秦彦敏执笔编写，第十二章、第十三章、第十四章由王其献、王庆余、杨镇嘉执笔编写，第十五章、第十六章、第十七章、第十八章、第十九章、第二十章、第二十一章由刘钰、潘积鹏、周德才、杨延美、武志刚、秦彦敏等执笔编写。

本书在编写过程中参考引用了大量的文献及标准，汲取了诸多专家的研究成果，对此，编者在该书的参考文献及引用标准中尽可能地做了列举。在此，谨向有关作者及标准起草人表示诚挚的感谢，并向出版这些文献、标准的出版社致敬！

本教材在编写、出版过程中得到了中国石化出版社相关编辑和领导的悉心指导、鼎力支持，在此一并表示感谢！

限于编者水平，书中可能存在欠妥不足之处。恳请广大读者批评指正，以便今后修订完善。

目　　录

基础理论知识模块（*MK-A*）

事故案例剖析模块（*MK-C*）

基础理论知识模块
（*MK-A*）

硫化氢（H_2S）是具有刺激性和窒息性的无色有毒气体。

硫化氢（H_2S）中毒是威胁劳动者健康和生命的重要职业病危害因素。

硫化氢（H_2S）中毒高危行业主要有石油和天然气开采业、石油加工业、化学工业、造纸、污水处理、食品及酿酒业等 70 余种。

2003 年 12 月 23 日 22：15，重庆开县某油气田分公司川东北气矿罗家 16H 井发生天然气井喷事故，造成硫化氢中毒，井场周围居民和井队职工 243 人中毒死亡、2142 人住院治疗、9 万余人被紧急疏散安置，直接经济损失达 6432.31 万元。

硫化氢（H_2S）不仅严重威胁着人们的生命安全，而且还会造成严重的环境污染，同时对金属设备、工具也将造成腐蚀破坏，给企业带来严重的经济财产损失，影响企业的生产安全和安全发展。因此，为确保人身安全，避免企业经济财产损失，就必须预防和杜绝硫化氢中毒事故的发生，必须加强涉硫从业人员硫化氢（H_2S）防护的规范性培训，使其了解硫化氢的性质、来源和危害，熟知现场作业安全操作规程，掌握人身防护用品的使用和预防硫化氢中毒的基本方法，做好应急处置和现场急救。

第一节（*MK-A1-1*）　硫化氢的性质与危害

硫化氢是一种剧毒、无色（透明），比空气重的气体。硫化氢（H_2S）分子是由两个氢原子和一个硫原子组成，它的相对分子质量为 34.08。H_2S 分子结构成等腰三角形，S—H 键长为 133.6pm，键角为 92.1°，如图 1-1 所示。

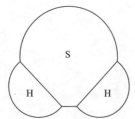

图 1-1　H_2S 分子结构示意图

一、硫化氢的物化特性

由于硫化氢致命的毒性往往造成人员死亡，因此为预防硫化氢中毒事故的发生，首先要了解这种气体的物理、化学性质。

1. 颜色

硫化氢是无色、剧毒、酸性气体，人的肉眼看不见。这就意味着用眼睛无法判断其是否存在。因此，这种气体就变得更加危险。

2. 气味

硫化氢有一种特殊的臭鸡蛋味，即使是低浓度（$0.3 \sim 4.6ppm$，$1ppm = 1 \times 10^{-6}$）的硫化氢，也会麻痹人的嗅觉神经。高含量（大于 $4.6ppm$）时，人的嗅觉迅速钝化而感觉不到它的存在，反而闻不到似臭鸡蛋的气味。因此气味不能作为警示措施，绝对不能靠嗅觉来检测硫化氢的存在与否。

3. 密度

硫化氢是一种比空气略重的气体，其相对密度为 1.189（$15℃$，$101.325kPa$），因此它存在于地势低的地方，如地坑、地下室、窨井里。如果发现处在被告知有硫化氢存在的地方，那么就应立刻采取自我保护措施。只要有可能，都要位于上风向、地势较高的地方。

4. 爆炸极限

当硫化氢气体以适合的比例与空气或氧气混合，比例在 $4.3\% \sim 46\%$（体积分数）就会爆炸，造成另一种令人恐惧的危险。因此含有硫化氢存在的作业现场应配备硫化氢报警仪。

5. 可燃性

完全干燥的硫化氢在室温下不与空气中的氧气发生反应，但点火时能在空气中燃烧。钻井、井下作业放喷时燃烧，燃烧率仅为 86% 左右。硫化氢燃烧时产生蓝色火焰，并产生有毒的二氧化硫气体。二氧化硫气体会损伤人的眼睛和肺。

在空气充足时，生成 SO_2 和 H_2O。

$$2H_2S + 3O_2 =\!=\!= 2SO_2 + 2H_2O$$

若空气不足或温度较低时，则生成游离态的 S 和 H_2O。

$$2H_2S + O_2 =\!=\!= 2S + 2H_2O$$

这表明 H_2S 气体在高温下显示有一定的还原性。

6. 可溶性

硫化氢气体能溶于水、乙醇及甘油中，在常温常压下（$20℃$、$101.325kPa$），1 体积的水中可溶解 2.6 体积硫化氢气体，生成的水溶液称为氢硫酸，氢硫酸比硫化氢气体具有更强的还原性，易被空气氧化而析出硫，使溶液变混浊。在酸性溶液中，硫化氢能使 Fe^{3+} 还原为 Fe^{2+}，Br_2 还原为 Br^-，I_2 还原为 I^-，MnO_4^- 还原为 Mn^{2+}，$Cr_2O_7^{2-}$ 还原为 Cr^{3+}，HNO_3 还原为 NO_2，而它本身通常被氧化为单质硫，当氧化剂过量很多时，H_2S 还能被氧化

为 SO_4^{2-}，有微量水存在的 H_2S 能使 SO_2 还原为 S。

$$2H_2S + SO_2 \Longrightarrow 3S + 2H_2O$$

硫化氢能在液体中溶解，这就意味着它能存在于某些存放液体（包括水、油、乳液和污水）的容器中。硫化氢的溶解度与温度、气压有关。只要条件适当，轻轻地振动含有硫化氢的液体，可使硫化氢气体挥发到大气中。

7. 沸点

液态硫化氢的沸点很低，因此我们通常接触到的是气态的硫化氢，其沸点为 $-60.2℃$，熔点为 $-82.9℃$。

二、硫化氢职业接触识别

1. 硫化氢的产生途径

（1）自然界中伴生在石油、天然气、金属矿、煤矿、天然矿泉等中的硫化氢，伴随上述物质进入开采、运输、储存等工作场所。

（2）含硫的有机质在厌氧条件下降解或在硫酸盐还原菌作用下分解产生硫化氢，在无通风或通风不良环境下，积聚在地势低洼区域或密闭空间内，如池、沼泽、坑、洞、窨、井、下水道、仓、罐、槽等。

（3）生产中含硫等有机物料在加温、加氢、酸化等过程中硫转化为硫化氢。

（4）生产中硫化物或含硫化物物料与酸混合，硫化物与酸反应产生硫化氢，在未得到有效控制的情况下逸散到空气中。

2. 硫化氢的行业分布

工业生产中很少使用硫化氢，接触的硫化氢一般是某些化学反应和蛋白质自然分解过程的产物，常以副产物或伴生产物的形式存在。接触硫化氢较多的行业有石油天然气开采业、石油加工业、煤化工业、造纸及纸制品业、煤矿采选业、化学肥料制造业、有色金属采选业、有机化工原料制造业、皮革、毛皮及其制品业、污水处理业（化粪池）、食品制造业（腌制业、酿酒业）、渔业、城建环卫等。

3. 易发生硫化氢中毒的作业环节

硫化氢中毒多由于含有硫化氢介质的设备损坏，输送含有硫化氢介质的管道和阀门漏气、违反操作规程、生产故障以及各种原因引起的硫化氢大量生成或逸出，含硫化氢的废气、废液排放不当，无适当个人防护情况下疏通下水道、粪池、污水池等密闭空间作业，硫化氢中毒事故是盲目施救等所致。

常见的易发生硫化氢中毒的作业环节如下：

（1）含硫油气田的钻井、采油、采气作业中出现井喷；

（2）石油、天然气以及煤气化生产装置，含有硫化氢的设备、管线发生泄漏；

（3）含硫化氢物料非密闭采样；

（4）石油加工、化工企业含硫化氢装置设备检维修作业，含硫化氢物料储罐内检维修及清罐作业，含硫化氢污水切水、排凝等作业；

（5）地下沟、窨、井、化粪池、沼气池、污水处理场等清理、挖掘、维修等作业；

（6）酒槽、腌槽（坑）、库、渔舱等清理作业；

（7）造纸厂管道疏通作业、污水池和制浆系统等检维修作业；

（8）有色金属选矿硫洗作业。

4. 石油勘探开发施工及炼制作业环节硫化氢来源

（1）钻井施工中硫化氢气体的来源

对于油气井中硫化氢的来源可归结为以下几个方面：

①热作用于油层时，石油中的有机硫化物分解，产生出硫化氢；

②石油中的烃类和有机质通过储集层水中的硫酸盐的高温还原作用而产生硫化氢；

③通过裂缝等通道，下部地层中硫酸盐层的硫化氢上窜而来；

④某些钻井液处理剂在高温热分解作用下，产生硫化氢。

钻井井场常见硫化氢泄漏点有：防喷器、振动筛、泥浆池、喇叭口、燃烧池、井内钻井液、除气器、底座下、节流管线、钻井液循环系统、钻台上等。

（2）井下作业施工中硫化氢气体的来源

对于含硫化氢油气井，井下作业时循环洗井、循环压井、抽吸排液、放喷排液都会释放出硫化氢气体，所以循环罐、油罐和储液罐周围有可能存在硫化氢气体超标。这是由于液体的循环、自喷或抽吸井内的液体进入罐中造成的。

油罐的顶盖、计量孔盖和封闭油罐的通风管，都是硫化氢向外释放的途径。在井口、压井液、放喷管、循环泵、管线中也可能有硫化氢气体。

另外，通过修井与修井时流入的液体，硫酸盐产生的细菌可能会进入以前未被污染的地层。这些地层中细菌的增长作为它们生命循环的一部分，将从硫酸盐中产生硫化氢，这个事实已经在那些未曾有过硫化氢的气田中被发现。

（3）采油、采气中硫化氢气体的来源

在采油、采气作业中，以下场所或装置可能有硫化氢气体的泄漏：

①水、油或乳化剂的储藏罐；

②用来分离油和水及乳化剂和水的分离器；

③空气干燥器；

④输送装置、集油罐及其管道系统；

⑤用来燃烧酸性气体的放空池和放空管汇；

⑥提高石油回收率也可能会产生硫化氢气体；

⑦装载场所，油罐车一连数小时地装油，装卸管线时管理不严，司机没有经过专门培训，而引起硫化氢气体泄漏；

⑧计量站调整或维修仪表；

⑨气体输入管线系统之前，用来提高空气压力的空气压缩机。

（4）酸洗作业硫化氢的来源

酸洗输油、输气管道时也可产生硫化氢气体。酸洗一个高 30.48m、直径 1.83m 的容器时，约 0.45kg 的硫化铁将产生含量大约为 2250mg/m³（1500ppm）的硫化氢。在对地层的酸化或酸压时，地层中的某些含硫的矿石如硫化亚铁与酸液接触也会产生硫化氢。

注水作业时，注入作业液中的硫酸盐被细菌及微生物分解后，造成对地层的污染，在地层中产生硫化氢气体，使硫化氢的含量增加。

（5）炼化企业硫化氢气体的主要来源

①原始有机质转化为石油和天然气的过程中会产生硫化氢。

②在炼油化工过程中，硫化氢一般是以杂质形式存在于原料中或以反应产物的形式存在于产品中。

③硫化氢也可能来自辅助作业或检维修过程，例如用酸清洗含有 FeS 的容器，发生酸碱反应生成硫化氢；或将酸排入含硫废液中，发生化学反应生成硫化氢。

④水池管道中长期注入含氧水（如海水、含盐水、地下水），在注入过程中由于硫酸盐还原菌的作用，会导致水池中的溶液"酸化"而产生硫化氢。

以某炼油厂为例，硫化氢主要分布在新联合车间、丙烷车间、加氢与调和车间、供水车间、动力车间。具体情况如下。

①常压塔顶油气分离容器分离出来的气体含有硫化氢，常压塔顶油气分离容器分离出来的气体主要成分是甲烷气，在甲烷气中混合有硫化氢。硫化氢是在常压蒸馏过程中，原油中含有的混合硫，经过加热炉的加热裂解生成，在蒸馏过程中因硫化氢比较轻，随着混合油中的轻组分上升到塔顶分离容器分离出来。这部分气体进入常压炉作为燃料燃烧。

②减压塔顶气含有硫化氢，减压塔顶气主要成分也是甲烷气，减压塔顶气主要是减压塔抽真空泵抽真空时抽出来的气体，这部分气体中混合有硫化氢。硫化氢是在减压蒸馏过程中，常减压塔底抽出的塔底油（作为减压塔原料）中含有的硫化物，经过减压加热炉的加热裂解生成，在减压塔内因硫化氢比较轻，随着混合油中的轻组分上升到塔顶，经过抽真空泵抽出送到常压加热炉作为燃料燃烧。

③污水汽提塔顶酸性气含有硫化氢，污水汽提塔主要是处理常减压装置、催化装置生产时产生的污水，因污水含有硫化氢、氨氮对环境有害的物质，不能向外排放，必须在生产装置内处理完后达标排放，在处理中，污水汽提塔含有硫化氢的污水从塔上部向下流，从塔下面给的蒸汽进行汽提，硫化氢就慢慢上升到塔顶，塔顶 H_2S 气体经过脱水后送入焚烧炉中在 860℃ 燃烧。

④吸收塔顶中干气含有硫化氢，主要是在催化加工过程中，催化原料中混合硫化物，在反应裂化过程中生产的硫化氢经过吸收塔分离，吸收塔顶的气体中就含有硫化氢。这部分气体作为加热炉的燃料进行燃烧。

⑤碱渣处理装置硫化氢主要集中在中和水存储罐顶气中。

碱渣处理装置主要是将蒸馏、催化生产中用以精制产品的废碱液，用酸进行中和合格后送到污水处理厂。污水处理厂进一步处理达到环保要求后外排，在处理过程中，因酸碱进行中和时，反应过程比较复杂，就产生了含有 H_2S 的中和水，中和水在储罐中存储时就从罐顶冒出。

⑥丙烷车间减黏裂化装置在生产过程中，原料伴沥青经加热到 430～440℃ 进行裂解反应，其中内含的硫化物反应后生成硫化氢，从分馏塔顶馏出经冷凝冷却后进入减黏回流罐，大部分伴随减黏瓦斯被送到加热炉作燃料烧掉，少部分随减黏轻污油送往罐区。

⑦供水车间硫化氢分布主要集中在以下部位：

a）BAF 装置：来水源于碱渣酸化装置，产生于加酸后的含硫污水；

b）污水 1#提升泵站：主要来自新联合车间，含硫污水来源于常减压塔顶，减压塔顶回流罐切水；催化裂化分馏塔顶回流罐切水、催化富气水洗水，液态烃罐脱水，稳定塔顶油气分离器等；

c）污水5#提升泵站：源自气柜换水时排出含硫污水（不定期）。

⑧动力车间硫化氢主要产生在锅炉燃煤环节，锅炉燃煤中含硫，燃烧后产生的烟气含有二氧化硫。

5. 石油石化企业所属板块涉硫化氢危险源

石油石化企业所属板块涉硫化氢危险源如表1-1所示。

表1-1　石油石化企业所属板块涉硫化氢危险源列表

所属板块	涉硫化氢危险源	涉硫化氢危险作业	备注
油（气）田企业	井站、集输站、净化装置、脱硫装置、集输管道、联合站、计量站、阀室、放空火炬、污水处理系统	起下钻、射孔、钻塞、洗井、放喷与测试、取心作业、压井、钻井、测井、录井、固井、修井、吹扫置换、收发球、盲板抽堵	
管输企业	长输管道、输油站库、装卸码头	清罐和清污作业、油品接卸、吹扫置换、切水、取样分析、盲板抽堵、收发球	
炼化企业	加氢裂化装置、加氢精制装置、常减压蒸馏装置、催化重整、催化裂化装置、酸性水汽提装置、延迟焦化装置、气体分馏装置、汽油脱硫醇装置、减黏裂化装置、气体脱硫装置、硫黄回收装置、胺液再生装置、液化石油气化学精制装置、轻质油储罐、污油（水）罐、煤制气、污水处理系统、汽车和火车栈台、火炬系统	盲板抽堵、阀门管件更换、一次表拆检、取样分析、清罐和清污作业、切水、人工检尺、吹扫置换、装卸	
销售企业	污水处理系统	清罐、清污作业	
生活社区	污水管网、雨水管网系统	清淤、清污作业	

三、硫化氢的危害

1. 硫化氢对人体健康的危害

全世界每年都有人因硫化氢中毒而死亡的事故发生。硫化氢中毒已成为职业中毒杀手，在我国硫化氢中毒死亡仅次于一氧化碳，占到第二位。

硫化氢是一种神经毒气，亦为窒息性和刺激性气体。其毒作用的主要靶器是中枢神经系统和呼吸系统，亦可伴有心脏等多器官损害，对中毒作用最敏感的组织是脑和黏膜接触部位。人对硫化氢的敏感性随其与硫化氢接触次数的增加而减弱，第二次接触就比第一次危险，依次类推。硫化氢被吸入人体，首先刺激呼吸道，使嗅觉钝化、咳嗽，严重时将其灼伤；其次，刺激神经系统，导致头晕，丧失平衡，呼吸困难，心跳加速，严重时心脏缺氧而死亡。硫化氢进入人体，将与血液中的溶解氧产生化学反应。当硫化氢浓度极低时，将被氧化，对人体威胁不大；而浓度较高时，将夺去血液中的氧，使人体器官缺氧而中毒，甚至死亡。如果吸入高浓度（一般300ppm以上）硫化氢，中毒者会迅速倒地，失去知觉，伴剧烈抽搐，瞬间呼吸停止，继而心跳停止，这被称为"闪电型"死亡。此外，硫化氢中毒还可引起流泪、畏光、结膜充血、水肿、咳嗽等症状。中毒者也可表现为支气管炎或肺炎，严重者可出现肺水肿、喉头水肿、急性呼吸综合征，少数患者可有心肌及肝脏损害。吸入低浓度硫化氢也会导致以下症状：疲劳、眼痛、头痛、头晕、兴奋、恶心和肠胃反应、咳嗽、昏睡。

（1）硫化氢进入人体的途径

硫化氢只有进入人体并与人体的新陈代谢发生作用后，才能对人体造成伤害。硫化氢主要通过三个途径进入人体：

①通过呼吸道吸入；

②通过皮肤吸收；

③通过消化道吸收。

硫化氢主要从呼吸道吸入，只有少量经过皮肤和胃肠进入人体。

（2）硫化氢对人体造成的主要损害

①中枢神经系统损害（最为常见）

a）接触较高浓度硫化氢后可出现头痛、头晕、乏力、供给失调，可发生轻度意识障碍。常先出现眼和上呼吸道刺激症状。

b）接触高浓度硫化氢后以脑病表现显著，出现头痛、头晕、易激动、步态蹒跚、烦躁、意识模糊、谵妄、癫痫样抽搐（可呈全身性强直痉挛）等；可突然发生昏迷；也可发生呼吸困难或呼吸停止后心跳停止。

c）接触极高浓度硫化氢后可发生电击样死亡，即在接触后数秒或数分钟内呼吸骤停，数分钟后可发生心跳停止；也可立即或数分钟内昏迷，并呼吸骤停而死亡。死亡可在无警觉的情况下发生，当察觉到硫化氢气味时嗅觉立即丧失，少数病例在昏迷前瞬间可嗅到令人作呕的甜味。死亡前一般无先兆症状，出现呼吸深而快，随之呼吸骤停。

②呼吸系统损害

可出现化学性支气管炎、肺炎、肺水肿、急性呼吸窘迫综合征等。少数中毒病例以肺水肿的临床表现为主，而神经系统症状较轻。可伴有眼结膜炎和角膜炎。

③心肌损害

在中毒病例中，部分病例可发生心悸、气急、胸闷或心绞痛样症状，少数病例在昏迷恢复、中毒症状好转1周后发生心肌梗死一样的表现。心电图呈急性心肌梗死一样的图形，但可很快消失。其病情较轻，病程较短，治愈后良好，诊疗方法与冠状动脉粥样硬化性心脏病所致的心肌梗死不同，故考虑为弥漫性中毒性心肌损害。心肌酶谱检查可有不同程度异常。

（3）硫化氢环境下对人体健康的影响

不同浓度硫化氢气体对人体的影响见表 1-2。通常，在大气中的硫化氢含量达到 $0.195 mg/m^3$（0.13ppm）时有明显的臭蛋味，随浓度的增加臭蛋味增加，但当浓度超过 $30 mg/m^3$（20ppm）时，由于嗅觉神经麻痹，臭味反而不易嗅到。当硫化氢浓度大于700ppm 时，人很快引起急性中毒。当急性中毒时，多在事故现场发生昏迷，其程度因接触硫化氢的浓度和时间而异，偶可伴有或无呼吸衰竭。部分病例在脱离事故现场或转送医院途中即可复苏。到达医院时仍维持生命特征的患者，如无缺氧性脑病，多数恢复较快。

昏迷时间较长者在复苏后可有头痛、头晕、视力或听力减退、定向障碍、供给失调或癫痫样抽搐等，绝大部分病人可完全恢复。血液中存在酒精能加剧硫化氢的毒性，即使在低浓度 [15（10）~75mg/m³（50ppm）] 时，硫化氢也会刺激眼睛和呼吸道。

表 1－2　不同浓度硫化氢气体对人体的影响

在空气中的浓度			暴露于硫化氢的典型特性
%（体积分数）	ppm	mg/m³	
0.000013	0.13	0.18	通常，在大气中含量为 0.195mg/m³（0.13ppm）时，有明显和令人讨厌的气味，在大气中含量为 6.9mg/m³（4.6ppm）时就相当明显。随着浓度的增加，嗅觉就会疲劳，气体不再能通过气味来辨别
0.001	10	14.41	有令人讨厌的气味，眼睛可能受刺激，推荐的阈限值（8h 加权平均值）
0.0015	15	21.61	推荐的 15min 短期暴露范围平均值
0.002	20	28.83	在暴露 1h 或更长时间后，眼睛有烧灼感，呼吸道受到刺激
0.005	50	72.07	暴露 15min 或 15min 以上的时间后嗅觉就会丧失；时间超过 1h，可能导致头痛、头晕和（或）摇晃；超过 75mg/m³（50ppm）将会出现肺浮肿，也会对人员的眼睛产生严重刺激或伤害
0.01	100	144.14	3~15min 就会出现咳嗽、眼睛受刺激和失去嗅觉；在 5~20min 过后，呼吸就会变样、眼睛就会疼痛并昏昏欲睡；在 1h 后就会刺激喉道；延长暴露时间将逐渐加重这些症状
0.03	300	432.40	明显的结膜炎和呼吸道刺激
0.05	500	720.49	短期暴露后就会不省人事，不迅速处理就会停止呼吸；头晕、失去理智和平衡感。患者需要迅速进行人工呼吸和（或）心肺复苏技术
0.07	700	1008.55	意识快速丧失，不迅速营救，呼吸就会停止并导致死亡。必须立即采取人工呼吸和（或）心肺复苏技术
0.10 +	1000 +	1440.98 +	立即丧失知觉，会产生永久性的脑伤害或脑死亡。必须迅速进行营救，应用人工呼吸和（或）心肺复苏

注：此表引自 SY/T 6277—2017 表 A.1。

2. H_2S 发生火灾和爆炸的危害

H_2S 有毒且易燃，燃烧时火焰呈蓝色，产生二氧化硫，后者有特殊气味和强烈刺激性。H_2S 与空气混合达到 4.3%~46%（体积分数）时，遇火源可引起强烈爆炸。由于其蒸气比空气重，故会积聚在低洼处或在地面扩散，若遇火源会发生燃烧。H_2S 遇热分解为氢和硫，当它与氧化剂，如硝酸、三氧化氯等接触时，可引起强烈反应和燃烧。

3. H_2S 腐蚀金属的危害

H_2S 溶于水后形成弱酸，对金属的腐蚀形式有电化学腐蚀、氢脆和硫化物应力腐蚀开裂，以后两者为主，一般统称为氢脆破坏。氢脆破坏往往造成井下管柱的突然断落，地面管汇和仪表的爆破，井口装置的破坏，甚至发生严重的井喷失控或着火事故。

在地面设备、井口装置、井下工具中，都有橡胶、浸油石墨、石棉绳等非金属材料制作的密封件。它们在硫化氢环境中使用一定时间后，橡胶会产生鼓泡胀大，失去弹性；浸油石墨及石棉绳上的油被溶解而导致密封件的失效，引发生产事故。

根据 SY/T 0599《天然气地面设施抗硫化物应力开裂和应力腐蚀开裂金属材料技术规范》规定。如果含硫天然气总压等于或大于 0.448MPa，硫化氢分压等于或大于 0.343kPa，就存在硫化物应力腐蚀开裂。如果含 H_2S 介质中还含有其他腐蚀性组分如 CO_2、Cl^-、残酸等时，将促使 H_2S 对钢材的腐蚀速率大幅度提高。因此，在进行钻井设计时应考虑此问题，选择抗 H_2S 的钻杆、套管和井口装置，并采取防护措施。

4. 硫化氢对环境的危害

全世界每年估计进入大气的 H_2S 约 $1 \times 10^8 t$，人为产生（工厂泄漏、释放）每年约 $300 \times 10^4 t$。H_2S 在大气中很快被氧化为 SO_2，这使工厂及城市局部大气中 SO_2 浓度升高，这对人和动植物有伤害作用。SO_2 在大气中被氧化成 SO_4^{2-}，它是形成酸雨和降低能见度的主要原因。

第二节 （*MK-A1-2*） 二氧化硫的性质与危害

一、二氧化硫的物化特性

1. 硫

（1）硫的物理性质

硫，俗称硫黄，原子序数 16，相对原子质量为 32.06，分子式为 S，蒸气中有 S_2、S_4、S_6 和 S_8 等分子式，常温常压下自然硫为淡黄色、棕黄色或黄色晶状易碎固体，有杂质时颜色带红、绿、灰和黑色等，不溶于水，微溶于酒精而易溶于二硫化碳，密度为 $2.07g/cm^3$，熔点 112.8℃，沸点 444.6℃，有弱导电、传热性，耐腐蚀。

（2）硫的化学性质

硫能够和多种金属反应。与氧气反应，在空气中燃烧发出淡黄（或淡蓝）色火焰，在纯氧中燃烧发出蓝紫色火焰，并产生有强烈刺鼻硫黄气味，生成 SO_2。硫的燃点很低，能产生静电，有易燃和引起爆炸的危险；与碱反应，附着在容器内壁的硫可用热的强碱溶液洗涤；能与强氧化性酸反应；Hg、Ag 在常温下虽跟氧气不反应，但却易跟硫反应，因此硫能起到固定水银的作用，是古代炼丹家常用的元素之一，此法应用于消除室内洒落的 Hg。

（3）硫的用途

硫的用途很广，主要用来制造硫酸、二氧化硫，也是生产硫化天然橡胶制品、纸张、硫酸盐、肥料、硫化物等重要原料。可制作硫化绝缘泡沫、硫化沥青铺路、硫基薄膜、灰浆和其他结合材料等，还可用于制造黑色火药、焰火、火柴等。硫又是制造某些农药（如石灰硫黄合剂）、漂染的原料。医疗上，硫还可用来制硫黄软膏医治某些皮肤病等。

硫在地球矿物中含量十分丰富，大多以化合物的形式存在。石油和煤的成分里都含有硫，含硫矿物在燃烧时将产生 2 倍于硫质量的二氧化硫，全世界每年排放到大气中的二氧

化硫在 $1.5 \times 10^8 t$ 以上。随之而来的是空气的质量越来越差，产生酸雨，影响人体健康。

固态单质硫本身无毒性，但是当它进入人体后，能与蛋白质反应生成硫化氢，在肠内被部分吸收，大量服用会出现硫化氢中毒症状。硫的粉尘也会引起眼睛结膜炎，对皮肤和呼吸道有刺激作用。为防止固态硫对人体的危害，要求接触固态硫的人员必须戴防护罩和防护眼镜。液态硫的主要危险是燃点低，易形成有毒的二氧化硫和硫化氢，易猛烈燃烧，与皮肤接触会引起剧烈的烫伤。

在 360℃ 和更高温度条件下硫与氧强烈作用，生成二氧化硫。在约 400℃ 时硫与氢作用形成硫化氢，温度继续升高时则离解，在 1690℃ 时完全分解成水和硫。硫与苛性碱液与氨溶液一起加热形成多硫化物或硫代硫酸。硫作为氧化剂和还原剂出现，是化学上很活泼的元素。在适宜的条件下能与除惰性气体、碘、氮气分子以外的元素直接反应，硫容易得到或与其他元素共用两个电子，形成氧化态位 -2、$+6$、$+4$、$+2$、$+1$ 的化合物。-2 价的硫具有较强的还原性。

硫是氧族元素的一员，是硫化氢、二氧化硫、硫矿与硫醇的组成成分，是构成生命载体蛋白质的基本元素，决定着蛋白质分子的立体构形，地球硫循环中最活跃的含硫化学物质包括硫氧化物、硫化氢和硫酸亚铁类等。硫对环境的污染主要是硫化物和硫化氢。

2. 二氧化硫

二氧化硫也称亚硫酸酐，属于无机物，分子式为 SO_2，相对分子质量 64.06，常温常压下为具有强烈辛辣窒息性刺激气味的无色有毒气体，熔点为 $-72.4℃$，沸点为 $-10.0℃$，极易液化，气体密度为 $3.049 kg/m^3$，与空气的相对密度为 2.264，比空气重，易溶于水（常温下为 $1:40$）和油，溶解性随溶液温度升高而降低。易溶于甲醇和乙醇，溶于硫酸、乙酸、氯仿和乙醚等。二氧化硫具有漂白性，能使有色有机质褪色，但这种褪色是不稳定的。

气味和警示特性为有硫燃烧的刺激性气味，具有窒息作用，在鼻和喉黏膜上形成亚硫酸。易与水混合，生成亚硫酸（H_2SO_3），随后转化为硫酸。在室温及 392.266 ~ 490.3325kPa（$4 \sim 5 kgf/cm^2$）压强下为无色流动液体。

二氧化硫在空气中不燃烧，不助燃。在室温，绝对干燥的 SO_2 反应能力很弱，只有强氧化剂才可将 SO_2 氧化成 SO_3。常温下，潮湿的 SO_2 与 H_2S 起反应析出硫。在高温及催化剂存在的条件下可被氢还原成为 H_2S，被一氧化碳还原成为硫。对铜、铁不腐蚀。潮湿时，对金属有腐蚀作用。不能与下列物质共存：卤素或卤素相互间形成的化合物、硝酸锂、金属乙炔化物、金属氧化物、金属、氯酸钾。

二、二氧化硫的产生来源

二氧化硫主要来源于三个方面。一是天然产生，如含硫燃料的自燃、火山爆发和有机质的天然分解等。二是人为的排放，如含硫矿石的冶炼、硫酸、磷肥等生产的工业废气排放；含硫燃料的燃烧；含硫天然气放空燃烧及净化脱硫厂尾气排放燃烧等排放的二氧化硫。三是石油天然气勘探开发过程中采取增产措施时，所使用的含硫加重材料或地层中含硫矿物，在高温高压酸化条件下，与盐酸反应产生二氧化硫气体。二氧化硫的产生量与含硫材料或含硫矿物的成分有关，即含硫量越高，二氧化硫的产生量也越大。

据估计，地球上全年 SO_2 的发生量超过 $3 \times 10^8 t$，其中人为排放与天然产生各占一半。污染大气的含硫化合物主要有硫化氢、二氧化硫、三氧化硫、硫酸酸雾及硫酸盐气溶胶等。烟花爆竹的主要成分是硝酸钾、硫黄和木炭，有的还含有氯酸钾。当烟花爆竹点燃时，迅速燃烧，也有二氧化硫产生。煤的含硫量约为 0.5% ~5%，煤和褐煤约占全世界与能源有关的二氧化硫排放总量的 80%，剩余的 20% 来自石油。石油的含硫量为 0.5% ~ 3%，其中绝大部分为可燃性硫化物，硫在燃料中以无机硫化物或有机硫化物的形式存在。无机硫绝大部分以硫化物矿物的形式存在，燃烧时主要生成 SO_2。

三、二氧化硫的危害

1. 对自然生态环境的危害

二氧化硫是污染大气的主要有害物质之一。对植物和生态的危害也是极其严重的，如表1-3所示。浓度低于0.3ppm时即开始对植物产生影响，低浓度长时间（几天或几周）的作用会抑制叶绿素的生长，使叶子慢性损伤而变黄，高浓度短时间作用可造成急性叶损伤。故在排放未经处理废气的硫酸厂或有色金属冶炼厂周围的原野上，往往常年一片枯黄色，其长期污染可使植物无法生长，周围农田、山林被毁，寸草不生。

表1-3 空气中二氧化硫对植物的危害

SO_2 质量浓度/（mg/m³）	影响程度
<0.86	大多数植物短时间接触不受影响
1.14	敏感的植物（如荞麦）在7h内受害，地衣苔藓几十小时内完全枯死
1.43	一般植物可以发生危险，西红柿在6h内受害，树木在100h以上受害
2.3 ~2.9	菠菜在3h内受害，树木在数十小时内受害
5.7 ~8.6	许多植物在5~15h内出现受害症状
14.3	某些树木在1~8h内出现受害症状
17.2 ~20.0	某些抗性强的植物在24h内受害
28.6	许多植物可能发生急性伤害
57.2	许多农作物、蔬菜发生严重急性伤害。明显减产，大部分树木叶子枯落
85.8 ~114.4	接触数分钟、数十分钟便能使农作物、蔬菜严重减产，树木急剧受害
200.0 ~286.0	植物受害十分严重，并逐步全株枯死
>286.0	各种植物在短期内死亡

废气污染严重破坏自然生态平衡，常常跟大气中的飘尘结合在一起，进入人和其他动物的肺部，或在高空中与水蒸气结合成酸性降水，对人和其他动植物造成危害。

二氧化硫进入大气中会发生氧化反应，形成硫酸、硫酸铵和有机硫化物等酸性气溶胶。反应可在气相、液相和固相表面进行，氧化速率与太阳辐射强度、温度、湿度、氧化剂及催化剂的存在等因素有关。在冬季雾天，二氧化硫能被雾滴中的各种金属杂质和细粒子表面的碳催化转化成硫酸盐和硫酸气溶胶。在夏季晴天，二氧化硫能被光化学反应产生的臭氧等强氧化剂氧化转化成硫酸盐和硫酸盐气溶胶。因此，目前在二氧化硫对环境影响的研究中，将更多的注意力集中于酸性气溶胶和悬浮颗粒物细粒子所起的作用上。二氧化硫气体可以穿窗入室，或渗入建筑物的其他部位，使金属制品或饰物变暗，使织物变脆破裂，使纸张变黄发脆。

大气中 SO_2 主要是通过降水清除或生成硫酸盐微粒后再沉降或被雨水除去，此外，土壤的微生物降解、化学反应、植被和水体的表面吸收等都是大气 SO_2 的去除途径。

2. 对人体健康的危害

二氧化硫气体对人体局部有刺激和腐蚀作用，毒性和盐酸大致相同。人体主要经呼吸道吸收，主要引起不同程度的呼吸道及眼黏膜的刺激症状。二氧化硫进入呼吸道后，因其易溶于水，故大部分被阻滞在上呼吸道，在湿润的黏膜上生成具有腐蚀性的亚硫酸、硫酸和硫酸盐，使刺激作用增强。上呼吸道的平滑肌因有末梢神经感受器，遇刺激就会产生窄缩反应，使气管和支气管的管腔缩小，气道阻力增加。上呼吸道对二氧化硫的这种阻留作用，在一定程度上可减轻二氧化硫对肺部的刺激。但进入血液的二氧化硫仍可通过血液循环抵达肺部产生刺激作用。有的病人可因合并细支气管痉挛而引起急性肺气肿；有的患者出现昏迷、血压下降、休克和呼吸中枢麻痹；个别患者因严重的喉头痉挛而窒息致死。较高浓度 SO_2 可使肺泡上皮脱落、破裂，引起自发性气胸，导致纵隔气肿。液体 SO_2 可引起皮肤及眼灼伤，溅入眼内可立即引起角膜混浊，浅层细胞坏死或角膜瘢痕。皮肤接触后可呈现灼伤、起泡、肿胀、坏死。

二氧化硫被吸收进入血液，对全身产生毒副作用，它能破坏酶的活力，从而明显地影响碳水化合物及蛋白质的代谢，对肝脏有一定的损害，机体的免疫受到明显抑制。

二氧化硫是具有窒息性气味的气体，低浓度 SO_2（$10mg/m^3$ 以下）的危害主要是刺激上呼吸道，较高浓度（$100mg/m^3$ 以上）时会引起深部组织障碍，更高浓度（$400mg/m^3$ 以上）时会致人呼吸困难和死亡。二氧化硫浓度为 10～15ppm 时，呼吸道纤毛运动和黏膜的分泌功能均能受到抑制。浓度达 20ppm 时，引起咳嗽并刺激眼睛。若每天 8h 吸入浓度为 100ppm，支气管和肺部会出现明显的刺激症状，使肺组织受损。浓度达 400ppm 时可使人产生呼吸困难。二氧化硫与飘尘一起被吸入，飘尘气溶胶微粒可把二氧化硫带到肺部使毒性增加 3～4 倍。若飘尘表面吸附金属微粒，在其催化作用下，使二氧化硫氧化为硫酸雾，其刺激作用比二氧化硫增强约 1 倍。长期生活在大气污染的环境中，由于二氧化硫和飘尘的联合作用，可促使肺泡纤维增生，如果增生范围波及广泛，形成纤维性病变，发展下去可使纤维断裂形成肺气肿。二氧化硫可以加强致癌物的致癌作用。

最新研究证实，二氧化硫及其衍生物不仅对呼吸器官有毒理作用，而且对其他多种器官（如脑、心、肝、胃、肠、脾、胸腺、肾、睾丸及骨髓细胞）均有毒理作用，是一种全身性毒物，而且是一种具有多种毒性作用的毒物，成为人体健康的最大"杀手"。患有心脏病和呼吸道疾病的人对这种气体最为敏感，空气中二氧化硫的浓度只有 1ppm 时，我们就会感到胸部有一种被压迫的不适感；当浓度达到 8ppm 时，人就会感到呼吸困难；当浓度达到 10ppm 时，咽喉纤毛就会排出黏液，刺激人体的眼和鼻黏膜等呼吸器官，引起鼻咽炎、气管炎、支气管炎、肺炎及哮喘病、肺心病等。

表1-4　二氧化硫对人体的影响及危害

| 空气中的浓度 | | | |
体积分数/%	ppm	mg/m³	暴露于二氧化硫的典型特性
0.0001	1	2.71	具有刺激性气味，可引起呼吸的改变
0.0002	2	5.42	阈限值
0.0005	5	13.5	灼伤眼睛，刺激呼吸，对嗓子有较小的刺激 （注：OSHA 15min 内的暴露平均值的极限）
0.0012	12	32.49	刺激嗓子咳嗽、胸腔收缩，流泪和恶心
0.010	100	271.00	立即对生命和健康产生危险的浓度
0.015	150	406.35	产生强烈的刺激，只能忍受几分钟
0.05	500	1354.50	即使吸入一口，就产生窒息感。应立即救治，提供人工呼吸或心肺复苏技术（CPR）
0.10	1000	2708.99	如不立即救治会导致死亡，应马上进行人工呼吸或心肺复苏（CPR）

注：此表引自 SY/T 6277—2017 表 B.1。

四、二氧化硫中毒症状及分级

吸入一定浓度的二氧化硫会引起人身伤害甚至死亡，如表1-4所示。暴露浓度低于 $54mg/m^3$（20ppm），会引起眼睛、喉、呼吸道的炎症，胸痉挛和恶心。暴露浓度超过 $54mg/m^3$（20ppm），可引起明显的咳嗽、打喷嚏、眼部刺激和胸痉挛。暴露于 $135mg/m^3$（50ppm）中，会刺激鼻和喉，流鼻涕、咳嗽和反射性支气管缩小，使支气管黏液分泌增加，肺部空气呼吸难度立刻增加（呼吸受阻）。大多数人都不能在这种空气中承受 15min 以上。

长期接触低浓度二氧化硫，会引起嗅觉、味觉减退、甚至消失，头痛、乏力，牙齿酸蚀，慢性鼻炎、咽炎，气管炎，支气管炎，肺气肿，肺纹理增多，弥漫性肺间质纤维化及免疫功能减退等。

SY/T 6277—2017 标准规定的二氧化硫的阈限值为 $5.4mg/m^3$（2ppm），15min 的短期暴露平均值为 $13.5mg/m^3$（5ppm）。

二氧化硫中毒症状分级如下。

（1）刺激反应。出现流泪，畏光，视物不清，鼻、咽、喉部烧灼感及疼痛，咳嗽等眼结膜和上呼吸道刺激症状，短期内（1~2 天）能恢复正常，体检及 X 线征象无异常。

（2）轻度中毒。除刺激反应临床表现外，伴有头痛、头晕、恶心、呕吐、乏力等全身症状；眼结膜、鼻黏膜及咽喉部充血水肿；肺部有明显干性啰音或哮鸣音，胸部 X 线表现为肺纹理增强。

（3）中度中毒。除轻度中毒临床表现外，尚有声音嘶哑、胸闷、胸骨后疼痛、剧烈咳嗽、痰多、心悸、气短、呼吸困难及上腹部疼痛等；体征有气促、轻度发绀、两肺有明显湿性啰音；胸部 X 线征象示肺野透明度降低，出现细网和（或）散在斑片状阴影，符合肺间质水肿征象。

（4）重度中毒。严重者发生支气管炎、肺炎、肺水肿，甚至呼吸中枢麻痹，如当吸入浓度高达 5240mg/m³ 时，立即引起喉痉挛、喉水肿，迅速死亡。液态二氧化硫污染皮肤或溅入眼内，可造成皮肤灼伤和角膜上皮细胞坏死，形成白斑、疤痕。或者出现下列情况之一者，即可诊断为重度中毒：①肺泡肺水肿；②突发呼吸急促，每分钟超过 28 次，血气 $PaO_2 < 8kPa$，吸入 <50% 氧时 PaO_2 无改善，且有下降趋势；③合并重度气胸、纵隔气肿；④窒息或昏迷；⑤猝死。

第三节（MK-A1-3） 硫化氢防护常用术语和定义

1. 硫化氢环境

含有或可能含有硫化氢的区域。

2. 阈限值

在硫化氢环境中未采取任何人身防护措施，不会对人身健康产生伤害的空气中硫化氢最大浓度值。SY/T 6277—2017 规定的阈限值为 15mg/m³（10ppm）。

3. 安全临界浓度

在硫化氢环境中 8h 内未采取任何人身防护措施，可接受的空气中硫化氢最大浓度值。SY/T 6277—2017 规定的安全临界浓度为 30mg/m³（20ppm）。

4. 危险临界浓度

在硫化氢环境中未采取任何人身防护措施，对人身健康会产生不可逆转或延迟性影响的空气中硫化氢最小浓度值。SY/T 6277—2017 规定的危险临界浓度为 150mg/m³（100ppm）。

5. 含硫化氢天然气

指天然气的总压等于或大于 0.4MPa，而且该气体中硫化氢分压等于或高于 0.0003MPa；或硫化氢含量大于 50ppm 的天然气。

6. 含硫化氢天然气井

天然气中硫化氢含量大于 75mg/m³（50ppm），且硫化氢释放速率不小于 0.01m³/s 的天然气井。硫化氢释放速率的确定方法见《含硫化氢天然气井公众危害程度分级方法》。

7. 密闭空间

与外界相对隔离，进出口受限，自然通风不良，足够容纳一人进入并从事非常规、非连续作业的有限空间（如炉、塔、釜、罐、槽车以及管道、烟道、隧道、下水道、沟、坑、井、池、涵洞、船舱、地下仓库、储藏室、地窖、谷仓等）。

8. 应急救援设施

在工作场所设置的报警装置、现场急救用品、洗眼器、喷淋装置等冲洗设备和强制通风设备，以及应急救援使用的通讯、运输设备等。

9. 盲板法兰盖

中间不带孔的法兰，用于隔离或切断物料。由于其密封性能好，对于需要完全隔离的系统，可作为可靠的隔离手段。密封面的形式有平面、凸面、凹凸面、榫槽面、环连接面。

10. 呼吸区

肩部正前方直径在 15.24～22.86cm 的半球形区域。

11. 硫化氢连续监测设备

能连续测量并显示大气中硫化氢浓度的设备。图 1－2 为硫化氢连续监测设备和数据接收装置。

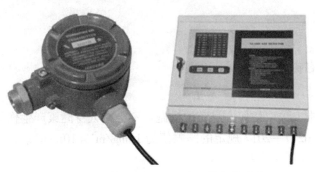

图 1－2　硫化氢连续监测设备和数据接收装置

12. 不良通风

通风（自然或人工）无法有效地防止大量有毒或惰性气体聚集，从而形成危险。

13. 现场避难所

指通过让居民待在室内直至紧急疏散人员到来或紧急情况结束，避免暴露于有毒气体或蒸气环境中的公众保护措施。图 1－3、图 1－4 分别为中国及加拿大现场避难所标志。

图 1－3　国内的现场避难所标志

图 1－4　加拿大使用的现场避难所标志

第四节（MK-A1-4）　硫化氢职业危害防护安全培训规范

一、GBZ/T 259—2014《硫化氢职业危害防护导则》对硫化氢防护安全培训的相关要求

用人单位应对可能接触硫化氢的人员进行硫化氢危害防护培训，不得安排未经培训的

人员从事硫化氢危害作业。硫化氢防护培训内容包括：

（1）硫化氢的理化性质、毒性、健康危害、中毒表现；

（2）硫化氢危害防护知识及硫化氢作业现场监护知识；硫化氢中毒人员现场急救方法，心肺复苏术；

（3）用人单位有关硫化氢的防护管理规定；

（4）工作场所硫化氢的分布、可能泄漏或逸散部位、硫化氢检测系统及报警信号、疏散线路；

（5）工作场所防护设施、性能、使用方法及维护；

（6）工作场所配备的个体防护用品的结构、性能、使用及维护方法；

（7）各类涉及硫化氢作业的职业安全卫生操作规程；

（8）硫化氢中毒事故典型案例；

（9）硫化氢中毒事故应急救援预案。

二、SY/T 7356—2017《硫化氢防护安全培训规范》对硫化氢防护安全培训的相关要求

1. 受训人员

硫化氢环境中从事石油、天然气工作活动人员。

（1）机关管理人员：生产经营单位及上级机关负责生产、技术和安全的管理人员。

（2）基层管理人员：基层队（平台、矿、厂、站、库、项目部等）的基层管理、监督人员。

（3）基层人员：从事岗位操作的现场人员。

（4）设计人员：从事钻井、地质录井、测井、射孔、井下作业、采油采气和地面（海上）工程等设计的人员。

（5）应急救援人员：应急救援机构的专职人员。

（6）现场服务人员：从事现场技术、检测检验、评价、设备维护等服务的人员。

（7）公众：硫化氢环境中未配备人身防护用品的人员。

2. 培训内容

（1）培训模块

培训采取模块化教学，不同专业类别的人员对应应学理论模块，培训内容与实操项目进行学习培训。

（2）理论模块

①基础知识应包括但不限于以下内容：

a）硫化氢和二氧化硫的性质、特点；

b）硫化氢的来源；

c）硫化氢的危害。

②应急管理应包括但不限于以下内容：

a）应急事件种类；

b）应急预案主要内容。

③应急处置应包括但不限于以下内容：

a）应急事件种类；

b）现场应急处置方案。

④工作场所安全设施应包括但不限于以下内容：

a）固定式硫化氢检测报警系统；

b）空气压缩机；

c）风向标；

d）通风排气装置；

e）放空与点火装置；

f）报警装置；

g）逃生设施；

h）安全警示。

⑤人身防护用品应包括但不限于以下内容：

a）便携式硫化氢检测仪；

b）洗眼器；

c）正压式空气呼吸器。

⑥受限空间应包括但不限于以下内容：

a）受限空间分类；

b）作业安全要求。

⑦现场救护应包括但不限于以下内容：

a）中毒现场救护程序；

b）中毒人员搬运；

c）心肺复苏术。

⑧硫化亚铁应包括但不限于以下内容：

a）自燃条件；

b）预防措施。

⑨钻井作业应包括但不限于以下内容：

a）井场的布置；

b）作业过程中硫化氢的预防；

c）硫化氢防护设施、设备的配备；

d）日常检查。

⑩井下作业应包括但不限于以下内容：

a）井场的布置；

b）作业过程中硫化氢的预防；

c）硫化氢防护设施、设备的配备；

d）日常检查。

⑪采油作业应包括但不限于以下内容：

a）原油站场（库）布置、集油管道路由布局；

b）工艺流程中硫化氢的预防；

c）硫化氢防护设施、设备的配备；

d）设备检修安全技术要求；

e）日常检查。

⑫采气作业应包括但不限于以下内容：

a）天然气站场（厂）布置、集气管道路由布局；

b）工艺流程中硫化氢的预防；

c）硫化氢防护设施、设备的配备；

d）设备检修安全技术要求；

e）日常检查。

⑬金属材料的腐蚀与防护应包括但不限于以下内容：

a）腐蚀机理；

b）腐蚀类型；

c）腐蚀影响因素；

d）预防腐蚀的常用方法。

⑭相关标准应包括但不限于以下内容：

a）硫化氢环境人身防护安全规范；

b）硫化氢环境应急救援规范；

c）硫化氢环境钻井场所作业安全规范；

d）硫化氢环境井下作业场所作业安全规范；

e）硫化氢环境天然气采集与处理安全规范；

f）硫化氢环境原油采集与处理安全规范。

⑮公众教育应包括但不限于以下内容：

a）硫化氢的特点及危害；

b）紧急情况通知公众的方式；

c）紧急情况发生时应采取的步骤。

（3）实操项目

①项目1：自给式正压空气呼吸器的佩戴。

②项目2：模拟搬运中毒者。

③项目3：便携式硫化氢检测仪的操作。

④项目4：心肺复苏。

3. 培训要求

（1）培训实施

①培训由生产经营单位主管部门组织，培训机构负责实施。

②受训人员的培训内容和时间要求见表1-5。

表 1-5　培训内容和时间对应表

受训人员分类	培训内容		培训时间
	理论模块	实际操作	
机关管理人员	模块一、模块二、模块五、模块十四	项目1	8 学时
基层管理人员	模块一、模块三、模块四、模块五、模块六、模块七、模块十四	项目1 项目2 项目3	32 学时
	选学：模块九、模块十、模块十一、模块十二		
基层人员	模块一、模块三、模块五、模块六、模块七	项目1 项目2 项目3 项目4	20 学时
	选学：模块九、模块十、模块十一、模块十二		
设计人员	模块一、模块四、模块五、模块八、模块十三、模块十四	项目1	32 学时
	选学：模块九、模块十、模块十一、模块十二		
应急救援人员	模块一、模块二、模块三、模块四、模块五、模块六、模块七、模块九、模块十、模块十一、模块十二	项目1 项目2 项目3 项目4	32 学时
现场服务人员	模块一、模块五、模块十四	项目1 项目4	16 学时
公众	模块十五	—	告知

注：基层管理人员、基层人员、设计人员的培训按专业对应选学模块。

③培训应采取脱产培训或网络培训。

（2）考核与发证

①生产经营单位上级安全主管部门组织考核工作，对理论考试和实际操作考试成绩均达到合格者发证。

②理论考试采用计算机随机出题考试。

③实际操作考试项目见表 1-5。

④考试不合格者应进行补考，补考不合格者需重新接受培训。

⑤硫化氢防护安全培训证书有效期为 3 年。

（3）监督与管理

①生产经营单位应组织建立培训档案管理制度，对人员培训证书进行管理。

②培训机构按照教学质量管理制度要求，对培训内容、时间、人员、授课教师及考核等相关内容进行保存，保存期限至少为 4 年。

③人员培训应接受政府、生产经营单位和社会监督。

第二章（*MK-A2*）
硫化氢事故的应急管理

我国于 2007 年 11 月 1 日起施行的《中华人民共和国突发事件应对法》，对突发事件的预防与应急准备、监测与预警、应急处置与救援、事后恢复与重建等应对活动进行了明确规定，与其配套的法规如《生产安全事故应急预案管理办法》、《生产经营单位生产安全事故应急预案编制导则》（GB/T 29639—2013）、《国务院关于全面加强应急管理工作的意见》、《国家安全生产事故灾难应急预案》等对相应的应急管理体系内容也作出了具体规定。

中国石化集团有限公司依据国家新颁布的安全生产法规、标准规范，按照"简洁、实用、好用"的原则，制定了《中国石化生产安全事故应急预案（2015 版)》，对提高企业应对安全生产事故应急处置能否保障企业持续健康发展，起到了积极促进作用。

应急管理工作是一项系统工程，单位的组织体系、管理模式、风险大小以及生产规模不同，应急预案体系构成也不完全一样。单位应结合本单位的实际情况，从油田、公司（单位）到基层单位、岗位分别制定相应的应急预案，形成体系，互相衔接，并按照统一领导、分级负责、条块结合、属地为主的原则，同地方人民政府和相关部门的应急预案相衔接。应急处置方案是应急预案体系的基础，应做到事故类型和危害程度清楚，应急管理责任明确，应对措施正确有效，应急响应及时迅速，应急资源准备充分，立足自救。

第一节（*MK-A2-1*）　突发公共事件

一、突发事件定义

突发事件是指突然发生，造成或者可能造成严重社会危害，需要采取应急处置措施予以应对的自然灾害、事故灾难、公共卫生事件和社会安全事件。

二、突发公共事件的分类、分级及标识

1. 分类

根据突发公共事件的发生过程、性质和机理，突发公共事件主要分为自然灾害、事故

灾难、公共卫生事件、社会安全事件4类。

（1）自然灾害主要包括水旱灾害、气象灾害、地震灾害、地质灾害、海洋灾害、生物灾害和森林草原火灾等。

（2）事故灾难主要包括工矿商贸等企业的各类安全事故、交通运输事故、公共设施和设备事故、环境污染和生态破坏事件等。

（3）公共卫生事件主要包括传染病疫情、群体性不明原因疾病、食品安全和职业危害、动物疫情，以及其他严重影响公共健康和生命安全的事件。

（4）社会安全事件主要包括恐怖袭击事件、经济安全事件和涉外突发事件等。

分类的目的是为了加强管理，使每一类、每一种突发事件都有部门去管。

2. 分级

每一种突发事件又是分级的，一般依据突发事件可能造成的危害程度、波及范围、影响力大小、人员及财产损失等情况，由高到低划分为4级：一级是特大；二级是重大；三级是较大；四级是一般。分级的目的是为了落实责任、分级处置、节省资源。

3. 标识

预警、预报分4种标识：根据级别依次用红色、橙色、黄色、蓝色表示。绿色是安全的。

三、突发公共事件的特点

1. 突发性

往往突如其来，出乎人们意料。

2. 危害性

人员伤亡、财产损失等，损失可大可小。

3. 紧迫性

突发事件发生，牵涉到生命安全。拖不得、推不得、迟不得，没有行动，就会丧失时机。

4. 关联性

一个突发事件可能会引起其他事件。

5. 后果不确定性

开始可能是一个不大的事情，后来却变成大事情。

突发事件的形成与风险、隐患有关。安全隐患不排除，安全风险就存在，突发事件迟早会发生。

四、中国石化重特大突发事件分类、分级

1. 分类

根据突发事件的发生过程、性质和机理，依据危害识别、风险评估，中国石化重特大

突发事件分类如下。

（1）工业生产事件：主要包括井喷失控、火灾爆炸、海难、海（水）上溢油、油气管道泄漏、危险化学品（含火工器材）事件、放射性事件、环境事件等。

（2）自然灾害事件：主要包括破坏性地震、洪汛灾害和气象灾害等。

（3）公共卫生事件：主要指突发重大食物中毒、重大传染病疫情和群体性不明原因疾病等。

（4）社会安全事件：主要包括油气供应事件、群体性事件、公共聚集场所事件、恐怖袭击事件、计算机信息系统损害事件和境外事件等。

2. 分级

（1）按照突发事件的性质、严重程度、可控性、影响范围等因素将重特大突发事件分为中国石化级、直属企业级。

（2）直属企业应按照突发事件的性质、严重程度、可控性、影响范围等因素，并结合机构设置情况，对确定的突发事件进行层层分级。

依据中国石化集团有限公司有关事故分级标准和应急管理要求，将油田突发事件分为一级突发事件、二级突发事件和三级突发事件。

一级突发事件：发生井喷失控、井喷着火、压力容器和压力管道爆炸、重大油气爆炸着火等二级单位无力处理等险兆险情，以及特大及以上各类事故。

二级突发事件：二级单位现有技术、装备和人员可以处理或基层单位无力处理的险兆险情，以及重大及以上各类事故。

三级突发事件：基层单位现有技术、装备和人员可以处理的险兆险情以及重大以下各类事故。

发生三级突发事件，以基层单位为主处理，二级单位做好应急准备；发生二级突发事件，以二级单位为主处置，油田做好应急准备；发生一级突发事件，由油田负责组织处理，同时上报集团公司和地方政府部门。

五、中国石化生产安全事故分类、分级

1. 分类

根据生产安全事故发生过程、性质和机理，经危害识别、风险评估，确定本预案应对的生产安全事故包括井喷、火灾、爆炸、海难、油气管道泄漏、危险化学品泄漏和中毒、放射性事件，以及其他突然发生的需紧急采取处置措施的生产安全事故。

2. 分级

（1）按照生产安全事故的性质、严重程度、可控性、影响范围等因素以及中国石化机构设置情况，将生产安全事故应急响应级别分为中国石化级、直属企业级、二级单位级和基层单位级。

（2）中国石化级应急响应级别原则上根据国家法律法规规定以及中国石化对"较大及以上事故"的定级要求，结合中国石化生产经营风险制订。

当符合以下条件之一时，下达应急启动指令，开展应急处置工作。

①发生下列情况之一且未得到有效控制的生产安全事故时：

a）造成 3 人及以上死亡、被困或下落不明，或 10 人及以上受伤、中毒的事故；

b）对社会安全、环境造成重大影响，导致周边群众恐慌性撤离，需要紧急转移安置 500 人以上的事件；

c）发生《中国石化井控管理规定》中规定Ⅰ、Ⅱ级井控事故；

d）发生火灾爆炸事故，火势长时间（≥3h）未能有效控制，或造成企业内部生产装置、设施大面积停产；

e）泄漏、火灾爆炸事故地处人口密集、环境敏感地区，危及社会上重要场所和设施安全（电站、重要水利设施、危化品库、车站、铁路、码头、港口、机场及其他人员密集场所），或对环境造成严重污染（生活水源、农田、河流、水库、湖泊等）的事件；

f）Ⅰ、Ⅱ类放射源丢失、被盗或失控。

②国家或省级人民政府已经启动应急预案或要求中国石化启动应急预案时。

③直属企业请求时。

④中国石化应急指挥中心根据突发事件发展趋势研判需启动应急预案时。

（3）直属企业级应急响应级别原则上根据国家、地方政府法律法规规定以及中国石化对"一般事故"的定级要求，结合企业生产经营风险和应急能力制订。

（4）二级单位级应急响应和基层单位级应急响应级别根据企业生产经营风险和应急能力确定。

第二节（MK-A2-2） 应急管理基本术语和定义

一、应急预案

应急预案是指为有效预防和控制可能发生的事故，最大限度地减少事故及其造成损害而预先制订的工作方案。具体地讲就是根据预测危险源、危险目标可能发生事故的类别、危害程度而制订的事故应急救援预案。有了应急预案，在重大事故发生时，就能够按照应急预案制订现场处置方案，及时采取必要的措施，按照正确的方法和程序进行救助和疏散人员，有效地控制事故扩大，减少损失。应急预案是应急处置的依据。

二、应急预案体系的构成

应急预案应形成体系，针对各级各类可能发生的事故和所有危险源制订综合应急预案、专项应急预案和现场应急处置方案，并明确事前、事发、事中和事后的各个过程中相关部门和有关人员的职责。生产规模小，危险因素少的生产经营单位，综合应急预案和专项应急预案可以合并编写。

三、综合应急预案

综合应急预案是应急预案体系的总纲，它从总体上阐述处理事故的应急方针、政策，应急组织结构及相关应急职责，应急行动、措施和保障等基本要求和程序，是应对各类事故的综合性文件。

综合应急预案内容应包括：应急工作原则、应急组织机构及职责、应急预案体系、事故风险描述、预警及信息报告、应急响应、保障措施、应急预案管理等。

应急预案应定期复核和通过演练进行评审更新。生产经营单位应开展好单位人员的应急预案培训。

四、专项应急预案

针对具体的事故类别（如井喷、H_2S溢出与中毒、火灾爆炸、危险化学品泄漏等事故）、重要生产设施、重大危险源、重大活动和应急保障而制定的计划或方案。

专项应急预案应包括以下要素：事故特征及危险程度分析、应急组织机构及职责（应急组织体系、指挥机构、职责）、预防与预警（危险源监控、预警行动）、信息报告程序、应急响应（响应分级、响应程序、处置措施）、应急保障等，以及必要的附件。并根据实际情况变化对应急救援预案适时修订。

五、现场应急处置方案

针对具体的装置、场所或设施、岗位由事故处理专家组所制订的应急处置措施。现场处置方案应具体、简单、针对性强。现场处置方案应根据风险评估及危险性控制措施逐一编制，做到事故相关人员应知应会，熟练掌握，并通过应急演练，做到迅速反应，正确处置。

现场处置方案应当包括危险性分析、可能发生的事故特征、应急处置程序、应急处置要点和注意事项等内容。

六、应急演练（应急预案的演练）

应急演练：针对可能发生的事故情景，依据应急预案而模拟开展的应急活动。

1. 应急演练的目的和原则

（1）应急演练的目的

①检验预案。发现应急预案中存在的问题，提高应急预案的科学性、实用性和可操作性。

②锻炼队伍。熟悉应急预案，提高应急人员在紧急情况下妥善处置事故的能力。

③磨合机制。完善应急管理相关部门、单位和人员的工作职责，提高协调配合能力。

④宣传教育。普及应急管理知识，提高参演和观摩人员的风险防范意识和自救互救能力。

⑤完善准备。完善应急管理和应急处置技术，补充应急装备和物资，提高其适用性和可靠性。

⑥其他需要解决的问题。

（2）应急演练的原则

①符合相关规定。按照国家相关法律、法规、标准及有关规定组织开展演练。

②切合企业实际。结合企业生产安全事故特点和可能发生的事故类型组织开展演练。

③注重能力提高。以提高指挥协调能力、应急处置能力为主要出发点组织开展演练。

④确保安全有序。在保证参演人员和设备设施安全的条件下组织开展演练。

2. 应急演练的分类

应急演练按照演练内容分为综合演练和单项演练，按照演练形式分为现场演练和桌面演练，不同类型的演练可相互组合。

综合演练：针对应急预案中多项或全部应急响应功能开展的演练活动。

单向演练：针对应急预案中某项应急响应功能开展的演练活动。

现场演练：选择（或模拟）生产经营活动中的设备、设施、装置或场所，设定事故情景，依据应急预案而模拟开展的演练活动。

桌面演练：针对事故情景，利用图纸、沙盘、流程图、计算机、视频等辅助手段，依据应急预案而进行交互式讨论或模拟应急状态下应急行动的演练活动。

3. 应急演练相关要求

生产经营单位应制订年度应急演练计划，按照"先单项后综合、桌面推演与现场实战结合、循序渐进、时空有序"等原则，以生产安全预案为主，合理安排演练的频次、规模、形式、内容、时间、地点、经费以及责任人等。

4. 应急演练评估记录与总结

应急演练应按本单位的综合应急预案要求做好相关记录，法律法规有要求的还需上报地方政府有关部门备案，记录保管期限一般为3年。《应急演练与评估记录》是验证应急预案与演练评价的重要凭证资料，应如实填写，其内容包括：单位名称、应急演练类型、演练级别、演练地点（井号）、起止时间、现场指挥、副指挥、参加人员（签名）、演练情况记录、记录人、留存资料、评价和建议、评价人、领导意见等内容。

应急演练总结的内容应包括：参加演练的单位、部门、人员、演练地点、起止时间、演练项目和内容、演练过程中的环境条件、演练动用设备、物资器材的功能表现与消耗、人员表现、演练效果、存在问题、持续改进的意见和建议等。

应急演练的评估、总结要符合国家法律法规、AQ/T 9007—2011《生产安全事故应急演练指南》、AQ/T 9009—2015《生产安全事故应急演练评估规范》和本企业综合应急预案的要求。

七、应急预案、应急演练方案、应急响应方案的区别

应急预案是应急管理和应急救援的重要指导性文件，是及时、有序、有效地开展应急救援工作的重要保障，具有法规的权威性。其作用有：

（1）使应急准备和应急管理有据可依、有章可循；

（2）是企业应对各种突发事件的基础预案；

（3）有利于做出及时的应急响应，降低事故危害；

（4）减轻民事、刑事责任；

（5）有利于提高全员、全社会的风险防范意识。

应急预案是根据本单位危害辨识与风险评估的结果，针对可能发生的事故，为迅速、有序地开展应急行动而预先制定的行动方案，是需要到上级主管部门和当地政府相关部门备案的，应急预案是静态的。

应急演练方案是针对构建的事故情景，依据应急预案模块而模拟开展的预警行动、事故报告、指挥协调、现场处置等活动，演练方案内容主要包括：

（1）应急演练目的及要求；

（2）应急演练事故情景设计；

（3）应急演练规模及时间；

（4）参演单位和人员主要任务及职责；

（5）应急演练筹备工作内容；

（6）应急演练主要步骤；

（7）应急演练技术支撑及保障条件；

（8）演练脚本、评估方案和保障方案；

（9）应急演练观摩手册、演练评估与总结等。

应急演练方案是演练前由应急指挥中心办公室根据演练目的而策划编制的方案。

应急响应方案是事故发生后，有关单位或人员采取的应急行动。应急响应方案是由事故处理应急指挥中心统一领导下的事故处理专家组针对发生事故而制定的，并且是根据本次事故的"事故链"和"危机时空域"，分析事故发展趋势而不断修订变化的。

应急演练方案和应急响应方案是动态的。

第三节（MK-A2-3） 应急管理及过程

一、应急管理

应急管理是应对突发公共事件的危险问题提出的。它指的是在突发事件的事前预防、事发应对、事中处理和善后恢复过程中，通过建立必要的应对机制，采取一系列必要措施，应用科学、技术、规划与管理等手段，保障公众生命健康和财产安全的有关活动。

二、应急管理的过程

应急管理的内涵包括预防、准备、响应和恢复四个阶段，是一个动态的循环过程。在此其中，预防有着前置突出的占位，建立健全应急预案体系是应急管理到位的前提。

1. 预防

在应急管理中预防有两层含义：一是事故的预防工作，即通过安全管理和安全技术等手段，来尽可能地防止事故的发生，实现本质安全；二是在假定事故必然发生的前提下，通过预先采取的预防措施，来达到降低或减缓事故的影响或后果的严重程度。

2. 准备

应急准备是应急管理过程中一个极其关键的过程，它是针对可能发生的事故，为迅速有效地开展应急行动而预先所做的各种准备，包括应急体系的建立、有关部门和人员职责的落实、预案的编制、应急队伍的建设、应急设备（设施）与物资的准备和维护、预案的演习、与外部应急力量的衔接等，其目标是保持重大事故应急救援所需的应急能力。

3. 应急响应

应急响应是在事故发生后立即采取的应急与救援行动。包括事故的报警与通报、人员的紧急疏散、急救与医疗、消防和工程抢险措施、信息收集与应急决策及外部求援等，其目标是尽可能地抢救受害人员、保护可能受威胁的人群，尽可能控制并消除事故。

应急响应包括响应分级、响应程序、处置程序、应急结束等内容。

（1）响应分级

针对事故危害程度、影响范围和生产经营单位控制事态的能力，对事故应急响应进行分级，明确分级响应的基本原则。

（2）响应程序

根据事故级别和发展态势，描述应急指挥机构启动、应急资源调配、应急救援、扩大应急等响应程序。

（3）处置程序

针对可能发生的事故风险、事故危害程度和影响范围，制定相应的应急处置措施，明确处置原则和具体要求。

（4）应急结束

明确现场应急响应结束的基本条件和要求。

4. 恢复

恢复工作应在事故发生后立即进行，它首先使事故影响区域恢复到相对安全的基本状态，然后逐步恢复到正常状态。要求立即进行的恢复工作包括事故损失评估、原因调查、废墟清理等。

三、应急管理的工作原则

（1）以人为本，减少危害。切实履行企业的管理、监督、协调和服务职能，把保障员工和公众的生命和健康作为首要任务，调用所需资源，采取必要措施，最大限度地减少重特大事件及其造成的人员伤亡和危害。

（2）居安思危，预防为主。高度重视安全生产，对重大安全隐患进行评估、治理，努力减少未遂事件的发生，常抓不懈，防患于未然。增强忧患意识，坚持常态与非常态相结合，做好应对重特大事件的各项准备工作。

（3）统一领导，分级负责。在企业应急指挥中心的统一领导下，建立健全的应急体制，落实应急职责，实行应急分级管理制度，充分发挥各级应急机构的作用。

（4）整合资源，协同应对。建立和完善区域应急中心，整合企业现有应急资源，实行区域联防制度，充分利用社会应急资源，实现组织、资源、信息的有机整合，形成统一指挥、反应灵敏、功能齐全、协调有序、运转高效的应急管理机制。

（5）依靠科学，专业处置。加强企业科学研究和应急技术开发，利用先进的监视、监测、预警、预防和应急处置等技术及装备，充分发挥专家队伍和专业人员的作用，提高处置突发事件的科技含量和指挥水平，避免发生次生、衍生事故；加强宣传和培训教育工作，提高广大员工自救、互救和应对各类突发事件的综合素质。

（6）信息公开，正确引导。按照及时、主动、公开、文明的原则和正面宣传为主的方针，完善信息发布、舆情收集和分析机制，坚持事件处置与信息发布工作同步安排、同步推进，统一信息发布归口，坦诚面对公众、媒体和各利益相关方。

第三章（*MK-A3*）
硫化氢环境现场应急处置

应急处置是对突发险情、事故、事件等而采取的紧急措施或行动来进行的应对处置。为有效应对处置现场突发的事件、事故，生产经营单位必须组织编制现场应急处置措施方案。

现场应急处置方案是生产经营单位根据不同事故类别，针对具体的场所、装置或设施所制定的应急处置措施，主要包括事故风险分析、应急工作职责、应急处置和注意事项等内容。生产经营单位应根据风险评估、岗位操作规程以及危险性控制措施，组织本单位现场作业人员及安全管理等专业人员共同编制现场应急处置方案。

现场应急处置方案的主要内容应包括以下几个方面。

1. 事故风险分析

事故风险分析主要包括：

（1）事故类型；

（2）事故发生的区域、地点或装置的名称；

（3）事故发生的可能时间、事故的危害严重程度及其影响范围；

（4）事故前可能出现的征兆；

（5）事故可能引发的次生、衍生事故。

2. 应急工作职责

根据现场工作岗位、组织形式及人员构成，明确各岗位人员的应急工作分工和职责。

3. 应急处置

应急处置主要包括以下内容：

（1）事故应急处置程序：根据可能发生的事故及现场情况，明确事故报警、各项应急措施启动、应急救护人员的引导、事故扩大及同生产经营单位应急预案衔接的程序；

（2）现场应急处置措施：针对可能发生的火灾、爆炸、危险化学品泄漏、坍塌、水患、机动车辆伤害等，从人员救护、工艺操作、事故控制、消防、现场恢复等方面制定明确的应急处置措施；

（3）明确报警负责人以及报警电话及上级管理部门、相关应急救援单位联络方式和联系人员，事故报告基本要求和内容。

4. 其他注意事项等内容

其他注意事项主要包括：

（1）佩戴个人防护器具方面的注意事项；

（2）使用抢险救援器材方面的注意事项；

（3）采取救援对策或措施方面的注意事项；

（4）现场自救和互救注意事项；

（5）现场应急处置能力确认和人员安全防护等事项；

（6）应急救援结束后的注意事项；

（7）其他需要特别警示的事项。

第一节（MK-A3-1） 钻井作业现场应急处置

一、应急处置方案的编制

（1）钻井作业前，与钻井相关各级单位应制定硫化氢泄漏、火灾、爆炸等应急处置方案，海上作业还应编制平台遇险、直升机失事、船舶海损、油（气）生产设施与管线破损和泄漏、潜水作业事故等应急处置方案，应急处置方案编写执行 GB/T 29639 的要求。

（2）应急处置方案中应包括钻井各相关方的组织机构和负责人，并明确应急现场总负责人及各方人员在应急中的职责。

（3）应急处置方案内容应包括但不限于：

①应急反应工作的组织机构和职责；

②参与应急工作人员的岗位和职责；

③环境调查报告；

④应急设备、物资、器材的准备；

⑤现场监测制度；

⑥紧急情况报告程序；

⑦应急技术方案与措施；

⑧应急实施程序（包括人员撤离程序和点火程序）；

⑨应急抢险防护设备及设施布置图；

⑩井场警戒点的设置及职责；

⑪井场及营区逃生路线图和简易交通图；

⑫周边情况的信息收集及联系电话。

（4）制定应急处置方案时需要注意的问题

①周边环境调查，包括地形、交通、建筑、人员分布、附近的医院和消防部门所在地等情况。

②建立不同半径危险区域范围内的撤离单位和人员的通知清单及通信联络方式。

③设立路障、联络、井控等人员岗位，明确各岗位的职责、授权及相关联系人的通信

电话。

④对井场周围一定范围内的居民进行防硫化氢知识宣传，使他们了解硫化氢防护基本知识，及简单的逃生、自救互救方法。

⑤编制的应急处置方案应征求当地政府部门意见，并得到认可和支持，以确保该方案的科学性和适用性。

二、应急报警信号

（1）陆地钻井作业场所应明确应急报警信号并告知现场所有人员。

（2）海上钻井作业应急信号应符合 SY/T 6633 的要求。

（3）在硫化氢环境的工作场所入口处应设置白天和夜晚都能看清的硫化氢警告标志，警告标志配备应符合 SY/T 6277 的要求。

三、应急行动

应急行动应具体落实到各岗位，明确应急工作职责，按照应急处理程序在最短时间内实现应急处置。

四、应急演练

（1）在钻开含硫化氢油气层前，钻井队作业班组应组织一次防硫化氢应急演练，钻井队统一组织至少一次所有人员及相关方参加的防硫化氢联合应急演练。

（2）在钻开含硫化氢油气层前，钻井队作业班组应进行井控演练，演练不合格不得钻开油气层；钻开含硫化氢油气层后，钻井队作业班每月应开展不少于一次不同工况的井控演练。

（3）每次演练应进行总结讲评，各方提出演习中存在的问题以及改进措施，并完善应急处置方案，应急演习的记录文件应保存至少 1 年。

五、应急撤离

（1）撤离条件包括：

①井喷失控；

②空气中硫化氢浓度达到 $150mg/m^3$（100ppm）的危险临界浓度。

（2）撤离命令发布：生产经营单位代表或其授权的现场总负责人决策撤离，采用有线应急广播或声光报警等通知方式。

（3）撤离组织包括：

①指派专人向当地政府报告，协助当地政府做好居民的疏散、撤离工作；

②有专人引导现场人员撤离；

③向上风方向、高处撤离；

④撤离时佩戴硫化氢防护器具或使用湿毛巾、衣物捂住口鼻呼吸等措施；

⑤撤离时携带便携式硫化氢监测仪，对空气中的硫化氢浓度进行监测。

六、应急点火处理

（1）含硫化氢油气井井喷或井喷失控事故发生后，应防止着火和爆炸，按 SY/T 6426 的规定执行。

（2）发生井喷后应采取措施控制井喷，若井口压力有可能超过允许关井压力，需点火放喷时，井场应先点火后放喷。

（3）井喷失控后，在人员生命受到巨大威胁、人员撤离无望、失控井无希望得到控制的情况下，作为最后手段应按抢险作业程序对油气井井口实施点火。

（4）点火程序的相关内容应在应急预案中明确；点火决策人宜由建设单位代表或其授权的现场负责人来担任，并列入应急预案中。

（5）含硫化氢天然气井发生井喷，符合下述条件之一时，应在 15min 内实施井口点火：

①气井发生井喷失控，且距井口 500m 范围内存在未撤离的公众；

②距井口 500m 范围内居民点的硫化氢 3min 平均监测浓度达到 $150mg/m^3$（100ppm），且存在无防护措施的公众；

③井场周围 1000m 范围内无有效的硫化氢监测手段；

④若井场周边 1.5km 范围内无常住居民，可适当延长点火时间。

（6）点火人员佩戴防护器具，在上风方向，尽量远离点火口使用移动点火器具点火；其他人员集中到上风方向的安全区。

（7）井场应配备自动点火装置，并备用手动点火器具。点火人员应佩戴防护器具，离火口距离不少于 30m 处点火，禁止在下风方向进行点火操作。硫化氢含量大于 $1500mg/m^3$（1000ppm）的油气井应确保三种有效点火方式，其中包括一套电子式自动点火装置。有条件的可配置可燃气体应急点火装置。

（8）硫化氢燃烧会产生有毒性的二氧化硫，仍需注意人员的安全防护，点火后应对下风方向尤其是井场生活区、周围居民区、医院、学校等人员聚集场所的二氧化硫浓度进行监测。

七、海上应急

（1）海上含硫化氢油气井作业，应执行 SY/T 6277。

（2）海上含硫化氢油气井作业时，应在前述的基础上增加以下项目：

①所有人员都应熟悉应急逃生路线的位置和逃生设备的应用；

②所有人员撤到上风位；

③海上设施的医护人员和安全监督应熟练使用氧气复苏设备；

④平台应对可燃气体和硫化氢的浓度加以监测，确保直升机安全起降，在可能情况下应使船舶和直升机从上风方向接近现场。

（3）当钻井、油气井服务、生产和建造作业中有两种或两种以上的作业需要同步进行时，必须强调这些作业之间的协调。应指派一个人担任同步作业的负责人，协调应急事项。

第二节（*MK-A3-2*）　井下作业现场应急处置

一、应急处置方案的编制

（1）对于硫化氢逸散、火灾爆炸、人员中毒等情况按 GB/T 29639 的要求编制现场处置方案。

（2）作业场所各施工单位编制的现场处置方案应具有联动性。

（3）应急信号应符合 SY/T 6277 的要求。

（4）根据现场工作岗位、组织形式及人员构成，明确各岗位人员的应急工作分工和职责。

①明确向地方政府汇报程序、对公众的告知程序；

②承包商的现场处置方案纳入生产经营单位管理。

二、应急行动

应急行动应具体落实到各岗位，明确应急工作职责，按照应急处理程序在最短时间内实现应急处置。

三、应急演练

（1）井下作业场所应急演练应由作业队统一组织指挥，相关各方共同参加。

（2）含硫化氢井在射开油气层前应按预案程序和步骤组织以预防硫化氢为主要目的的井控演练。含硫化氢井井控演练每个班组每周至少进行一次。

（3）每次演练应进行总结讲评，各方提出演练中存在的问题以及改进措施，并完善预案，应急演练的记录文件应保存至少 1 年。演练应做好记录，包括班组、时间、工况、经过、讲评、组织人和参加人等。

评价内容包括：

①在应急状态下通信系统是否正常运行；

②应急处理人员能否正确到位；

③应急处理人员是否具备应急处理能力；

④各种抢险、救援设备（设施）是否齐全、有效；

⑤人员撤离步骤是否适应；

⑥相关人员对现场处置方案是否掌握；

⑦预案是否满足实际情况，是否需要修订。

四、应急撤离

应急撤离符合 SY/T 6277 的要求。

五、点火处理

（1）含硫油气井井喷或井喷失控事故发生后，应防止爆炸。

（2）发生井喷后应采取措施控制井喷，若井口压力有可能超过允许关井压力，需点火放喷时，井场应先点火后放喷。

（3）井喷失控后井口实施点火符合 SY/T 6277 的要求。

（4）点火程序的相关内容应在现场处置方案中明确；点火决策人宜由建设单位代表或其授权的现场负责人来担任，并列入现场处置方案中。

（5）点火人员佩戴防护器具，在上风方向，尽量远离点火口使用移动点火器具点火；其他人员集中到上风方向的安全区。

（6）点火后应对下风方向尤其是井场生活区、周围居民区、医院、学校等人员聚集场所的硫化氢浓度进行监测。

第三节 （MK-A3-3） 原油采集与处理现场应急处置

一、现场应急处置方案的编制要求

（1）生产经营单位应根据风险评估及应急能力评估结果，组织编制应急预案。现场应急处置方案的编制应符合 GB/T 29639 的要求。

（2）现场应急处置方案应根据现场工作岗位、组织形式及人员构成，明确各岗位人员的应急工作分工和职责。

（3）硫化氢环境原油采集与处理单位每 3 年至少对应急处置程序进行评审及更新一次，当装置、工艺流程、井站所处周边环境、井站人员发生重大变化或在必要时对应急处置程序立即开展评审和更新。

（4）现场应急处置方案应在生产经营单位应急预案体系框架内编制，应急响应和处置应符合综合应急预案及专项应急预案要求，现场应急处置方案编制审核完后应在生产经营单位报备。

（5）应急处置预案的内容应包括但不限于：

①应急反应工作的组织机构和职责；

②参与应急工作人员的岗位和职责；

③应急设备、物资、器材的准备；

④现场监测制度；

⑤紧急情况报告程序；

⑥应急技术与措施；

⑦应急实施程序（包括人员撤离程序和点火程序）；

⑧应急抢险防护设备及设施布置图；

⑨警戒点的设置；

⑩逃生路线图；

⑪周边情况的信息收集及联系电话。

（6）应急处置的内容应包括但不限于：

①井口、管线及设备泄漏的应急处置；

②火灾、爆炸的应急处置；

③井喷或井喷失控着火的应急处置；

④硫化氢中毒的应急处置。

二、应急行动

应急行动应按照制定的应急处置方案，针对可能发生的事故风险、事故危害程度和影响范围，落实应急工作职责，按照应急处理程序在最短时间内实现应急处置。井喷失控处置措施应按 SY/T 6277 和 SY/T 6203 的要求进行处置。

三、应急撤离

（1）应急撤离条件包括：

①当硫化氢浓度 ≥30mg/m³（20ppm）时，无人身防护的人员应撤离；

②当检测到空气中硫化氢气体浓度达到危险临界浓度 150mg/m³（100ppm）时，有人身防护的现场人员，经应急处置无望，可进行撤离；

③井喷失控。

（2）撤离命令发布包括生产经营单位代表或其授权的现场总负责人决策撤离，采用有线应急广播或声光报警等通知方式。

（3）撤离组织包括：

①指派专人向当地政府报告，协助当地政府做好居民的疏散、撤离工作；

②有专人引导现场人员撤离；

③向上风方向、高处撤离；

④撤离时佩戴硫化氢防护器具或使用湿毛巾、衣物捂住口鼻呼吸等措施；

⑤监测暴露区域大气情况（在实施清除泄漏措施后），以确定何时可以重新安全进入。

四、应急演练

（1）涉及硫化氢环境原油采集与处理的相关单位部门应定期组织应急预案培训与演练。采油厂每半年至少组织一次，采油厂下属作业区、联合站、大队、矿等三级单位每季度至少组织一次，小队、班组每月至少组织一次。人员培训和应急演练记录应形成文件并至少保留 1 年。

（2）应急演练可以通过实操演练和模拟演练的方式进行，在模拟硫化氢泄漏情况下，岗位操作人员应熟练掌握应急状况下流程关断、切换的应急处置操作。

（3）油气井井下作业人员宜至少每周进行一次预防井喷演练，确保井控设备能正常运行，作业队人员明确自己的紧急行动责任，同时达到训练作业人员的目的。

（4）演练内容宜包括但不限于以下内容：

①采取应急措施的各种必要操作及步骤；

②正压式空气呼吸器保护设备的使用演练；

③硫化氢中毒人员施救演练。

（5）应急演练应确保作业队人员明确自己的紧急行动责任及操作要点，熟悉紧急情况下操作程序、救援措施、通知程序、集合地点、紧急设备的位置和应急疏散程序。

第四节（MK-A3-4）　天然气采集与处理现场应急处置

一、现场应急处置方案的编制

1. 编制要求

（1）现场人员应定期对作业场所潜在风险源进行风险辨识，并从工艺流程、现场监测与警戒、人员救护与疏散、消防灭火等方面制定各类应急事件的处置预案。现场应急处置方案的编制应符合 GB/T 29639 的要求。

（2）现场应急处置方案应根据现场工作岗位、组织形式及人员构成，明确各岗位人员的应急工作分工和职责。

（3）现场应急处置方案中应明确应急处置程序、措施、报警电话、应急救援联络方式等内容，针对硫化氢泄漏、中毒、扩散等险情发生时明确应急信号、应急行动、应急救援的相关要求。

2. 编制内容

应根据不同应急事件类别和对潜在风险源的辨识，针对具体的作业场所、装置或设备、设施制定相应的应急处置方案，主要包括应急事件风险分析、应急工作组织、应急处置和注意事项等内容。其中应急处置方案应包括但不限于以下类别：

（1）井口、管线、装置硫化氢气体泄漏；

（2）井口、管线、装置泄漏火灾爆炸；

（3）井口失控。

二、应急行动

（1）应按照制定的应急处置方案，以应急事件发现、类型辨识、严重程度判断、现场处置（撤离）、信息报送采取以下应急行动：

①信息报送应明确发生时间、地点及现场情况；

②已经造成或可能造成的损失情况；

③已经采取的措施；

④简要处置经过；

⑤其他需要上报的情况。

（2）硫化氢气体泄漏处置措施：

①利用事故区域固定消防设施和强风消防车等移动设施，通过水雾稀释，降低硫化氢浓度，消防车要选择上风方向的入口、通道进入现场，停靠在上风方向或侧风方向，进入危险区的车辆应戴防火罩，在上风、侧上风方向选择进攻路线，并设立水枪阵地，使用上风向的水源，合理组织供水，保证持续充足的现场消防供水，不允许救援人员在泄漏区域的下水道或地下空间的顶部、井口处、储罐两端等处滞留，防止爆炸冲击造成伤害；

②吹扫硫化氢等气体，控制气体扩散流动方向；

③掩护、配合工程抢险人员施工；

④杜绝气体泄漏区域及其周边范围产生火源，防止发生爆炸。

（3）硫化氢气体着火爆炸处置措施：

①做好灭火前各项准备，重点做好着火部位及周边设施冷却降温；

②有效控制风险源，根据现场情况进行灭火；

③灭火后，为防止复燃，应继续冷却降温。

（4）井喷失控处置措施应按 SY/T 6277 的要求进行处置。

（5）当发生站场、管道内压力超高或硫化氢浓度超标、井场失火、管线爆破情况，应在确保安全的前提下迅速截断井口气源、关断事发区域上下游截断阀，并实施放空。

三、应急撤离

（1）当发生下列情况时应急处置人员应立即疏散撤离：

①井喷失控；

②当现场的硫化氢已经或可能会高于 $30mg/m^3$ （20ppm），场站围栏或围墙外环境空间已经能够检测出硫化氢且浓度可能达到或超过 $15mg/m^3$ （10ppm）。

（2）生产经营单位代表或其授权的现场总负责人决策撤离，采用有线应急广播或声光报警等通知方式。

（3）撤离主要程序：

①向企业、当地政府报告，直接或通过当地政府机构通知公众，协助、引导当地政府做好居民的疏散、撤离工作；

②应向远离泄漏源的上风向、逆风向、高处疏散撤离；

③疏散撤离时佩戴硫化氢防护器具或使用湿毛巾捂住口鼻呼吸等措施；

④监测暴露区域大气情况（在实施清除泄漏措施后），以确定何时可以重新安全进入。

四、培训和演练

（1）涉及硫化氢环境天然气采集与处理的相关单位部门应定期组织应急处置方案的培训与演练。人员培训和应急演练记录应形成文件并至少保留 1 年。

（2）应急演练可以通过实操演练和模拟演练的方式进行。演练应通知地方相关部门参加。对预案演练中存在的不足还应进行修订和再测试。其中，演练内容宜包括但不限于以下内容：

①采取应急措施的各种必要操作及步骤；

②正压式空气呼吸器保护设备的使用演练；

③硫化氢中毒人员施救的演练。

（3）应急培训与演练应确保作业队人员明确自己的紧急行动责任及操作要点，熟悉紧急情况下装置关停程序、救援措施、通知程序、集合地点、紧急设备的位置和应急疏散程序。

第五节（MK-A3-5） 硫化氢环境现场应急事件主要种类及处置

一、现场应急事件主要种类

根据对硫化氢环境中钻井、井下、原油和天然气采集与处理等作业环境场所、装置、设备、设施等潜在风险源的风险辨识，通常情况下，硫化氢环境现场应急事件包括但不限于以下类别：

（1）井口、管线装置硫化氢气体泄漏；

（2）井口、管线装置火灾爆炸；

（3）井喷或井喷失控着火；

（4）硫化氢中毒。

二、现场应急事件处置

以油田某钻井施工现场突发事件应急处置方案为例，供参考。

××钻井公司××钻井队	钻井施工现场突发事件应急处置方案	
	编号：×××	日期：2017.6
突发事件应急程序文件	编写人：×××	版本：×
	批准人：×××	页数：××

1. 事件风险分析

（1）事件类型

根据事件的性质和机理，经危害识别、风险评估，将突发事件分为以下4类。

①工业生产类：主要包括井喷（井涌）、硫化氢泄漏、火灾爆炸、机械设备重大故障、压力容器爆炸、海（水）上溢油、环境污染等事件。

②自然灾害类：主要包括大风、暴雨、高温、寒潮、洪凌汛等气象灾害事件。

③公共卫生类：主要指突发公共卫生、突发人身伤害医疗救援等事件。

④社会安全类：主要包括群体性事件、恐怖袭击事件等。

（2）事件发生的区域、地点或装置的名称

钻井施工现场，井口、钻台、泵房、机房、发电房、电控房、油罐区等危险区域。

（3）事件发生的可能时间、事件的危害严重程度及其影响范围

①工业用火、溢流、井涌、井喷伴有硫化氢泄漏，油气溢出时有可能引起火灾，油罐

区动火、防爆电路失效有可能引起火灾爆炸。

②雷雨天气因雷击有可能引起火灾爆炸。

③钻井队在施工过程中，由于物体打击、触电、机械伤害、高空坠落、中暑，有可能造成人员伤害。

④流行性疾病、食物中毒可能造成人身健康损害。

⑤大风、暴雨、寒潮、洪凌汛等气象灾害有可能引发事件。

⑥事件发生后影响范围主要是钻井施工现场和现场人员，伴有有毒有害气体时，随泄漏量、风向的变化可能影响到周边居民区、学校、医院等人口密集场所。

（4）事件前可能出现的征兆

①井喷（井涌）事件、硫化氢泄漏事件发生前，循环罐钻井液液面升高、检测报警仪报警、钻井液密度会下降、pH 值降低、空气中有淡淡的臭鸡蛋味、地质录井全烃值异常、会有硫化氢显示。

②大风、暴雨、寒潮、洪凌汛等气象灾害预报。

③施工作业环节中"三违"行为。

④当地政府或公司发布的预警信息。

（5）事件可能发生的次生、衍生事件

井喷（井涌）事件、硫化氢泄漏事件引起火灾爆炸、人身伤害、设备损坏，污染空气、水源、土壤，硫化氢扩散造成周边群众中毒或疏散，影响周边环境，造成不良社会影响。

2. 应急工作职责

（1）应急小组

组长：队长、指导员。

成员：技术员、副队长、安全责任监督、电气工程师、工长、司机长、钻井液组长、司钻。

（2）应急小组职责

①应急小组组长职责

a）及时向公司应急处置办公室汇报，接受、服从上级指令，并传达部署落实。

b）组织现场所有施工人员（包括相关方）全面应急处置，实施抢救、抢修、抢险。

c）保持通信联络畅通，随时向应急处置办公室汇报现场情况。

d）随时掌握现场动态，并执行相应措施。

e）公司应急指挥小组到达现场后，向其移交指挥权，服从上级统一指挥。

②技术员职责

a）及时收集相关工程技术资料，提供应急处置技术支持。

b）根据事态发展情况，参与制定应急措施。

c）指导、监控现场工程技术抢险处置作业。

d）接受应急指挥小组指令并落实。

③副队长职责

a）组织现场人员按照抢险要求措施实施抢险作业。

b）负责现场周围警戒。

c）接受应急指挥小组指令并落实。

④安全责任监督职责

a）负责现场应急抢险作业过程中安全监控，监督个人防护用品使用。

b）有毒气体检测：在井场、放喷口附近及井场周边分别检测硫化氢等有毒气体浓度。

c）接受应急指挥小组指令并落实。

⑤工长职责

a）负责钻台、泵房、循环系统设备正常运转。

b）接受应急指挥小组指令并落实。

⑥电气工程师职责

a）负责井场电气设备正常运转。

b）接受应急指挥小组指令并落实。

⑦司机长职责

a）负责机房机电设备正常运转。

b）接受应急指挥小组指令并落实。

⑧钻井液组长职责

a）负责固控设备正常运转，组织钻井液的配制。

b）收集钻井液数据，调整钻井液性能。

c）负责钻井液添加剂的需求计划上报。

d）接受应急指挥小组指令并落实。

⑨司钻职责

a）第一时间发出报警信号。

b）组织实施应急处置。

c）向钻井队应急小组汇报。

⑩其他岗位职责

a）发现异常情况及时报告，发生突发事件时，按照钻井队应急小组组长的指令，开展应急处置工作。

b）对现场受伤害人员进行急救处理。

c）参与抢险和事件处理，在接到撤离指令时及时到紧急集合点集合。

3. 应急处置

（1）应急处置程序

应急处置程序如图3-1所示。

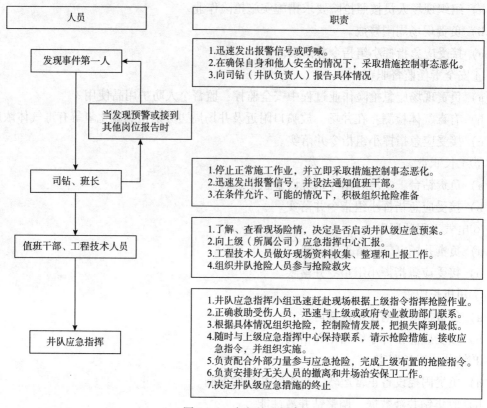

图 3 - 1　应急处置程序

（2）现场应急处置方案

①井喷（井涌）事件现场应急处置方案如表 3 -1 所示。

表 3 -1　井喷（井涌）事件现场应急处置方案

步骤	处置措施	负责人
发现异常	现场岗位人员发现溢流、井涌征兆时，立即报告司钻和值班干部	第一发现人
现场确认、报警	钻井队现场人员在确认发生溢流时，立即实施井控处置措施，若溢流得到控制，则恢复正常生产，若井控处置措施失效导致井喷，值班干部或井队正职立即报告公司应急处置办公室。情况紧急或严重时，可直接向总公司应急处置办公室报告。必要时可拨打 119、120、110 报警或急救	现场负责人
应急程序启动	立即组织现场人员实施关井，收集整理井控数据，确定压井方案，组织压井物资	现场负责人
应急措施实施	当套压和立压均为零时，可采取敞开井口（开着防喷器）循环除气的方法处理；当立压为零、套压大于零时，可关防喷器，通过节流阀循环，排除环空内受侵的钻井液；当立压和套压均大于零且套压大于立压时，可采用司钻法或工程师法压井；当立压和套压均大于零且立压等于套压时，可采用非常规压井法如容积法（置换法）、平推法（压回法）等进行处理；当立压和套压均大于零且立压大于套压时，可采用司钻法排出溢流，重新计算压井液密度压井	现场负责人

续表

步骤	处置措施	负责人
应急措施实施	当井喷可能导致井场设备下陷或发生火灾，钻井队应急小组组织现场人员，在保证安全的情况下，抢运部分设备和物资。关井期间，一旦套管外地表憋串，必须立即上报，请求支援，执行上级应急指挥中心的安排和指令，尽量点火放喷，防止井喷进一步失控，造成火灾	现场负责人
	若井喷导致井喷失火，同时启动公司《火灾爆炸应急预案》	现场负责人
	若井喷并有硫化氢泄漏，同时启动公司《硫化氢事件应急预案》	现场负责人
	上级应急处置小组到达现场后，井队执行上级成立的现场应急指挥小组指令	现场负责人
人员抢救	在现场情况允许和保证人员安全的前提下，井队现场负责人组织抢救伤者，并将伤者及时送往医疗机构	现场负责人
人员疏散	发生井喷时，现场负责人组织非抢险人员尽快撤离；井喷失控时，现场负责人指挥现场人员迅速沿上风向撤离出井场，在规定区域集合待命	现场负责人
注意事项	1. 报告的内容： （1）事件井井号、地理位置； （2）事件井井身结构及井涌、井喷时间和原因； （3）喷出物名称、喷出高度和喷量； （4）现场气象； （5）是否发生火灾，程度如何； （6）人员伤亡情况； （7）有无硫化氢喷出； （8）压井物质存量； （9）其他救援要求。 2. 应急设备准备： （1）消防设施按标准配备，要求齐全、到位； （2）各种防护、报警、逃生设备齐全且运行正常； （3）井队需配备的各种医疗、救护设备； （4）钻井队必须有联络的通信工具，并保持联络畅通； （5）制定合理的逃生路线和集合地点，紧急状态下有专人指挥人员行动； （6）掌握当地政府、公安消防、医疗等部门的相关信息，并保持联络畅通	

注：1. 钻井队发生井涌事件时，应按照《钻井井控技术规程》中相应作业关井操作程序进行关井和压井作业。

2. 井喷失控时，应立即启动上级《油气井喷事件应急预案》，执行上级应急指挥中心指令。

②硫化氢泄漏现场应急处置方案如表 3-2 所示。

表 3-2 硫化氢泄漏现场应急处置方案

步骤	处置措施	负责人
发现异常	现场岗位人员发现硫化氢监测仪报警时（硫化氢浓度大于 $15mg/m^3$），立即先后分别报告司钻和现场负责人	第一发现人
现场确认报告	现场负责人在确认发生硫化氢溢流时，立即实施硫化氢处置措施。若溢流得到控制，则恢复正常生产。若溢流处置措施失效导致井喷，值班干部或井队正职立即报告公司应急处置办公室。情况紧急或严重时，可直接向总公司应急处置办公室报告。必要时可拨打119、120、110 报警或急救	现场负责人

步骤	处置措施	负责人
应急程序启动	现场负责人根据对现场情况研判，下达指令启动队级应急预案，全员进入应急状态，根据现场情况，采取应急行动，并向公司应急处置办公室报告	现场负责人
应急措施实施	及时组织召开会议，落实现场人数，明确应急处置措施，进行人员分工，参与抢险人员佩戴正压式空气呼吸器	现场负责人
	设立警戒区，根据风向确定危险区域，在上风向设置紧急集合点，同时在有关明显位置设置相应警示标志，严禁无关人员和车辆进入	
	启动应急电源和应急照明设施，切断与抢险救援无关的电气设施设备及可能的着火源，严禁在井场内擅自动用电气焊等明火作业	
	专人负责在泄漏点持续监测硫化氢浓度，定时向现场负责人汇报	
	钻台抢险人员迅速到位，采取关井措施，控制井口	
	节流循环时利用液气分离器、除气器和添加除硫剂，排出钻井液中硫化氢气体	
	根据压井数据调整钻井液密度，阻止硫化氢气体继续溢出	
	硫化氢溢流未得到有效控制（硫化氢浓度大于 $15mg/m^3$），现场负责人向公司应急处置办公室报告，等待公司启动应急预案，同时保证硫化氢溢出事态不再扩大	
人员抢救	现场搜寻硫化氢中毒人员，至少两人为一组并明确负责人，以防一方发生意外。将搜寻到的中毒人员迅速安置到安全区域，并采取相应急救措施。120 急救人员到达现场后，井队有关人员积极配合施救	现场负责人
人员疏散	发生硫化氢溢流时，现场负责人组织非抢险人员尽快撤离；当硫化氢溢流失控时，现场负责人指挥现场人员迅速沿上风向撤离出井场，在规定区域集合待命	现场负责人
注意事项	1. 报告的内容： （1）事件井井号、地理位置； （2）硫化氢溢流时间、原因和浓度； （3）现场气象； （4）是否发生火灾，程度如何； （5）人员中毒及伤害情况； （6）压井物质存量； （7）其他救援要求。 2. 应急设备准备： （1）消防设施按标准配备，要求齐全、到位； （2）各种防护、报警、逃生设备齐全且运行正常； （3）井队需配备的各种医疗、救护设备； （4）钻井队必须有联络的通信工具，并保持联络畅通； （5）制定合理的逃生路线和集合地点，紧急状态下有专人指挥人员行动； （6）掌握当地政府、公安消防、医疗等部门的相关信息，并保持联络畅通	

③火灾爆炸现场应急处置方案如表 3-3 所示。

表 3-3　火灾爆炸现场应急处置方案

步骤	处置措施	负责人
发现异常	当现场人员发现火灾爆炸时，首先通知现场负责人，并发出警报	发现火情第一人

续表

步骤	处置措施	负责人
现场确认报告	现场负责人听到警报立即组织灭火应急小组人员赶赴火灾现场组织灭火，落实火灾地点及起火原因	现场负责人
	指挥切断着火区域电源和供油、气管线，分析火灾严重程度，是否可能恶化及可能对救险人员造成的威胁	
	立即向井队正职汇报情况，当达到公司级应急响应级别时，立即向公司应急指挥小组办公室报告	
报警	根据上级指示，及时拨打 119、120 或油田火警电话要求消防队救援，报警时应说明火情类型、详细地点及行车路线	现场负责人
应急程序启动	现场负责人指挥现场人员停掉运转设备，迅速沿上风向撤离出井场，在规定区域（集合点）集合，并清点人数	现场负责人
	现场负责人在组织撤离的同时向公司调度室和井队应急小组成员汇报情况，及时联系辖区公安消防、医疗等部门，要求紧急救援	现场负责人
	在现场情况允许和保证人员安全的前提下，安全监督或值班干部负责现场的保护工作，并安排救护人员赶到现场对伤者检查并作紧急处理。如果伤势严重，救护人员对伤者做急救处理后，将伤者送往就近医院抢救，井队派人跟车监护，同时用电话向医院急救室联系通报伤者情况。队干部进行原因分析，写出事故报告，组织恢复生产	应急小组人员
消防器材、器械保障	保障各种消防器材、器械能使用，并能够顺利供到着火源	应急小组人员
人员抢救	在保证救援人员安全的前提下，救助受伤人员	应急小组人员
	对伤情较重人员施行急救，等待专业救援人员到达	
井喷着火处理应急措施实施	井队应急小组人员到达现场后，立即组织对井喷着火现场进行以下处理： 1. 冷却井口、井场设备，防止飞火造成火势蔓延； 2. 清除井口周围障碍，为灭火提供条件； 3. 井喷火灾扑灭后，要及时更换井口，继续冷却、降温，不准使用明火，防止复燃； 4. 要保证水源充足，力争一次灭火成功； 5. 疏散井场多余人员，以防情况突变造成更多的人员伤亡	应急小组人员
	若井喷着火火势较小，井队应急小组组织现场人员在保证安全的情况下，抢运部分设备和物资	应急小组人员
	若井喷着火火势较大，井队应急小组指挥现场人员撤离至安全区域等候上级指示	现场所有人员
	上级应急中心人员到达现场后，井队应急小组执行上级处理措施	应急小组人员
电路或其他着火处理应急措施实施	现场人员立即停止作业实施，并关停设备。 切断着火现场的电源。 采取正确的灭火方法，根据着火类型隔离着火源。 如果火灾比较严重，值班干部迅速拨打 119 或油田火警，立即报告公司应急指挥小组，并组织现场人员利用配备消防器材灭火，专业消防队赶到时指挥权移交配合抢险	值班干部

步骤	处置措施	负责人
电路或其他着火处理应急措施实施	利用各种救生器具及时抢救和疏散人员。在条件允许的情况下抢救重要资料和设备	应急小组人员
	及时启动消防泵和送风排烟设施	
	选择正确灭火抢险路线，利用固定和移动消防设施扑灭火灾或阻止火势蔓延	
	电路火灾采用的灭火方法： 1. 断电灭火 在火灾现场，扑救带电设备和线路火灾时，为防止其蔓延扩大，应设法及时切断电源，然后进行扑救。 2. 用灭火器带电灭火 火灾发生后，有时如果等待断电灭火，就会延误时机，为控制火势，可用卤代烷、二氧化碳、干粉灭火器灭火。 3. 发电机灭火 发电机由于内部故障或外部故障起火时，应切断电磁回路，迅速灭磁。敞开式发电机可直接用二氧化碳灭火器灭火；管道通风式发电机可立即关闭进出口风门灭火	
	液态油火灾采用的灭火方法： 冷却法（降低燃烧物的温度）、窒息法（隔绝空气）和隔离法（使可燃物与火脱离接触）。针对井队发生的小型液态油火灾通常用简易轻便的灭火器灭火	
压力容器发生火灾爆炸处理应急措施实施	采取工艺隔断和堵漏（对气压不大的漏气火灾，采取堵漏灭火时，可用湿棉被、湿麻袋、湿布、石棉毡或黏土等封住着火口，隔绝空气，使火熄灭。应迅速进行关阀、补漏，以免造成二次着火爆炸）措施，减少可燃物料和气体的扩散	应急小组人员
储油罐发生火灾爆炸处理应急措施实施	现场负责人指挥现场人员立即停止一切作业，切断总电源，储油罐应关闭油罐阀门，冬季应将井场取暖锅炉熄灭	现场负责人
	用石棉被覆盖油罐口，或直接用灭火推车对着火油罐进行喷射灭火。同时对其他未着火油罐采用石棉被覆盖，防止着火扩大	应急小组人员
	现场安全责任监督快速指挥无关人员和车辆撤离井场至安全地带后，立即告知周边单位人员及居民做好迅速撤离准备。并设立安全警戒线，保证救援车辆进出道路畅通	现场安全责任监督
	如火灾较大或发生爆炸，发生火灾产生的热辐射造成人员灼伤，并有可能引起邻近油罐及周边建筑物起火燃烧，油品燃烧所产生的有毒有害气体使处于下风方向人员中毒、窒息，井队自身无力处理时，应果断隔离灭火人员，如有人员伤亡，应立即拨打120急救电话	应急小组人员
	当应急救援指挥中心和公安消防队到达现场后，现场指挥移交指挥权，服从统一指挥	
	原则： 1. 先救人后救物，先控制后消灭； 2. 服从命令，听从指挥； 3. 立即告知井场周边群众及无关人员疏散撤离到安全地带，并迅速指挥撤离现场； 4. 发现有人受伤和中毒窒息时应立即进行抢救，并转移至空气新鲜的上风口处实施现场救援； 5. 注意保护受伤人员的创面	

续表

步骤	处置措施	负责人
疏散、警戒	疏散无关人员到安全地带，建立相应警戒区，负责通知当地政府（乡镇、村）警戒区内居民疏散、非应急人员撤离	应急小组人员
	禁止非现场应急车辆进入警戒区应急救援小组专人负责警戒，防止无关人员进入救援作业区域	
	妥善安置员工和受伤人员	
接应救援	打开消防通道，接应消防、气防、环境监测等车辆及外部应急增援	应急小组人员
应急终止	经应急处置后，现场应急领导小组确认人员得到妥善安置；环境污染得到有效控制；损失控制在最小；社会影响减到最小。向公司应急管理办公室报告，应急管理办公室下达应急终止指令： 1. 国家及政府主管部门、中国石化应急指挥中心、公司应急指挥部应急处置已经终止； 2. 伤病人员得到妥善处置； 3. 火灾爆炸事件已得到有效控制； 4. 社会影响减到最小	应急小组人员
配合	上级或地方的应急救援机构到达现场后，现场应急配合工作	
	企地联合现场指挥部研究处置方案，按程序报批，安全处置	
注意事项	进入可能中毒区域时应佩戴空气呼吸器，其他附近区域戴过滤式防毒面具。救援人员必须穿防护服	
	钻井现场消防器材配置不低于 SY 5974—2014 的规定	
	人员疏散应根据风向标指示，撤离至上风口的紧急集合点，并清点人数	
	施工人员疏散时，应检查关闭现场火源，切断临时用电电源	
	报警时，须讲明着火爆炸地点、着火介质、火势、人员伤亡、现有消防设施及采取的措施情况	

第四章（MK-A4）

硫化氢环境现场应急救援

本章依据 SY/T 7357—2017 编写，适用于国内从事陆上石油天然气应急救援。

第一节（MK-A4-1） 应急救援的基本任务及特点

一、应急救援的基本任务

事故应急救援的总目标是通过有效的应急救援行动，尽可能地降低事故的后果，包括人员伤亡、财产损失和环境破坏。

事故应急救援的基本任务包括下述几个方面。

（1）立即组织营救受害人员，组织撤离或者采取其他措施保护危害区域内的其他人员。抢救受害人员是应急救援的首要任务。在应急救援行动中，快速、有序、有效地实施现场急救与安全转送伤员是降低伤亡率，减少事故损失的关键。

（2）迅速控制事态，并对事故造成的危害进行检测、监测，确定事故的危害区域、危害性质及危害程度。及时控制造成事故的危险源是应急救援工作的重要任务，只有及时控制危险源，防止事故的继续扩展，才能及时、有效地进行救援。

（3）消除危害后果，做好现场恢复。针对事故对人体、动植物、土壤、空气等造成的现实危害和可能的危害，迅速采取封闭、隔离、洗消、监测等措施，防止对人的继续危害和对环境的污染。

（4）查清事故原因，评估危害程度。事故发生后要及时调查事故的发生原因和事故性质；评估事故的危害范围和危险程度，查明人员伤亡情况，做好事故原因调查，并总结救援工作中的经验和教训。

二、应急救援的特点

应急工作涉及多个公共安全领域，构成一个复杂的系统，具有不确定性、突发性、复杂性，以及后果、影响易猝变、激化、放大的特点。

1. 不确定性和突发性

不确定性和突发性是各种安全事故、伤害与事件的共同特征，大部分事故都是突然爆发，爆发前基本没有明显征兆，而且一旦发生，发展蔓延迅速，甚至失控。因此，要求应急行动必须在极短的时间内在事故的第一现场做出有效反应，在事故产生重大灾难后果之前，采取各种有效的防护、救助、疏散和控制事态等措施。

2. 应急活动的复杂性

应急活动的复杂性主要表现在：事故、灾难或事件影响因素与演变规律的不确定性和不可预见的多变性；众多来自不同部门参与应急救援活动的单位，在信息沟通、行动协调与指挥、授权与职责、通信等方面的有效组织和管理；应急响应过程中公众的反应、恐慌心理、公众过激等突发行为复杂性等。

3. 易猝变、激化和放大

公共安全事故、灾害与事件虽然是小概率事件，但后果一般比较严重，能造成广泛的公共影响，应急处理稍有不慎，就可能改变事故、灾害与事件的性质，使平稳、有序、和平状态向动态、混乱和冲突方面发展，引起事故、灾害与事件波及范围扩展，卷入人群数量增加和人员伤亡与财产损失后果加大，猝变激化与放大造成的失控状态，不但迫使应急响应升级，甚至可导致社会性危机出现，使公众立刻陷入巨大的动荡与恐慌之中。因此，重大事故（件）的处置必须坚决果断，而且越早越好，防止事态扩大。

第二节（MK-A4-2）　应急救援通则

（1）应急救援机构根据应急事件的发生过程、性质和机理，经风险评估和应急能力评估，确定应急资源分配、救援程序、处置措施。

（2）根据应急事件的危害程度、影响范围等因素，将应急事件分级，确定响应级别，编制应急处置方案，应急处置方案应明确职责分工、应急响应措施、应急响应终止等内容，其他内容和格式应符合 GB/T 29639 的要求。

（3）应急救援机构根据应急处置方案，定期组织开展应急演练活动，每季度至少进行一次演练。

第三节（MK-A4-3）　应急救援体系响应程序

一、响应程序

事故应急救援体系响应程序按过程可分为接警、相应级别确定、应急启动、救援行动、应急恢复和应急结束等几个过程，如图 4-1 所示。

1. 接警与相应级别确定

接到事故报警后，按照工作程序，对警情做出判断，初步确定相应的响应程序级别。

2. 应急启动

应急响应级别确定后，按所确定的响应启动应急程序，通知应急中心有关人员到位，开通信息与通信网络，通知调配救援所需的应急资源，成立现场指挥部等。

3. 救援行动

有关应急队伍进入事故现场后，迅速开展事故侦测、警戒、疏散、人员救助、工程抢险等有关应急救援工作，专家组为救援决策提供建议和技术支持。当事态超出响应级别无法得到有效控制时，相应应急中心请求实施更高级别的应急响应。

4. 应急恢复

救援行动结束后，进入临时应急恢复阶段。该阶段主要包括现场清理、人员清点和撤离、警戒解除、善后处理和事故调查等。

5. 应急结束

执行应急关闭程序，由事故总指挥宣布应急结束。

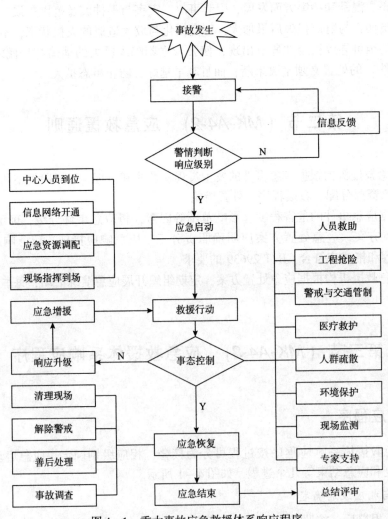

图 4-1 重大事故应急救援体系响应程序

二、救援行动规范

1. 接警与处理

（1）警情来源包括辖区单位报警、上级部门指令和地方群众求助。

（2）值班人员接警时应询问和登记的内容包括：

①报警人姓名、所属单位、现场联系电话；

②事故类别、地点、发生时间；

③人员伤亡情况、影响范围、前期处置情况；

④有无其他异常情况。

（3）接警后，立即启动相关预案并发出出警信号，调派人员、车辆、救援设备设施赶赴事故现场。同时，将警情报告值班领导，并根据指示要求及时报告上级部门。

2. 现场指挥

（1）出警后，现场指挥人员向值班人员报告出动情况，随时和报警人及现场保持联系，掌握事态发展变化状况。

（2）到达事故现场，组织成立现场指挥部。现场指挥部负责事故现场的救援工作，全面掌控现场情况，制定科学、合理的救援方案，按照"属地为主、系统指导，先到先行、有序衔接"的原则实施。

（3）现场指挥部根据情况，组织实施交通管制、监测、侦检、抢救、撤离遇险人员、医疗救护、应急保障等方面工作，落实工程抢险，防范次生、衍生事故等现场处置措施。

（4）现场指挥部应及时了解事故现场情况，主要了解以下内容：

①人员中毒、伤亡、失踪、被困情况；

②硫化氢等介质危险特性、数量、应急处置方法等信息；

③有关装置、设备、设施损毁情况；

④应急救援设备、物资、器材、队伍等应急力量情况；

⑤事故可能导致的后果及对周围区域可能影响范围和危害程度。

（5）现场指挥部应重点做好以下工作：

①迅速隔离事件现场，抢救伤亡人员，撤离无关人员及公众；

②收集现场信息，核实现场情况，根据现场变化调整应急处置方案，并组织实施；

③整合、调配应急资源，统一指挥救援工作；

④确定交通管制区域和范围，实施人员疏散、警戒和医疗救助等工作。

（6）注意事项

①应在上风向安全区设置现场指挥部，将现场指挥部人员名单、通信方式等报告上一级应急指挥机构，并通知现场应急处置工作组以及相关救援力量。

②合理使用指挥设备和通信手段，确保现场通信畅通。

③统一标志，维护现场秩序。现场指挥部应悬挂或喷写醒目的标志；现场总指挥和其他人员应佩戴相应标识；对救援人员和车辆发放专用通行证。

④应根据救援过程实际，对救援力量进行相应调整。

⑤适时把握救援暂停。对于可能出现直接威胁救援人员生命安全，极易造成次生、衍

生事故等情况，应暂停救援。

3. 交通管制

（1）根据硫化氢气体、相关介质自身及燃烧产物的毒害性、泄漏量、扩散趋势、火焰辐射热和爆炸相关内容对警戒范围进行评估，划分交通管制区域。

（2）应在管制区域涉及的主要道路、高速公路、水路设置交通管制点，设置警示标识。

（3）交通管制点应设专人负责警戒，采取禁火、停电及禁止无关人员进入等安全措施，对进入人员、车辆、物资进行安全检查、逐一登记。

（4）应将警戒区及污染区内与事故应急处理无关的人员撤离。

（5）根据现场实际情况变化，适时调整警戒范围。

4. 侦检

（1）确认事故现场情况。确认内容主要包括但不限于以下内容：

①被困人员及中毒情况；

②硫化氢气体的泄漏部位、蔓延方向、燃烧时间、形式、火势范围与阶段、对毗邻威胁程度；

③生产装置、控制路线、建（构）筑物损坏程度；

④确定攻防路线、阵地；

⑤现场及周边污染情况。

（2）以事故点为中心，应在不同方位、由外至内检测有害物质的扩散范围，加强事故周边暗渠、管沟、管井等相对密闭空间的检测。

（3）了解事故周边单位、居民人员疏散情况，掌握现场地形、地势和风向、温度等气象等条件。

5. 疏散与搜救

（1）确定集输管道、油（气）井站、处理厂周边公众安全疏散范围，可通过应急疏散广播、短信平台等方式，通知人员快速、有序撤离。

（2）对大气中硫化氢浓度大于 $15mg/m^3$（10ppm）区域内被困居民进行逐户搜救。

（3）做好疏散人员的心理疏导、食宿及安抚工作。

6. 应急监测

（1）监测点设置

①以事故点为中心，当现场主导风的风速不大于 0.3m/s 时，取所处季节主导风向为轴向，取上风向为 0°，在约 0°、45°、90°、135°、180°、225°、270°、315°方向上各设置 1 个监测点，下风向应加密布设 2 个及以上的监测点。

②以事故点为中心，当现场主导风的风速大于 0.3m/s 时，取现场主导风向为轴向，取上风向为 0°，在约 0°、90°、135°、180°、225°、270°方向上各设置 1 个监测点，下风向应按距离加密布设 3 个及以上的监测点。

③复杂地形监测点位可根据局部地形条件、风频特征及环境空气敏感区所在位置做适当调整。

④防火防爆区域监测时，气体检测仪放置在泄漏点下风向适当位置。

（2）监测内容及方式

测定风向、风力、气温，重点对事故点周围可燃、有毒有害气体及氧含量进行动态监测。

7. 污水收容

（1）消防污水转输储存至事故池。

（2）无事故池时，将事故污水围堵、集中收容。

8. 供气保障

（1）根据现场风向、地势等情况，在安全区合理设置供气点。

（2）保证现场处置人员的空气呼吸器气源供给。

（3）供气质量应符合 SY/T 6277 的要求。

9. 清洗消毒

（1）根据现场硫化氢等毒性介质含量高低，在警戒区以外设立清洗消毒站，使用相应的清洗消毒药剂。

（2）清洗消毒对象包括中毒人员、现场医务人员、现场救援人员及群众互救人员、救援装备及染毒器具。

（3）清洗消毒产生的污水应进行检测，检测数据存档。

三、专项现场应急处置

1. 处置原则

现场处置应坚持以下原则。

（1）以人为本的原则：确保救援人员安全、搜救遇险人员、抢救受伤人员、隔离疏散周边民众。

（2）先控制再消灭的原则：控制危险源、保护周边设施、防止次生灾害。

（3）环境优先的原则：对大气、水体、土壤持续检测监控，污染物收容、控制与处理。

（4）协调有序的原则：应急资源、机构的组织、调配、管理及信息的上传下达等综合协调。

2. 安全要求

（1）救援车辆应选择上风方向的入口、通道进入现场，停靠在上风方向或侧风方向。

（2）进入警戒区的车辆应戴防火罩，在上风、侧上风方向选择进入路线，并设立水枪阵地。

（3）进入现场救援的人员应专业、精干，防护措施到位，并采用喷雾水枪掩护。

（4）设立现场安全员，确定撤离信号并告知相关人员，实施全程动态仪器检测。一旦险情加剧，危及救援人员安全时，及时发出撤离信号，下达紧急撤离命令。

（5）使用上风方向的水源，合理组织供水，保证消防供水持续、充足。

（6）救援人员不得在泄漏区域的下水道或地下空间的顶部、井口处、储罐两端等处滞留。

3. 几类主要事故的现场处置

(1) 人员中毒处置

①确定现场救护点位置，确认中毒类别。

②采取正确的救助方式，迅速将中毒病人移至空气新鲜处，对救出人员进行登记、标识。

③脱去被污染衣服，松开衣领，保持呼吸道通畅，注意保暖，使用特效药物对症治疗。当出现大批中毒病人，应首先进行现场检伤分类，优先处理重症病人。

④将伤情较重者交医疗急救部门进行救治，心跳、呼吸停止者应立即进行心肺复苏，并做好记录。

⑤伤员送医疗急救部门佩戴标牌分为3类，并用标牌佩戴在患者胸前或上臂：

红牌，需要立即处理和转运；

黄牌，不严重的伤害，可以随后处理和转运；

绿牌，未中毒无伤害或轻微中毒者。

(2) 硫化氢泄漏处置

①根据泄漏量、泄漏位置，通过关闭泄漏部位上下游阀门、停止生产或改变工艺流程、局部停车或物料走副线等措施，切断泄漏源、控制总泄漏量。

②通过水幕、水雾或强风吹扫等措施，降低大气中硫化氢浓度，禁止用水直接冲击泄漏物或泄漏源。

③开展紧固、封堵、打卡、焊接、更换等作业。

④防止泄漏物进入水体、下水道、地下室或密闭性空间。

(3) 着火爆炸处置

①在执行 (2) 处置的基础上，通过移动遥控水炮、固定消防炮、车载消防炮等设备，对着火设备及周边压力容器、反应塔、釜和压力管道等受火灾威胁的设施冷却、降温，转移受威胁的物资和移动设施。

②用毛毡、海草帘堵住下水井、阴井口等部位进行隔离。

③根据泄漏源介质实际，选择正确的灭火剂（水、二氧化碳、干粉或泡沫等）和灭火方法（隔离、窒息、冷却或化学抑制等）实施灭火。

④尽可能远距离灭火或使用遥控水枪或水炮扑救。

⑤达到以下灭火条件时，实施灭火作业：

a) 周围火点已彻底扑灭、外围火种等危险源已全部控制；

b) 着火设施已得到充分冷却；

c) 人员、装备、防护设施、灭火剂已准备就绪；

d) 泄漏源已被切断，且内部压力明显下降；

e) 堵漏准备就绪。

⑥灭火后，继续冷却、降温着火设备温度至着火点以下，停止冷却。

(4) 井喷失控处置

①井喷失控处置主要包括点火、清障、拆除井口、压井、安装采油（气）树等。

②除执行（2）的规定外，做好点火准备并实施点火。

③点火时间应符合 SY/T 6277 的规定。

④点火后，执行（3）①的规定，对井口及附近设备进行冷却、降温。

⑤开展带火井口清障，暴露井口，可采用先易后难、由远及近的方法开展清障。同时对清障作业人员进行保护。

⑥井口周边清理完毕后，继续对井口冷却降温，根据地形地貌、风向等周边环境，集中喷射密集水流，使用水力喷砂带火切割装置切割井口并拆除。

⑦在井口上方罩引火筒，松动螺栓，拆卸井口法兰上部设施，移开引火筒。

⑧吊装新井控设备，将新井控设备与井口对正，装上螺栓，上紧螺栓。

⑨在新井控设备上安装放喷管线至燃烧池，放喷点火，试关井。

⑩转上压井设备，包括压裂车、液罐、灌注泵等，转上压井液；连接压井管汇，对管汇进行试压。

⑪试压合格后，将流程倒为压井流程，启动压裂车，打背压高于井口关井压力，以 $0.5\text{m}^3/\text{min}$ 的排量挤注压井。

⑫当井口压力显示为 0 后，暂停压井观察，2h 内压力无变化，压井成功；如果压力上升，继续压井。

⑬压井成功后，拆卸井口引火筒，安装新采油（气）树。

⑭对安装的新采气树整体试压，试压合格后，恢复生产。

四、应急终止

（1）当现场得到有效处置、受伤人员得到妥善救治、环境污染得到有效控制时，下达应急终止指令。

（2）应急终止后，编写救援行动总结，应至少包括以下内容：

①应急救援处置过程；

②处置过程中动用的应急资源；

③处置过程遇到的问题、取得的经验和吸取的教训；

④对应急处置方案的意见和建议。

（3）应急终止后，应对应急处置文字记录、现场救援行动音像资料、救援行动总结等原始记录汇总、归档，并妥善保管。

（4）接受事件调查组、保险理赔机构的询问和调查。

第五章（MK-A5）
硫化氢环境作业现场安全防护设施

依据 GBZ/T 259—2014、SY/T 6277—2017 规定硫化氢环境作业现场安全防护设施应包括但不限于以下要求：固定式硫化氢检测报警系统、空气压缩机、风向标、通风排气装置、放空与点火装置、报警装置、逃生设施、安全标志等。

第一节（MK-A5-1） 固定式硫化氢检测报警系统

固定式硫化氢检测报警系统包括探头、信号传输、显示报警装置等。

现场需 24h 连续监测硫化氢浓度时，应采用固定式硫化氢检测报警系统。这种检测报警系统主机一般多装于中心控制室。探头数可根据现场气样测定点的数量来定。检测系统的检测探头置于现场硫化氢易泄露或聚集的区域。一旦探头接触硫化氢，它将通过连接线传到中心控制室，显示硫化氢浓度，并伴有声光报警。固定式硫化氢检测报警系统在使用中应按说明书要求正确操作和维保。

以 SP-1001 固定式气体检测报警仪为例，介绍固定式硫化氢检测仪的工作原理及安装方法，如图 5-1 所示。

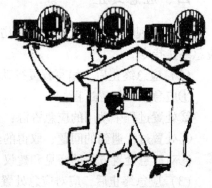

图 5-1 固定式硫化氢监测示意图

一、工作原理

1. 工作原理

SP-1001 型固定式气体检测报警仪配有 8 个输入通道，主机以巡检方式工作。可设置两级报警值，并同时发出不同的声光报警信号。在仪器面板上设有 5 个功能键，用来进行参数设置、调整和功能控制。在仪器后面设有传感探头接线端子、传感器电源保险丝座、整机电源输入以及整机电源保险丝座等，在软件上将常见气体的 12 种满度值等参数以数据库的形式被固定在程序存储器内，用户可根据需要选定。

2. 技术指标

适应范围：测量多种气体浓度、温度、压力等 4~20mA 标准信号；

工作方式：多路自动巡检（巡检速度：8 通道/s）；

现实功能：数码管显示 12 位（四种状态显示）、每一通道显示时间为 3s；

测量精度：0.1%（0.1ppm）；

输出电源：直流 15V/1.5A 为传感器提供电源；

整机电源：220V/100mA（电流 0.5A）；

扩展功能：8 通道开关量输出（交流 220V/2A；交流 380V/2A）；

报警功能：声音报警为二级报警和一级报警，发出的声音不同；光报警为每通道都有两级报警指示灯（一级报警 A1，二级报警 A2）；

外形尺寸：450mm×400mm×180mm（标准 19in 机箱）；

质量：7.5kg。

二、安装

1. 探头安装

（1）位置选择原则

①一般安装在距离硫化氢气体可能泄漏地点处 1m 范围内，这样探头的实际反应速度比较快。否则有可能出现探头处硫化氢气体浓度不超标，而泄漏点处局部气体已经超标，主机却不能报警的现象。探头不能安装在有腐蚀性化学物质、高湿度（有水蒸气）的地方。

②固定式硫化氢探头应安装在距离测量目标水平面以上 0.3~0.6m 处，且探头向下。

a）显示装置安装在有人值守的值班室。

b）声光报警器安装位置应满足现场的人员都能听到或看到报警信号。

（2）几种作业现场探头具体安装位置（区域）

①钻井作业

硫化氢钻井作业现场应配备 1 套固定式硫化氢监测系统，并应至少在以下位置安装监测传感器：

a）方井；

b）钻台；

c）钻井液出口管、接收罐或振动筛；

d）钻井液循环罐；

e）未列入进入受限空间计划的所有其他硫化氢可能聚集的区域。

②井下作业

a）在硫化氢环境的陆上井下作业设施至少在以下位置安装固定式硫化氢探头：

（a）方井；

（b）钻台或操作台；

（c）循环池；

（d）测试管汇区；

（e）分离器。

b）在硫化氢环境的海上井下作业设施至少在以下位置安装固定式硫化氢探头：

（a）井口区甲板上；

（b）钻台上；

（c）污液舱或污液池顶部；

（d）生活区；

（e）发电机及配电房进风口。

③原油采集与处理作业

工作场所有可能导致劳动者发生急性职业中毒，应设立硫化氢气体检测报警点。硫化氢气体检测报警系统的选用和设置应符合 GB 50493 和 GBZ/T 223 的规定，至少宜在以下场所安装硫化氢气体检测报警器：

a）原油中转站以上的油泵房、计量间、含油污水泵房、脱水器操作间、反应器操作间；

b）输送天然气的压缩机房、计量间、阀组间和收发球间；

c）与硫化氢气体释放源场所相关联并有人员活动的沟道、排污口以及易聚集有毒气体的死角、坑道。

④天然气采集与处理作业

硫化氢环境天然气场站、海上天然气生产设施的井口区和工艺区、净化厂的工艺区以及人员进出频繁的位置，或长时间设置密闭装置的位置应设置固定式硫化氢监测系统，该系统应带有报警功能。

2. 主机安装（以钻井作业现场为例）

（1）主机应安装在录井拖车、总监或平台经理室内。

（2）将连接电缆按探头最终安装位置与主机走线距离准备好，在有些情况下电缆线需要多次连接才能达到所需长度，每个接头处必须十分仔细地焊接牢固并采取防水措施后才能使用。

（3）将电缆线与主机相连接，连接处必须套上绝缘套管，将插头插到主机的航插座上；电缆线另一端的端子上分别做好对应的标记后，与探头的引线相连接。检查无误后，接通电源对传感器进行极化（一般需 5~24h）。

（4）零点调节：经极化稳定后，在现场没有被检测气体的情况下，将探头顶盖打开，调节调零电位器"Z"，使主机显示为"000"，并测量探头输出信号应为"（+400±5）mV"。

三、报警值的设定

报警值的设定应符合下列要求：

（1）当空气中硫化氢含量超过阈限值时 $[15mg/m^3（10ppm）]$，监测仪应能自动报警；

（2）第一级报警值应设置在阈限值 [硫化氢含量为 $15mg/m^3（10ppm）$]；

（3）第二级报警值应设置在安全临界浓度 [硫化氢含量为 $30mg/m^3（20ppm）$]；

（4）第三级报警值应设置在危险临界浓度［硫化氢含量为 $150\mathrm{mg/m^3}$（100ppm）］。

四、使用维护注意事项

（1）在连接开关量输出线时，接线要牢固，不要和后面板短路。

（2）仪器参数设置必须在关机情况下进行。

（3）仪器在正常工作情况下，当传感器线路出现故障时，仪器故障指示灯亮，并同时有不同的显示：

①当传感器无信号输出或传输线路开路时，显示"OP"；

②当传感器信号输出超出测量范围或传输线路短路时，显示"E"。如果出现了以上两种情况，必须查明原因。

（4）硫化氢检测仪属精密安全仪器，以免破坏防爆结构，不得随意拆动。

（5）每月校准一次零点。

（6）保护好防爆部件的隔爆面。

（7）在通电情况下严禁拆卸探头，在更换保险管时要关闭电源。

（8）经常保洁或定期清洗探头的防雨罩，用压缩空气吹扫防虫网，防止堵塞。

五、检查与校验

1. 检查应符合下列要求

（1）每天都应对硫化氢检测系统进行一次功能检查，每次检查应有记录，记录至少保持1年。

（2）固定硫化氢检测系统检查应至少包括以下内容：

①设备警报功能测试；

②探头及报警装置的外观。

2. 检测检验应符合下列要求

（1）固定式硫化氢检测系统的检验应由企业认可的有检验能力的机构进行。

（2）固定式硫化氢检测系统每年至少检验一次。

（3）在超过满量程浓度的环境使用后应重新校验。

3. 注意事项

固定式硫化氢气体检测报警仪在正常情况下能够连续测量气体的含量，能够准确测量硫化氢的浓度并提供准确的读数。不管使用什么类型的监测仪，要定期及时地进行维护保养，确保其处于良好的工作状态，并根据厂家的说明书进行操作。

第二节（MK-A5-2） 空气压缩机

一、空气压缩机及其分类

1. 空气压缩机

空气压缩机是气源装置中的主体，它是将原动机（通常是电动机）的机械能转换成气体压力能的装置，是压缩空气的气压发生装置，是利用空气压缩原理制成超过大气压力的压缩空气的机械。

2. 分类

按照压缩空气的方式不同，空气压缩机通常分为两大类，一类是容积式，另一类是动力式，又可按其结构的不同分为几种形式，如图5-2所示。

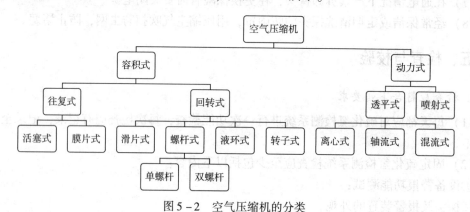

图5-2 空气压缩机的分类

二、空气压缩机的工作原理

1. 活塞式空气压缩机的工作原理

驱动机启动后，经三角胶带，带动压缩机曲轴旋转，通过曲柄连杆机构转化为活塞在气缸内作往复运动。当活塞由盖侧向轴运动时，气缸容积增大，缸内压力低于大气压力，外界空气经滤清器、吸气阀进入气缸；到达下止点后，活塞由轴侧向盖侧运动，吸气阀关闭，气缸容积逐渐变小，缸内空气被压缩，压力升高，当压力达到一定值时，排气阀被顶开，压缩空气经管路进入储气罐内，如此压缩机周而复始地工作，不断地向储气罐内输送压缩空气，使罐内压力逐渐增大，从而获得所需的压缩空气。

2. 螺杆式单级压缩空气压缩机的工作原理

由一对相互平行啮合的阴阳转子（或称螺杆）在气缸内转动，使转子齿槽之间的空气不断地产生周期性的容积变化，空气则沿着转子轴线由吸入侧输送至输出侧，实现螺杆式空气压缩机的吸气、压缩和排气的全过程。空气压缩机的进气口和出气口分别位于壳体的两端，阴转子的槽与阳转子的齿被主电机驱动而旋转。由电动机直接驱动压缩机，使曲轴产生旋转运动，带动连杆使活塞产生往复运动，引起气缸容积变化。由于气缸内压力的变化，通过进气阀使空气经过空气滤清器（消声器）进入气缸，在压缩行程中，由于气缸容积的缩小，压缩空气经过排气阀的作用，经排气管、单向阀（止回阀）进入储气罐，当排气压力达到额定压力时由压力开关控制而自动停机。

3. 离心式空气压缩机的工作原理

气体进入离心式压缩机的叶轮后，在叶轮叶片的作用下，一边跟着叶轮作高速旋转，一边在旋转离心力的作用下向叶轮出口流动，并受到叶轮的扩压作用，其压力能和动能均得到提高，气体进入扩压器后，动能又进一步转化为压力能，气体再通过弯道、回流器流入下一级叶轮进一步压缩，从而使气体压力达到工艺所需的要求。

三、空气压缩机充填空气呼吸器气瓶程序及注意事项

（1）确保所充气瓶的检验日期在规定的检验日期内，检查气瓶的外观情况，应无任何的损伤现象，检查气瓶阀、压力表，应无任何损伤迹象。

（2）检查空气压缩机的操作维护记录，确保压缩机的滤芯、润滑油在允许的使用时间内；试机，确保压缩机无任何故障，压缩机能正常启动，旋转部分能自由转动，转动方向正确；按制造商提供的使用说明书正确使用压缩机。

（3）气瓶第一次充气时，不要一次充气到最高压力，一般先充气 15～17MPa，取下冷却 10～15min 后再充。

（4）充气过程中操作人员不得离开操作现场，要时常注意充气压力、压力表和瓶阀的温度，特别是要注意不得"过压"充气。

（5）严格按照制造商的使用说明操作压缩机：对于 100L/min 的小型压缩机，每隔 15min 一定要放水、排污一次，每充 5 瓶后，一定要让压缩机"休息"10min，以确保压缩机处于最佳的工作状态，并延长压缩机的使用寿命。按使用说明书的规定更换滤芯和润滑油。

（6）气瓶和压缩机的连接只能用手工完成，不得使用工具强行操作。

（7）气瓶的打开和关闭不得使用太大的力矩，尤其要克服这样的心理：好像气瓶里面有 30MPa 的压力，非得要用很大的力矩关瓶。关闭瓶阀时不需使用大力矩，只要将气瓶关紧即可。

（8）在有良好通风的环境中使用压缩机，使用时避免汽车尾气，不得在操作现场抽烟，确保进气干燥清洁，无有毒有害气体。

（9）任何维修工作之前，必须先拔掉电源插头，卸压后方可进行维护工作。

（10）充气及使用压缩机要经过培训合格的人员才能进行此项操作。

（11）不同的空气压缩机，在实际操作使用中，方法也不尽相同。因此，不论操作使用哪种空气压缩机，一定要认真阅读该产品的操作使用说明书，严格执行，正确操作使用。

四、空气压缩机示例——LW190B 便携式压缩机

LW190B 便携式压缩机由四冲程汽油发动机带动，能够提供可靠独立动力源。该机易于操作，机型具有紧凑的外形和可移动性，其充气时间仍可在高速送气状态下保持最短。LW190B 便携式压缩机外形如图 5 – 3 所示。

图 5 – 3　LW190B（带有 200bar/300bar 充气模式选择）便携式压缩机

1. 特性

（1）具备拉线启动装置的四冲程 6.6kW 汽油发动机，机组待机，拉线就可启动；

（2）低油量时自动切断功能的驱动发动机；

（3）一套带有充气阀和压力表的充气管；

（4）GRP 冷却扇皮带保护装置；

（5）便携手柄钢构架；

（6）两只油/水分离器，每级有安全阀；

（7）不锈钢冷却管及级间冷却器；

（8）呼吸空气净化符合 EN 12021 标准；

（9）压力维持阀用以延长过滤器使用寿命；

（10）2.5m 长进气管。

2. 选项

（1）可另加充气管；

（2）终压自动停机；

（3）200bar/300bar 充气模式转换装置；

（4）油驱/电驱转换设置。

3. 技术参数

LW190B 便携式压缩机技术参数如表 5 – 1 所示。

表5-1 LW190B便携式压缩机技术参数表

类型	空气冷却，往复式活塞压缩机
输出流量	（190L/min）/（11.4m³/h）/6.7CFM
最大压力/bar	330（终极安全阀设定）
转速/（r/min）	1900
气缸数/级数	3/3
发动机类型	四冲程汽油发动机，手启动
动力要求	6.6kW/9.0hp
所需冷却空气/（m³/h）	1800
润滑方式	活塞式/喷溅式
油量/L	0.8
输出空气温度/℃	比环境温度高8~10
过滤量（20℃）/m³	180
规格（长×宽×高）	92cm×43cm×57cm
质量/kg	99
噪声水平	1m处为93dB（平均）

五、硫化氢环境下对空气压缩机的相关规定要求

（1）在已知含有硫化氢的工作场所应至少配备1台空气压缩机，其输出空气压力应满足正压式空气呼吸器气瓶充气要求。

（2）没有配备空气压缩机的工作场所应有可靠的气源。

（3）空气压缩机的进气质量应符合以下要求：

①氧气含量19.5%~23.5%；

②空气中凝析烃的含量小于或等于5ppm；

③一氧化碳的含量小于或等于12.5mg/m³（10ppm）；

④二氧化碳的含量小于或等于1960mg/m³（1000ppm）；

⑤压缩空气在一个大气压下的水露点低于周围温度5~6℃；

⑥没有明显的异味；

⑦避免污染的空气进入空气供应系统。当毒性或易燃气体可能污染进气口的情况发生时，应对压缩机的进口空气进行监测。

（4）空气压缩机应布置在安全区域内。

（5）空气压缩机操作人员应按说明书要求进行安全操作、维护和保养。

（6）气体充装人员资格应符合政府有关规定。

第三节（*MK-A5-3*）　风向标

一、概述

空气运动产生的气流，称之为风。地面气象观测中测量的风是两维矢量（水平运动），用风向和风速表示。

风向是指风的来向。最多风向是指在规定时间段内出现频数最多的风向。

图5-4　风向标

风速是指单位时间空气移动的水平距离。风速以米/秒（m/s）为单位，取一位小数。最大风速是指在某个时段内出现的10min平均风速的最大值。极大风速是指某个时段内出现的瞬时风速的最大值。瞬时风速是指3s的平均风速。

地面风通常是用风向标和风速表来测量的。

风向标，顾名思义是指示风向的装置，如图5-4所示。

风向标外形可分为尾翼、平衡锤、指向杆、转动轴四部分。风向标基本上是一个不对称形状的物体，重心点固定于垂直轴上。当风吹过，对空气流动产生较大阻力的一端便会顺风转动，显示风向。

二、风向标工作原理

当风的来向与风向标成某一交角时，风对风向标产生压力，这个力可以分解成平行和垂直于风向标的两个风力。由于风向标头部受风面积比较小，尾翼受风面积比较大，因而感受的风压不相等，垂直于尾翼的风压产生风压力矩，使风向标绕垂直轴旋转，直至风向标头部正好对着风的来向时，由于翼板两边受力平衡，风向标就稳定在某一方位，箭头永远指向风向来源。

风向标有多种形式，可以用金属制作成箭头式，也可以做成风袋式等，如图5-5~图5-9所示。

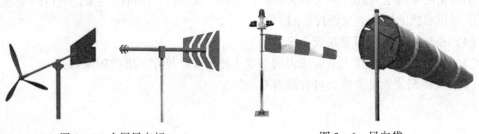

图5-5　金属风向标　　　　　　　　　图5-6　风向袋

图5-7 电传风向风速仪　　图5-8 手持式风速风向仪　　图5-9 风速传感器

石油勘探开发、集输加工等现场规定安装风向标装置，其作用就是一旦在已知或预测存在有毒有害气体区域环境下工作，有毒有害的物质会顺风流动，在下风向有毒有害的物质浓度会相对较大。为了减少有毒有害物质的伤害，从业人员和周边居民应逆风向疏散，即朝上风向走。此时，若能看到设在高处的风向标，可帮助人们辨清方向。

三、风向标的设计制作要求

（1）在小风时能反应风向的变动，即有良好的启动性能。

（2）具有良好的动态特性，即能迅速准确地跟踪外界的风向变化。

由于风向标的动态特性，常规风向袋用于指示风向，提供风速参考。风向袋由布质防水风向袋、优质不锈钢轴承风动系统、不锈钢风杆等三部分组成。布质风向袋采用轻质防水布制作，具有灵活度高、使用寿命长的优点；不锈钢轴承风动系统由不锈钢主轴、不锈钢风动轴、双进口优质轴承、防水部件等构成，具有精度高、风阻小、回转启动风速小、可靠性高、使用寿命长的优点。

四、硫化氢环境中对风向标设置的要求

在硫化氢环境的工作场所应设置白天和夜晚都能看清风向的风向标，风向标的设置应符合以下要求：

（1）风斗（风向袋）或其他适用的彩带、旗帜；

（2）根据工作场所的大小设置一个或多个风向标；

（3）安装在不会影响风向指示且易于看到的地方；

（4）风向标的设置宜采用高点和低点双点的设置方式，高点设置在场所最高处，低点设置在人员相对集中的区域。

第四节 （*MK-A5-4*） 通风排气设施

一、工业通风及分类

1. 工业通风

工业通风就是利用技术手段将厂房（车间）被生产活动所污染的空气排走，把新鲜的或经专门处理的清洁空气补充送入厂房（车间）。前者称为排风，后者称为送风，为实现排风和送风所采用的一系列设备、装置的总和，称为通风排气系统。它起着改善车间生产环境，保证工人从事生产所必需的劳动条件，保护工人身体健康的作用，是控制工业毒物、防尘、防毒、防暑降温、防火灾爆炸工作中积极有效的技术措施之一。如原油稳定和原油处理装置中的轻烃泵房、输油泵房、含轻烃污水泵房等均为防爆厂房，在这些厂房内虽然采用了防爆电气设备，但是发生可燃气体泄漏情况是难免的，当可燃性气体在空气中达到一定含量时遇火花便可发生着火爆炸事故。为了防止此类事故的发生，除了控制生产过程所使用的明火以外，还应在这些场所内进行有效的通风，用以清除或释放厂房内可燃气体，使其达不到着火爆炸的浓度极限，从而消除厂房内着火爆炸的事故隐患。

2. 工业通风的分类

工业通风分为自然通风、机械通风、全面通风和局部通风。

自然通风是靠外界风力和室内外空气的温差及进排气口高度差造成的热压使空气流动的一种通风方式，如图 5–10、图 5–11 所示。依据这种自然形成的动力实现空气的交换，能够经济地得到所要求的通风效果。在冶炼、轧钢、铸造、锻造、热处理等高温车间已得到广泛的应用。

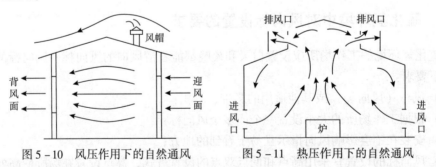

图 5–10　风压作用下的自然通风　　　图 5–11　热压作用下的自然通风

机械通风是利用通风机产生的压力，使新鲜空气进入厂房（车间），污浊空气排出厂房（车间）。机械通风能对空气进行加热、冷却、加湿、净化处理。用管道将相应的设备连接起来组成一个机械通风系统。

全面通风是在厂房（车间）内全面地进行通风换气，以维持整个厂房（车间）工作范围内空气环境的卫生要求，如图 5–12、图 5–13 所示。适用于有害物扩散不能控制在厂房（车间）内的一定范围的场合，或污染源不能固定的场合。全面通风就是用新鲜空气冲淡厂房（车间）内污染空气，使工作地点的空气中有害物的含量不超过卫生标准规定的最高允许浓度。

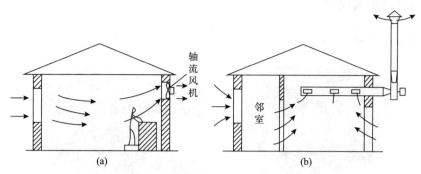

图 5 - 12 用轴流风机排风的全面通风

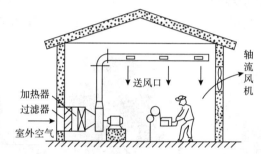

图 5 - 13 同时设送风、排风风机的全面通风方式

局部通风是在厂房（车间）工作地点某些范围建立良好空气环境，或在有害物扩散前将其从产生源抽出排走，如图 5 - 14 所示。局部通风可以是局部送风或局部排风。局部通风所需的投资比全面通风小，取得的效果也比全面通风好。

通风还可以分为负压式通风和正压式通风。比如空调、中央空调就是正压式通风。往室内抽入空气，再由门窗溢出的通风就叫正压式通风。排气扇、抽风机加风管等向室外抽排风，空气由门窗补偿流进室内的通风就叫负压式通风。

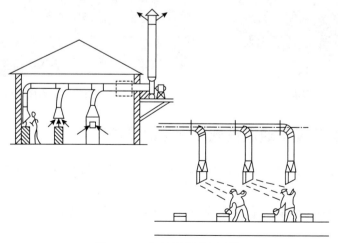

图 5 - 14 机械局部送风系统

二、工业通风设备

常用的工业通风设备如图 5 - 15 ~ 图 5 - 20 所示。

图 5 - 15 屋顶无动力风机　　　　图 5 - 16 屋顶轴流风机

图 5 - 17 轴流通风机　　　　图 5 - 18 工业移动轴流风机

图 5 - 19 混流风机　　　　图 5 - 20 局部通风风机

三、硫化氢环境下通风设施应满足的要求

依据 GBZ/T 259—2014、GBZ 1 等，硫化氢环境下通风设施满足的要求应包括但不限于以下内容。

（1）存在硫化氢的室内工作场所应设置全面通风或局部通风设施，通风设施设置应满足 GBZ 1 的要求。

（2）可能发生硫化氢大量泄漏或逸散的室内工作场所，应设置事故通风装置及与事故排风系统联锁的泄漏报警装置。

事故通风的通风量、控制开关设置、进风口和排风口设置应满足 GBZ 1 的要求。

（3）通风设置应满足 GBZ 1 的要求。

①通风、除尘、排毒设计应遵循相应的防尘防毒技术规范和规程的要求。

a）当数种溶剂（苯及其同系物、醇类或醋酸酯类）蒸气或数种刺激性气体同时放散于空气中时，应按各种气体分别稀释至规定的接触限值所需要的空气量的总和计算全面通风换气量，除上述有害气体及蒸气外，其他有害物质同时放散于空气中时，通风量仅按需要空气量最大的有害物质计算。

b）通风系统的组成及布置应合理，能满足防尘、防毒的要求。容易凝结蒸气和聚集粉尘的通风管道、几种物质混合能引起爆炸、燃烧或形成危害更大的物质的通风管道，应设单独通风系统，不得相互连通。

c）采用热风采暖、空气调节和机械通风装置的车间，其进风口应设置在室外空气清洁区并低于排风口，对有防火防爆要求的通风系统，其进风口应设在不可能有火花溅落的安全地点，排风口应设在室外安全处。相邻工作场所的进气和排气装置，应合理布置，避免气流短路。

d）进风口的风量，应按防止粉尘或有害气体逸散至室内的原则通过计算确定，有条件时，应在投入运行前以实测数据或经验数值进行实际调整。

e）供给工作场所的空气一般直接送至工作地点。放散气体的排出应根据工作场所的具体条件及气体密度合理设置排出区域及排风量。

f）确定密闭罩进风口的位置、结构和风速时，应使罩内负压均匀，防止粉尘外逸并不致把物料带走。

g）下列三种情况不宜采用循环空气：

（a）空气中含有燃烧或爆炸危险的粉尘、纤维，含尘浓度大于或等于其爆炸下限的 25% 时；

（b）对于局部通风除尘、排毒系统，在排风经净化后，循环空气中粉尘、有害气体浓度大于或等于其职业接触限值的 30% 时；

（c）空气中含有病原体、恶臭物质及有害物质浓度可能突然增高的工作场所。

h）局部机械排风系统各类型排风罩应参照 GB/T 16758 的要求，遵循形式适宜、位置正确、风量适中、强度足够、检修方便的设计原则，罩口风速或控制点风速应足以将发生源产生的尘、毒吸入罩内，确保达到高捕集效率。局部排风罩不能采用密闭形式时，应根据不同的工艺操作要求和技术经济条件选择适宜的伞形排风装置。

i）输送含尘气体的风管宜垂直或倾斜敷设，倾斜敷设时，与水平的夹角应 >45°，如必须设置水平管道时，管道不应过长，并应在适当位置设置清扫孔，方便清除积尘，防止管道堵塞。

j）按照粉尘类别不同，通风管道内应保证达到最低经济流速。为便于除尘系统的测试，设计时应在除尘器的进出口处设可开闭式的测试孔，测试孔的位置应选在气流稳定的直管段，测试孔在不测试时应可以关闭。在有爆炸性粉尘及有毒有害气体净化系统中，宜设置连续自动检测装置。

k）为减少对厂区及周边地区人员的危害及环境污染，散发有毒有害气体的设备所排出的尾气以及由局部排气装置排出的浓度较高的有害气体应通过净化处理设备后排出；直接排入大气的，应根据排放气体的落地浓度确定引出高度，使工作场所劳动者接触的落点浓度符合 GBZ 2.1 的要求，还应符合 GB 16297 和 GB 3095 等相应环保标准的规定。

含有剧毒、高毒物质或难闻气味物质的局部排风系统，或含有较高浓度的爆炸危险性物质的局部排风系统所排出的气体，应排至建筑物外空气动力阴影区和正压区之外。

②在生产中可能突然逸出大量有害物质或易造成急性中毒或易燃易爆的化学物质的室内作业场所，应设置事故通风装置及与事故排风系统联锁的泄漏报警装置。

a）事故通风宜由经常使用的通风系统和事故通风系统共同保证，但在发生事故时，必须保证能提供足够的通风量。事故通风的风量宜根据工艺设计要求通过计算确定，但换气次数不宜 <12 次/h。

b）事故通风机的控制开关应分别设置在室内、室外便于操作的地点。

c）事故通风的进风口，应设在有害气体或有爆炸危险的物质放散量可能最大或聚集最多的地点。对事故通风的死角处，应采取导流措施。

d）事故通风装置排风口的设置应尽可能避免对人员的影响：

（a）事故通风装置的排风口应设在安全处，远离门、窗及进风口和人员经常停留或经常通行的地点；

（b）排风口不得朝向室外空气动力阴影区和正压区。

（4）作业过程通风防护要求

①被硫化氢污染或有压力的硫化氢储罐应适当处理，如储存区域应通风良好，防火，与氧化性物质、腐蚀性液体和气体、热源、明火以及产生火花的设备分开存放，以避免对作业人员造成危害。

②储存有机质类物质通风不良易造成硫化氢生成及积聚的场所，应采取经常通风、减少有机质堆积、经常清洗等措施，以减少硫化氢的生成，加强硫化氢扩散。

③实验室内产生或释放硫化氢的实验分析过程应在通风橱中进行，操作过程中实验人员不能将头伸入通风橱中。

④钻井井场布置时满足以下要求：

a）在钻台上、井架座底周围、振动筛、液体罐和其他硫化氢可能聚集的地方应使用防爆通风设备（如鼓风机或风扇），以驱散工作场所弥散的硫化氢；

b）钻入含硫化氢油气层前，应将机泵房、循环系统及二层台等处设备的防风护套和其他类似的围布拆除。寒冷地区在冬季施工时，对保温设施采取相应的通风措施，以保证工作场所空气流通。

⑤井下作业井场布置时满足以下要求：

a）机械通风有助于降低工作区域硫化氢的浓度，宜考虑在钻台、井架基础四周、液罐和其他硫化氢或二氧化硫可能聚集的低洼区域使用这些通风设施；

b）为避免无风和微风情况下硫化氢的积聚，可以使用防爆通风设备将有毒气体吹往期望的风向；

c）应特别注意低洼的工作区域，比如井口方井，由于较重的硫化氢或二氧化硫在这些地点的沉积，可能会达到有害的浓度。

⑥硫化氢平均含量大于或等于5%（体积分数）的海上天然气生产设施宜设置大型防爆风机和应急避难所，大型防爆风机应设置于硫化氢易聚集场所；避难所要有正压防护，

且气源独立，不被平台硫化氢环境污染，避难所安全配置见 SY/T 6277。

⑦硫化氢环境中受限空间作业时应满足以下要求。

a) 硫化氢环境中，有人工作的受限空间内应配备有效的强制通风设施。

b) 受限空间的通风，应符合以下要求：

(a) 正压式通风；

(b) 进风口应位于安全区；

(c) 通风设备的防爆等级应与其安装位置的危险区域级别相适应。

c) 通风设备应按照制造厂的使用说明书进行操作、检查、维护和保养。

d) 作业人员应配备符合要求的个人防护用品、检测设备、照明设备、通信设备、应急救援设备。

第五节（*MK-A5-5*） 放空火炬与点火装置（系统）

放空火炬与点火装置（系统）广泛应用于石油天然气行业的石油炼化厂、天然气净化厂、天然气储运工程等。

一、点火装置系统

1. 火炬系统及其作用

火炬系统是石油化工生产装置中重要的安全和环保设施，主要用于处理生产装置开停工、非正常生产及紧急状态下无法进行有效回收的可燃气体。

排入火炬系统的气体一般都是多种气体的混合物，在紧急状态下来不及直接作为产品回收，如果不能通过火炬燃烧，就会造成生产装置超压，发生严重的生产事故。

火炬系统须保证相关装置在开/停车状态、正常运行状态和事故时产生的放空气能够及时、安全、可靠地燃烧，并满足热辐射、有害气体排放浓度等环保要求。

2. 火炬的常见类型

（1）高架火炬（塔架火炬、高空火炬）

高架火炬是指通过塔架支撑，将废气或者是排放气引入高空，对其进行燃烧的火炬，如图 5 – 21 所示。

（2）地面火炬

地面火炬是指在地面直接对废气进行燃烧和处理的火炬装置，如图 5 – 22 所示。

（3）两种类型的火炬比较

投资：地面火炬大于高架火炬；

处理气量：高架火炬大于地面火炬；

处理气体的压力：高架火炬适用于处理压力较高的气体；

污染、噪声、热辐射：地面火炬小于高架火炬；

安全：地面火炬更安全。

图 5－21　塔架火炬　　　　　　　图 5－22　地面火炬

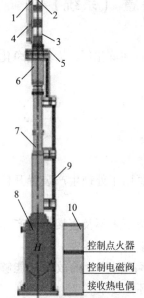

图 5－23　成套火炬系统

1—长明灯；2—热电偶；
3—火炬头；4—点火枪；
5—操作平台；6—分子密封器；
7—密封；8—分液罐；
9—攀梯；10—控制柜

控制点火器
控制电磁阀
接收热电偶

3. 火炬系统的组成

常见成套火炬系统的组成包括燃烧器、密封（分子、流体）、阻火器、水封系统、气液分离管、吹扫系统、点火系统、控制检测等，如图 5－23 所示。

（1）燃烧器

火炬燃烧器头部采用含 Ni 耐热合金 310SS 新型材料制造，提高耐热耐蚀耐氧化性能，在 1100℃时长期使用。火炬燃烧器外表面喷涂有机硅耐热漆。

为了保证适应火炬气排放量的大范围变化，燃烧器出口设置用于稳定燃烧火焰的结构。同时对火炬燃烧器上部易损部件进行了高温陶瓷处理（聚火块、长明灯头、爆燃管等），使火焰与母材隔离，火炬头具有耐高温、防腐蚀、长寿命等特点。

（2）分子密封、流体密封

分子密封的主要功能是保证在排放气中断后阻止空气倒流进入火炬筒体内，确保再次排放时不会发生回火或者爆炸。其主要工作原理是使用相对分子质量较空气小的气体（本火炬选择使用氮气）作为密封气体，利用气体的浮力在分子密封气上部钟罩内形成一个高于大气压的区域，阻止空气进入火炬系统内部，从而防止火炬头头部燃烧着的火焰倒灌及发生内部爆炸事故。

流体密封器采用空气动力学设计，性能结构优化，使密封气消耗最少，即能有效阻止空气倒流入火炬系统，并使火炬系统处于工作状态时，流动阻力最小。排液结构先进，可保证封根部死角不积液，确保该设备长期稳定工作。

（3）点火系统

火炬系统配设两套独立的点火系统，确保系统点火的可靠性。一套是地面内传焰点火系统；另一套是高空电点火系统。火炬头设高效、节能型长明灯，长明灯点火可以通过地面内传焰点火器手动点燃，也可以通过高空电点火装置点燃，点火方式可以为自动、遥控或者现场手动。

4. 火炬系统的一般操作（控制系统）

长明灯设热电偶，温度信号送控制室PLC，作为自动点火信号和判断长明灯工作状况的依据。

消烟蒸汽的调节由操作人员在控制室内根据火炬的运行情况，通过远程控制消烟蒸汽管线上的气动调节阀来实现。

水封罐设现场液位计、液位变送器、现场温度计和压力表。水封侧液位信号送至控制室PLC，实现高、低液位报警，同时控制新鲜水管线上的气动调节阀的开度，使水封液位保持在要求的高度。非水封侧液位信号也送至控制室PLC，实现高、低液位报警，同时联锁控制对应的凝液泵。

分液罐设现场液位计、液位变送器、现场温度计和压力表。液位信号送至控制室PLC，实现高、低液位报警，同时联锁控制对应凝液泵。

密封氮气量的控制由自力式调节阀和限流孔板实现。

火炬界区内设可燃气体报警仪，浓度信号送控制室PLC实现报警。

二、放空火炬与点火装置（系统）示例

以河南油田能源公司丙烷脱沥青装置放空火炬与点火系统为例。

火炬承担着能源公司丙烷脱沥青装置开停工和事故状态下排放的大量可燃气体的引燃任务，如图5-24所示。

1. 火炬

（1）火炬组成

①火炬塔（筒）为整体钢架结构。

②不锈钢火炬头：装在火炬顶端，上边有保证瓦斯气充分燃烧的消烟设施（梅花喷嘴）、防止下火雨设施（分子密封器）、消声器以及蒸汽助燃设施。

③筒体底部有脱水设施及氮气供给设施。

（2）点火系统

①PLC S7-300自动点火系统

PLC S7-300自动点火系统如图5-25所示。

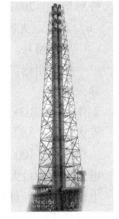

图5-24 火炬

图5-25 PLC S7-300自动点火系统

a）自动控制原理

（a）由一套独立的 PLC 控制系统 + 一套操作盘来集中实现。

（b）控制系统平时处于自动监控状态。当监测到火炬管网有排放气时（多点检测），控制系统指令点火系统开始工作，首先接通高压发生器的电源在高空点火器内产生面状电弧，同时打开瓦斯气管线上的电磁阀向高空点火器喷入点火燃气，由高空点火器顶部喷出的火焰引燃火炬。

（c）火焰探测器探测信号反馈到控制系统，延时并关闭点火系统，关闭电磁阀，关闭长明灯。控制系统始终处于监控状态。

（d）火炬点燃后系统处于监控状态，不消耗点火燃气，不点"长明灯"。节约"长明灯"消耗的燃气，降低消耗，同时提高火炬系统的安全性和自动化水平。

（e）火炬突然熄灭需要重新点燃时，自动重复以上点火程序。

b）附属设施

（a）防爆高压发生器

——规格型号：KAX – BBK700

——技术指标：

电源电压：AC 220V　　　　　　　电源电流：3A

输出电压：AC 8kV　　　　　　　　输出电流：75mA

连续工作时间：96h 以上　　　　　限温保护：不大于75℃

外形尺寸：200mm × 300mm × 150mm　　防爆等级：e Ⅱ T6

（b）高空点火器

——规格型号：KAX – DH3000

——技术指标：

导火部分：

工作温度：1000℃；工作环境：高温、腐蚀区，风、雨、雪等全天候。

点火部分：

工作温度：1000℃；工作环境：高温、腐蚀区，风、雨、雪、冰等全天候。

电弧电极：最大放电距离 10mm，工作距离 5 ~ 8mm；自净化，无积炭，无电蚀。

电极绝缘子：材质，耐高温石英；工作温度，1200℃；抗骤冷骤热，不破碎。

燃气要求：高压瓦斯。

（c）防爆火焰变送器

——规格型号：KAX – HY03

——技术指标：

电源电压：DC 24V　　　　　　　输入信号：同期 5ms 脉冲

环境温度：40 ~ 60℃　　　　　　输出信号：4 ~ 20mA 干接点

② KAX – DM01 型火炬地面手动点火器

a）技术指标

输入电源：AC220V、50Hz　　　　输入电流：3A

输出峰值电压：12kV　　　　　　功率：1.5kW

点火持续时间：一般取 1 ~ 6s　　　输出峰值电压；12000V

点火器储能：10J

火花频率：连续

管系设计压力：1.6MPa

工作温度：-40~60℃

净化压缩空气压力：0.18~1.0MPa

工作湿度：85%

燃料器压力：0.15~0.6MPa

燃料气消耗量：4.0（瞬时）Nm³/h

净化压缩空气消耗量：40（瞬时）Nm³/h

防爆等级：dⅡCT4

防护等级：IP55

主体材料：0Cr18Ni9Ti

b）工作原理

带一定流量、压力的净化压缩空气和燃料气，通过各自管道混合后进入爆燃室，当二者的浓度达到爆燃范围时，点火器输入 AC 220V 电压，其利用高能发生器输入 12kV 的高能电压至高能半导体电嘴，高能半导体电嘴在爆燃室内高压放电产生火花，引燃爆燃气体，爆燃气体产生的火焰通过爆燃管引至长明灯，并点燃长明灯。净化压缩空气和燃料气管道上均安装了转子流量计，在地面点火器主控制箱内部设置限流孔板以维持一定流量，使爆燃气体达到爆燃浓度范围，使其点火成功率大大提高。

2. 操作方法

（1）担任火炬引燃任务的点火系统，分为自动点火系统和手动点火系统。自动点火系统采用 TRD-3 型自动点火及监测系统，它是在中国石化委托北京市劳动保护科学研究所研制的 HG-3 防爆型全自动火焰故障监控器和 ZY-A 防爆型固定点火器的基础上，北京市劳动保护研究所与河南省濮阳市华强自控仪器公司经多年共同研制、开发的高新科技产品，该系统采用了日本欧姆龙公司的工业控制计算机控制系统，其自动化程度高，能连续监测、控制 5000m 内 200 点的各种信号，并可同时记录。

（2）PLC S7-300 自动点火系统的操作方法

①PLC 柜正常工作时将选择开关打在"自动"，现场启动器（点火房内）红色按钮打为松开状态。当检测到瓦斯管道内有气体通过时，此时自动点火启动，3 个点火器同时启动，同时点火器电磁阀打开，点火周期为 15s，在 1 个点火周期内火炬没燃，PLC 柜报警，操作人员手动点火。

②将 PLC 柜控制面板选择开关放在"手动"，当需要手动点燃火炬时，转动"PLC 点火"旋钮，此时 3 个电磁阀打开，3 个点火器同时点火，1 个点火周期为 15s，在 1 个点火周期内火炬没点燃，PLC 柜报警，此时可重复点火；当 PLC 故障不能点火时，操作 1# 点火电磁阀，按 1# 点火，依次操作 2#、3#，直至点火成功，点燃后将按钮依次恢复原始位置。

③气柜点火房内操作，点火房内可以手动点燃火炬，按下红色按钮，电磁阀打开，在按下红色按钮状态下按下绿色按钮，点火器点火，依次打开 1# 电磁阀，1# 点火，然后 2#，再后 3#，直至点燃火炬。

④正常工作时，PLC 柜上电源指示灯（红）亮，有报警信号时报警灯（红）亮，火炬燃烧时，火焰指示灯（绿）亮，点火时，点火指示灯（绿）亮。

⑤在 PLC 柜火炬画面上，当火炬有火焰时，火焰检测器 BE3101A/B 检测到火焰由无色变为红色，TIA3206/07/08 显示点火器实时温度，当燃料气管线内有气体流过时，压力显示实时压力，流量开关由"红"变"绿"。

（3）注意事项

①接通电源后，检查火炬点火装置是否能正常工作，若不能，首先应检查电源供电是否正常。

②高压发生器是否产生高压电弧，若无，则该高压发生器损坏或高压线漏电，应及时检修或更换。

③有高压电弧但点不着火，则是点火燃气压力不正常、燃气管线堵塞或电磁阀未打开。

④定期检查高、低压瓦斯气压力是否正常，有无冷凝液，如有应及时处理，保证为纯净的瓦斯气。

⑤定期对系统进行检查，检查各部件连接是否牢固可靠；各部件是否有明显损坏；各电器部件是否灵活可靠；燃料气管线是否畅通，是否有泄漏情况；高压发生器电缆口的密封是否有效；系统各接线端子是否接触良好，防止搭接短路；点火电极间隙是否符合要求。

（4）KAX - DM01 型火炬地面手动点火器的操作方法

①PLC S7 - 300 自动点火装置故障或仪表失灵，不能达到点火要求时，则使用 KAX - DM01 型火炬地面手动点火器，引燃火炬，确保装置安全。

②使用点火器前要对连接管线用压缩空气进行吹扫，确认管线畅通且无泄漏。

③打开电源，按下点火按钮，从观察窗观察是否有电火花。如无应检查电气部分。

④打开燃料气阀门和压缩空气阀门，如没有高压瓦斯，就关闭燃料气阀门，打开液化气瓶进气阀门。

⑤利用可燃气体管线和压缩空气管线上流量计前的针型阀调整气体配比（比如：可燃气体为液化气，可燃气体和压缩空气的配比为 1∶8，观看可燃气管线上的转子流量计，利用其后面的针型阀调整到流量计上的浮子上沿刻度为 1，然后同样的方法调整压缩空气上的流量计浮子刻度为 8）。调整好气体后大概十几秒让气体充满爆燃管后，按下点火按钮，会听到"啪"的一声爆燃声，火球到爆燃管顶部引燃长明灯，如果没有听到"啪"爆燃的声音，则需要重新配比燃料气和压缩空气，重新配比后要停十几秒让爆燃气充满爆燃管后再重新按点火按钮，不能连续按，防止气体在爆燃管内燃烧回火。

3. 火炬日常维护及管理

（1）火炬一般情况下处于熄火状态。点火炬时要及时给生产运行办汇报。火炬点燃期间，应每 2h 按巡检路线巡检一次，注意观察容器液面和压力，各部位的阀门或接头有无泄漏，发现问题及时处理。

（2）通往火炬系统的蒸汽线、瓦斯线、风线、氮气线及各类容器的排水、排凝阀，应定期排水、排污、压油、脱水，排凝时，操作人员不得离岗，防止瓦斯跑出引起火灾。

（3）分子封对应充满氮气，同时使分子封底部污水排放流道畅通。

（4）火炬点燃后，要观测火炬头温度，注意火炬燃烧变化情况，控制火炬头温度不得超过 90℃，发现燃烧冒黑烟或超温，要及时调节雾化蒸汽，既要避免火炬头烧坏，又要注意节约蒸汽。

（5）水封罐、分液罐每两年检修一次，主要是清洗、除锈、测厚、堵漏和清除堵塞物，冬季做好防冻防凝，定期排水、排污。

（6）定期检查仪表、电器是否正常；压力信号、流量信号是否正确；气缸阀开关是否灵活。

（7）火炬燃烧期间，保持氮气连续供应，防止回火爆燃。

（8）当有酸性气体排放时，要在手动状态下先点燃长明灯，然后引燃酸性气体。

（9）每月对自动点火系统试验2次。

4. 故障处理

自动点火系统畅通，却打不着火炬的故障原因及对应的处理措施如表5-2所示。

表5-2 自动点火系统畅通，却打不着火炬故障原因及处理措施表

原 因	处 理
电路不通	联系电修检查
仪表失灵、信号紊乱	联系仪修处理
压力、流量信号设定不合适	汇报车间，由车间技术人员进行修理
下火雨烧坏平台自动点火器	切断电源，请电修、仪修抢修处理
下火雨，防油系统，下水系统引燃	如果火势很大，打119报警请求灭火
继电器烧坏	联系电修更换

三、硫化氢环境下放空火炬系统相关要求

1. 天然气采集与处理

（1）硫化氢环境天然气生产、处理场所应设立紧急火炬放空系统，含硫化氢气体应燃烧后放空。

（2）当含有硫化氢等有毒气体的天然气放空时，应将其引入火炬系统，并做到先点火后放空，燃烧排放。放空分液罐（凝液分离器）应保持低液位，防止放空气体携液扑灭火炬。

（3）放空火炬系统的点火装置应进行检查和维护，确保其处于正常状态。

（4）石油天然气站场泄压和放空设施应满足以下要求。

①放空管道必须保持畅通，并应符合下列要求：

a）高压、低压放空管宜分别设置，并应直接与火炬或放空总管连接；

b）不同排放压力的可燃气体放空管线接入同一排放系统时，应确保不同压力的放空点能同时安全排放。

②火炬设置应符合下列要求：

a）火炬的高度，应经辐射热计算确定，确保火炬下部及周围人员和设备的安全；

b）进入火炬的可燃气体应经凝液分离罐分离出气体中直径大于 $300\mu m$ 的液滴，分离出的凝液应密闭回收或送至焚烧坑焚烧；

c）应有防止回火的措施；

d）火炬应有可靠的点火设施；

e）距火炬筒 30m 范围内，严禁可燃气体放空；

f）液体、低热值可燃气体、空气和惰性气体，不得排入火炬系统。

2. 原油采集与处理

（1）含硫化氢气体应通过燃烧后放空，含高浓度硫化氢的气体（如酸性气体等）必须进行有效处理，达到 GB 16297 的排放标准后方可排放。

（2）应定期对火炬点火装置进行检查和维护。

3. 气田集气站场

（1）高含 H_2S 气田集气站场应设置供气体置换使用的置换口，必要时可分区、分段设置。站内检修应将管线和设备内的高含 H_2S 气体置换至站场放空系统燃烧后排放。

（2）集气站应设置紧急泄压放空火炬。清管设施放空气体应引入放空火炬。紧急泄压放空火炬的设置应符合 GB 50183 的规定。

第六节（*MK-A5-6*）　放喷与点火装置

在石油钻井过程中，当钻至高压油气层时，如果钻井液的液柱压力低于油气层的压力，大量的天然气就会侵入井内，造成溢流或井喷。为了节流与压井循环时安全有效地排出井内的天然气，应关闭防喷器，采取节流、放喷等相应的措施。在井下作业中，为进行油气测试工作，也需放喷，让井内油气有控制地喷出井外。为安全起见，需要安装放喷点火装置，把放喷出来的天然气点燃烧掉，否则它与空气混合到一定比例就可能发生爆炸，并且含有 H_2S 的气体还会危及人的生命安全。

一、放喷点火装置

1. 放喷管线点火装置

放喷管线点火装置如图 5 – 26 所示。

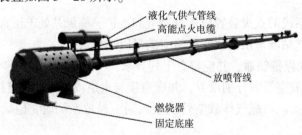

液化气供气管线
高能点火电缆
放喷管线
燃烧器
固定底座

图 5 – 26　放喷管线点火装置

（1）放喷点火装置的安装

①燃烧筒应安装在放喷管线的末端，并用 4 颗 *M*20 的地脚螺钉固定在水泥基墩上。

②将引火筒水平安装在燃烧筒的上部，出口离燃烧筒出口 50 ~ 100mm，并用卡子分别固定在燃烧筒和放喷管线上。

③从燃烧筒开始沿着放喷管线每隔 2m 装一个固定卡。

④将不锈钢点火棒连接到引火管打火弯头上。

⑤将 10 根 ½″×2m 供气管线连接到燃烧筒进气口上。

⑥将耐高温点火线连接在不锈钢点火棒上。

⑦将 ½″供气管线和耐高温点火线套入 10 根 2″×2m 镀锌保护管。

⑧将带有护罩的高能点火器安装在距离燃烧筒 20m 远的放喷管线上。

⑨将耐高温点火线连接在高能点火器上。

⑩将液化气瓶安放在距燃烧筒 70～100m 防热辐射的阴凉处，其周围不能有易燃、易爆、易腐蚀物品堆放。

⑪将液化气管线连接在 ½″供气管线进气口和液化气瓶调压阀上，液化气管线应和放喷管线走向一致。

⑫远程点火控制箱应安装在具有 220V 电源的值班房内。

⑬将七芯电缆连接在高能点火器和点火控制箱上，七芯电缆的走向和放喷管线走向一致。

⑭用遥控器或手动控制点火，然后打开液化气瓶开关，调节气量，液化气火焰长度不小于 300mm。连续点火不少于 3 次，成功率 100% 为合格。

⑮调试合格后，连接 2″镀锌保护管并用固定卡固定。

⑯在 2″镀锌保护管外安装防护罩。

⑰2 个液化气瓶 1 用 1 备。

⑱点火口 25m 范围内的液化气管线和七芯电缆要掩埋，掩埋深度不得少于 50mm。

（2）放喷管线点火装置检查维护一般要求

以 "DHQ 型自动点火装置" 为例，不同型号的装置应按不同厂家说明书进行操作检查。

①点火控制箱

a）检查充电电线，接头应完好并与控制箱匹配，电线电阻 $<0.8\Omega$、绝缘应达到 F 级。

b）检查维修控制箱的电源接头、输出接头。

c）检查或更换控制箱保险管，保险管应匹配、完好。

d）检查或更换各电压表，量程应与控制箱匹配。

e）检查或更换显示控制箱工况的指示灯。

f）检查控制箱输入电压值，应为 220V、50Hz。

g）检查控制箱输出电压值，额定输出电压值达到要求。

h）控制箱输出电压值低于规定值，应及时充电。

i）检查或更换过压保护装置，电压值高于规定值，充电应自动切断。

j）检查或更换点火控制开关，开关应灵活，工作正常。

k）检查或更换七芯电缆线，应为完整单根。电缆线导电性与绝缘性能良好，两端电阻值应在 $1.2～1.4\Omega$ 之间，中线电阻值 $<3.8\Omega$，接头应完好并与控制箱匹配。

②点火遥控器

a）遥控器不设定控制密码并应能正确控制点火控制箱。

b）在距离点火控制箱规定距离内，遥控器应能启动点火控制箱。

③高能点火器

a）检查电缆线接头，接头应完好并与七芯电线接头匹配，固定可靠。

b）检查维修点火器护罩应完好，应可靠固定在专用护罩内。

c）检查不锈钢磁棒导电杆是否导通，不应有弯曲变形。

d）检查或更换打火弯头，两端的连接螺纹和内绝缘瓷应完好。

④点火头

检查点火头，两端的连接螺纹和内绝缘瓷应完好。

⑤燃烧筒

检查燃烧筒，通气孔应无堵塞。燃烧筒应无严重变形，入口法兰钢圈槽应无径向伤痕，表面粗糙度 $Ra < 3.2$。

⑥引火筒

检查点火筒风门，风门的距离调整以点火火焰有喷射力为止，风门调定后应固定。

⑦耐高温点火线

a）两端接头与线连接应牢固，螺纹应完好。

b）点火线应导通。

c）点火线绝缘隔热保护层应完好。

⑧液化气瓶

a）检查液化气量：50kg 规格气瓶的总质量应不低于 70kg。

b）检查开关控制阀，应开关正常，阀密封良好，阀上的螺纹应完好。

c）检验合格证应在有效期内。

⑨减压调压阀及三通

检查或更换减压调压阀及三通，调压应灵敏，三通开关转动应灵活。

⑩液化气管线

液化气管线外观应无破损，无泄漏。

⑪½″供气管线

检查或更换½″供气管线，连接螺纹应完好，外观无破损，应无弯曲变形，无泄漏。

⑫2″镀锌保护管

检查或更换2″镀锌保护管，连接螺纹应完好，外观无破损，应无弯曲变形。

⑬固定卡

检查固定卡，卡子应无变形，单头螺钉应无弯曲变形，螺纹无损伤。

⑭连接螺栓

各种连接螺栓与螺帽应配套，且螺纹应完好。

⑮点火试验

a）连接电器元件：点火控制箱→电缆线→高能点火器→耐高温点火线→不锈钢导电杆→打火弯头→点火头。

b）连接气路元件：液化气瓶→减压调压阀→液化气管线→½″镀锌管线→½″S 弯管→点火筒。

c）用遥控器或手动控制点火控制箱，点火头应产生火花。

d）用遥控器或手动控制点火，然后打开液化气瓶开关，调节气量，液化气火焰长度不小于 300mm。连续点火不少于 3 次，成功率 100% 为合格。

⑯防护罩

检查防护罩，防护罩应无严重变形和破损，应能达到防沙、防雨的目的。

⑰调试合格的各部件装入专用箱内，摆放到规定的成品区。

⑱在设备规定的位置，挂设备状态卡。

2. 钻井液/气体分离器排气管线点火装置

钻井液/气体分离器排气管线点火装置如图 5-27 所示。

（1）钻井液/气体分离器排气管线点火装置的安装

①燃烧筒应垂直安装在排气管线末端的水泥基墩上，并用 3 根⅝″钢丝绳绷紧固定。

②把高能点火器安装在专用护罩内，用 4 颗 M5 螺钉固定，盒盖用 4 颗 M6 螺钉固定。

③将耐高温点火线连接在不锈钢点火棒和高能点火器上。

④将液化气瓶安放在距燃烧筒 70 ~ 100m 防热辐射的阴凉处，其周围不能有易燃、易爆、易腐蚀物品堆放。

⑤将液化气管线连接在½″供气管线进气口和液化气瓶调压阀上，液化气管线应和放喷管线走向一致。

⑥远程点火控制箱应安装在具有 220V 电源的值班房内。

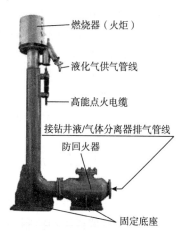

图 5-27　钻井液/气体分离器排气管线点火装置

⑦将七芯电缆连接在高能点火器和点火控制箱上，七芯电缆的走向和放喷管线走向一致。

⑧用遥控器或手动控制点火，然后打开液化气瓶开关，调节气量，液化气火焰长度不小于 300mm。连续点火不少于 3 次，成功率 100% 为合格。

⑨2 个液化气瓶先使用 1 个，另 1 个作备用。

⑩点火口 25m 范围内的液化气管线和七芯电缆要掩埋，掩埋深度不得少于 50mm。

（2）钻井液气体分离器排气管线点火装置检查维护要求

①点火控制箱：同放喷管线点火装置火控制箱。

②遥控器：同放喷管线点火装置遥控器。

③点火器：同放喷管线点火装置点火器。

④点火头

检查点火头，两端的连接螺纹和内绝缘瓷应完好。

⑤防回火阀

a）挡板与壳体之间的密封垫应完好。

b）防回火阀挡板活动自如，挡板应无变形和破损。

c）防回火阀外观应有安装方向标识。

⑥燃烧筒

a）燃烧筒应畅通。

b）供气管线应畅通无破损。

c）供气管线和不锈钢磁棒导电杆在燃烧筒内连接牢固。

⑦耐高温点火线

a）两端接头与线连接应牢固，螺纹完好。

b）点火线应导通。

c）点火线绝缘隔热保护层应完好。

⑧液化气瓶

a）检查液化气量：50kg规格气瓶的总质量应不低于70kg。

b）检查开关控制阀，应开关正常，阀密封良好，阀螺纹完好。

c）检验合格证应在有效期内。

⑨检查或更换减压调压阀及三通，调压应灵敏，三通开关转动应灵活。

⑩液化气管线

液化气管线外观应无破损，无泄漏。

⑪点火试验

a）连接电器元件：点火控制箱→七芯电缆线→高能点火器→耐高温点火线→不锈钢导电杆→点火头。

b）连接气路元件：液化气瓶→减压调压阀→液化气管线→点火筒。

c）用遥控器或手动控制点火控制箱，点火头应产生火花。

d）用遥控器或手动控制点火，然后打开液化气瓶开关，调节气量，液化气火焰长度不小于300mm。连续点火不少于3次，成功率100%为合格。

⑫连接螺栓

各种连接螺栓与螺帽应配套，且螺纹应完好。

⑬调试合格的各部件装入专用箱内，摆放到规定的成品区。

⑭在设备规定的位置，挂设备状态卡。

3. BIT－XH－DD001高压天然气井高能电子点火系统

（1）主要规范

①点火能量：50J；

②工作电流：3～4A；

③火花频率：6～15次/s；

④连续工作时间：3～30min；

⑤周围环境的相对湿度：<85%；

⑥点火杆尺寸：$\phi 20mm \times 1200mm \times 3$根；

⑦电源：220V、50Hz交流电或12V直流电。

（2）工作原理

将输入的220V交流电经变压器升压后给储能电容器充电，经过一定时间后，储能电容器上的电压达到放电管的击穿电压而放电，使储能电容器上所储存的能量通过点火电缆、导电杆加到点火头产生强烈的火花，为点火做好准备。

当井内喷出物经管线流至放喷头时，压力在条形孔处得到部分释放，一部分喷出物经过腰槽喷向筒壁隔板。当喷出的气体经过隔板达到顶板时，大部分水及固相被挡回，使到达顶部的混合气体中的水分减少、压力降低，形成低压、低水分的点火区，从而大大改善了点火条件。此时，按下点火开关，点火杆顶部释放出高能量（可达到50J）的强电弧，使低压区的混合气体快速燃烧，从而引燃高压区的混合气体，达到成功点火的目的。

（3）特点

①可以实现远程控制点火，并且点火性能准确、高效。即使在恶劣的环境下，只要气体浓度达到燃烧浓度下限，即可成功点火，且点火杆在放喷气体长期燃烧烘烤的条件下可以持续正常工作。

②操作简单方便，按钮与指示灯等功能一目了然。

③点火杆的点火端具有自净能力，抗积炭、抗结焦，点火可靠性高。如果点火端被污渍污染引起短路，则电路将自动停止工作，并在清理污渍之后可以继续工作。

④在一般情况下采用220V交流电源。在停电等情况下，备用电源自动启动，保证本系统正常持续工作。

⑤由主机到点火杆的连接均采用耐火导线，在接近放喷池口的位置还在耐火导线外层增加了不锈钢防护材料，保证了在长期高温的条件下点火杆的点火端也能够正常工作。

⑥主机易于安装，操作简便，并实现了三杆自动轮流点火与手动点火两种方式。切换到手动点火挡位时，只需按下相应的按钮，即可以使对应的点火杆工作。切换到自动点火挡位时，只需按下启动开关，3根点火杆便会经程序控制而自动轮流切换。其中的工作时间与间隔时间都可以预先设置。在将几根点火杆装在放喷池的不同位置时，可以实现多点轮流点火，这样更能适应现场的情况（如风向的影响）。

（4）操作程序

本系统主机面面板及各种接触器、开关布局分别如图5-28和图5-29所示。

①自动点火操作程序

a）插上电源插头。

b）打开电源开关，电源指示灯亮。

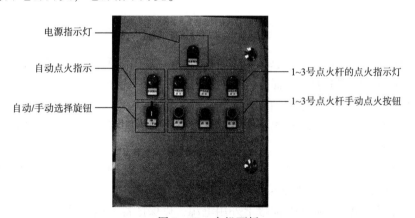

图5-28 主机面板

c）将"自动/手动选择"旋钮转至"自动"位置之后，3根点火杆便依次循环，轮流工作，即：1号点火杆工作5s之后，切换至2号点火杆；2号点火杆再工作5s之后，切换到 3 号点火杆工作；在 3 号点火杆工作完成之后，经过一段时间间隔，1 号点火杆又重新开始工作，并依次循环（其中 5s 的工作时间与间隔时间可预先设置）。点火杆工作时，对应的"自动点火指示灯"亮。

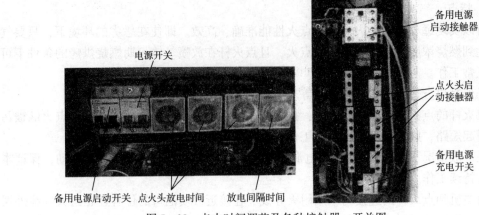

图 5-29　点火时间调节及各种接触器、开关图

d）成功点燃放喷气体之后，将"自动/手动选择"旋钮转至"停止"位置，即可以使点火器停止工作。

e）工作完毕，关闭电源总开关。

②手动点火操作程序

a）插上电源插头。

b）打开电源开关。

c）将"自动/手动选择"旋钮转至"手动"位置。按住相应的按钮（如 1 号按钮）即可以使对应的点火杆（如 1 号点火杆）点火，对应的点火指示灯亮。

d）成功点燃放喷气体之后，将"自动/手动选择"旋钮转至"停止"位置，点火杆即停止点火。

e）工作完毕，关闭电源总开关。

（5）注意事项

①不工作时，关闭外部电源总开关、充电开关、备用电源开关，以免有人误操作。

②本系统接入外部电源时，插头处两个插孔应该是左火线、右零线，不可以反接。因此，点火装置的插头配置的是三相插头。

③耐温管线系易碎物品，点火杆和高压导电体严禁剧烈振动和在水中浸泡，否则容易损坏和短路漏电。

④由于放电管是高功率放电，长时间连续放电会导致高温，影响放电管的寿命，建议每次连续放电在 2min 内。停止 30s 后可重新启动。

⑤建议备用电源在放喷 24h 前接上外用电源，以保证蓄电池电量充足。

（6）常见故障及排除方法

常见故障及排除方法如表 5-3 所示。

表 5 – 3　常见故障及排除方法

故障现象	产生故障的原因	排除方法
三根点火杆电弧产生	检查火线与零线接反	将零线接在正确的位置
	检查放电管不完好	更换放电管
	用万用表检查耐温管线、点火杆、点火头接触不好、短路，耐温管线、点火杆、点火头内外绝缘不好	接触不好，应拧紧接头
		管线进水，应烘干水分，维修管线
		管线短路，应对短路部分进行绝缘处理，维修管线
		陶瓷件损坏，更换陶瓷件，维修管线
	点火头损坏	更换点火头
	接触器、计时器等电器元件损坏	更换电器元件
单根点火杆电弧产生	用万用表检查耐温管线、点火杆、点火头接触不好、短路，耐温管线、点火杆、点火头内外绝缘不好	接触不好，应拧紧接头
		管线进水，应烘干水分，维修管线
		管线短路，应对短路部分进行绝缘处理，维修管线
	点火头损坏	更换点火头

（7）安装要求

点火装置安装位置及安装基础示意图如图 5 – 30 所示。

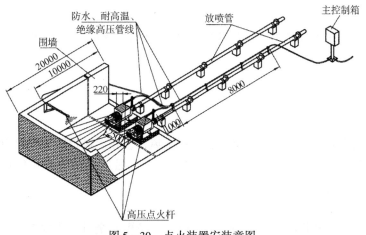

图 5 – 30　点火装置安装意图

4. 钻井作业现场放喷点火措施方法

在放喷时，如果必须对放喷气体实施点火，可采用以下三种方式实现点火：一是遥控高能点火；二是手动滑轮把点火；三是烟花点火。

（1）实施点火步骤

①使用遥控高能点火器进行点火。

②如果三次点火不成功，立即使用手动滑轮进行点火。

（2）点火装置使用方法

①遥控高能点火器

a）有线遥控点火方式

（a）按要求连接好遥控高能点火器、高压电缆、点火杆、高能半导体点火嘴、弯管等并保证连接处接触良好。

（b）确保点火嘴发火端置于燃气与空气混合区域内或燃油雾化角内。

（c）接通电源，按下有线遥控开关的启动点火按钮，待点火嘴打火并将气体点燃后按下停止按钮。

b）无线遥控点火方式

将有线遥控开关调到停止档，使用无线遥控器按下点火按钮，待点火嘴打火并将火点着后按下停止按钮，点火结束后，将开关打到"关"的位置。

c）远程自动控制方式

将遥控高能点火器的有线控制开关接在控制柜输出端子上即可实现远程自动控制。

②手动点火装置

a）在使用遥控高能点火器三次点火不成功时，可使用手动火把点火装置进行点火以实现尽快点火。

b）手动点火装置使用方法

首先确定手动火把点火装置在上风方向后，将沾上柴油的火把火头向上绑固在过滑轮的绳子上，然后缓慢拉动绳子使火把向放喷口移动，直到火把将所放喷的气体点燃。

③烟花点火

a）烟花点火条件

当电子点火无法正常使用，且无法实施手动火把点火时，则使用烟花点火方式进行点火。

b）烟花点火人员安排

烟花点火由钻井队具体指定安全员操作。

c）烟花点火方法

点火人员首先佩戴好正压式呼吸器，选择上风口，在上风口距放喷口30m以外处将烟花点燃后对准放喷口进行点火，当点火不成功时，可通过逐渐向放喷口移动再次进行点火，直至点火成功。

d）烟花的管理

烟花属于危险化学物品，应进行妥善保管，烟花由安全员负责放在安全地点保管，不得挪作他用。为了保证烟花在点火时确实有效，应经常检查烟花保质有效期，以防失效。

二、硫化氢环境放喷装置及点火条件的规定要求

1. SY/T 5087—2017 对钻井作业的规定要求

（1）井控装置设计

①硫化氢含量大于 $1.5g/m^3$ 的天然气探井应安装双四通、双节流、双液气分离器；新区第一口探井和高风险井口安装双四通、双节流、双液气分离器。

②硫化氢天然气井放喷管线出口应接至距井口 100m 以外的安全地带，开尽量保持平直，放喷管线应固定牢靠。

③硫化氢含量大于 1.5g/m³ 油气层钻井作业应在近钻头处安装钻具止回阀。

④防喷管线、放喷管线在现场不应焊接，地层压力不小于 70MPa、硫化氢含量大于 1.5g/m³ 的油气井防喷管线应固定牢靠。

⑤钻井液回收管线、防喷管线和放喷管线应使用经探伤合格的管材，防喷管线应采用标准法兰连接。

⑥放喷管线至少应接两条，布局要考虑当地季节风向、居民区、道路、油罐区、电力线及各种设施等情况，其夹角为 90°~180°，保证当风向改变时至少有一条能安全使用；管线转弯处的弯头夹角不小于 120°；管线出口应接至距井口 100m 以上的安全地带；地层压力不小于 70MPa、日产量不小于 50×10⁴m³ 的油气井，管线出口处不允许有弯角。

⑦液气分离器排气管线通径不小于排气口通径，并接出距井口 75m 以上的安全地带，相距各种设施不小于 50m，出口端安装防回火装置，进液管线通径不小于 78mm；真空除气器的排气管线应接出罐区，且出口距钻井液罐 15m 以上。

⑧远程控制台应安装在面对井架大门左侧、距离口不少于 25m 的专用活动房内，距放喷管线应有 1m 以上距离，10m 范围内不应堆放易燃、易爆、腐蚀物品。

（2）钻井设备的安放位置

应考虑当地的主要风向和钻开含硫化氢油气层时的季节风风向。

井场内的发动机、发电机、压缩机等易产生火花的设备、设施及人员集中区域，应布置在相对井口、节流管汇、天然气火炬装置或放喷管线、液气分离器、钻井液罐、备用池和除气器等容易排出或聚集天然气的装置上风方向。

（3）点火处理

①含硫化氢油气井井喷或井喷失控事故发生后，应防止着火和爆炸，按 SY/T 6426 的规定执行。

②发生井喷后应采取措施控制井喷，若井口压力有可能超过允许关井压力，需点火放喷时，井场应先点火后放喷。

③井喷失控后，在人员生命受到巨大威胁、人员撤离无望、失控井无希望得到控制的情况下，作为最后手段应按抢险作业程序对油气井井口实施点火。

④点火程序的相关内容应在应急预案中明确；点火决策人宜由建设单位代表或其授权的现场负责人来担任，并列入应急预案中。

⑤含硫化氢天然气井发生井喷，符合下述条件之一时，应在 15min 内实施井口点火：

a）气井发生井喷失控，且距井口 500m 范围内存在未撤离的公众；

b）距井口 500m 范围内居民点的硫化氢 3min 平均监测浓度达到 150mg/m³（100ppm），且存在无防护措施的公众；

c）井场周围 1000m 范围内无有效的硫化氢监测手段；

d）若井场周边 1.5km 范围内无常住居民，可适当延长点火时间。

⑥点火人员佩戴防护器具，在上风方向，尽量远离点火口使用移动点火器具点火；其他人员集中到上风方向的安全区。

⑦井场应配备自动点火装置，并备用手动点火器具。

点火人员应佩戴防护器具，离火口距离不少于30m处点火，禁止在下风方向进行点火操作。硫化氢含量大于1500mg/m³（1000ppm）的油气井应确保三种有效点火方式，其中包括一套电子式自动点火装置。有条件的可配置可燃气体应急点火装置。

⑧硫化氢燃烧会产生有毒性的二氧化硫，仍需注意人员的安全防护，点火后应对下风方向尤其是井场生活区、周围居民区、医院、学校等人员聚集场所的二氧化硫浓度进行监测。

2. SY/T 6610—2017 对井下作业的规定要求

（1）放喷管线出口应接至距井口30m以外安全地带，地层气体介质硫化氢含量大于或等于30g/m³（20000ppm）的油气井，出口应接至距井口75m以外的安全地带。

（2）当天然气、凝析油或酸性原油系统中气体总压大于或等于0.4MPa，且该气体中的硫化氢分压大于0.3kPa时，以下设施设备材料应符合 GB/T 20972.3 的要求：

①放喷管线；

②油管、钻杆；

③封隔器和其他井下装置；

④阀门和节流阀部件；

⑤井口和采油（气）树部件；

⑥气举设备。

（3）放空设施

①点火装置应符合以下要求：

a）放空设施应配备点火装置；

b）至少有两种点火方式。

②放空设施应经有资质的单位进行设计、建造和检验。

③含硫化氢气体放空应符合以下要求：

a）放空设施，应经放空扩散分析计算，确定放空设施的位置、高度及不同风速下的允许排放量；

b）放空量符合环境保护和安全防火要求。

④设置放空竖管的设施，放空竖管应符合下列规定：

a）应设置在不致发生火灾危险和危害居民健康的地方，其高度应比附近建（构）筑物高出2m以上，且总高度不应小于10m；

b）放空竖管直径应满足最大的放空量要求；

c）放空竖管底部弯管和相连接的水平放空引出管必须埋地；弯管前的水平埋设直管段必须进行锚固；

d）放空竖管应有稳管加固措施；

e）严禁在放空竖管顶端装设弯管。

⑤火炬应符合以下要求：

a）分离器火炬应距离井口、建筑物及森林50m以外，含硫化氢天然气井火炬距离井口100m以外，且位于井场主导风向的两侧；

b）海上井下作业设施应至少在两个方向设置放喷火炬。

⑥陆上井下可用接有燃烧筒的放喷管线进行硫化氢放空。

⑦应对硫化氢放空设施定期检查和维护。

⑧分离器安全阀泄压管线出口应距离井口 50m 以外，含硫化氢天然气井泄压管线出口应距离井口 100m 以外，排气管线内径一致，尽量减少弯头，管线长期处于畅通状态。

（4）放喷与测试作业

①放喷期间，燃烧筒处有长明火。

②放喷、测试初期应安排在白天进行，试气期间井场除必要设备需供电外其他设备应断电。若遇 6 级以上大风或能见度小于 30m 的雾天或暴雨天，导致点火困难时，在安全无保障的情况下，暂停放喷。

③含硫化氢井，出口不能完全燃烧掉硫化氢（如酸压后放喷初期、气水同出井水中溶解的硫化氢、二氧化硫），应向放喷流程注入除硫剂、碱，中和硫化氢、二氧化硫，注入量根据硫化氢、二氧化硫含量确定。

④酸压后，排放残酸前，应提前向放喷池内放入烧碱或石灰，或向放喷流程注入碱，中和残酸和硫化氢。

⑤含硫化氢层放喷前应书面告知周围 500m 以内的居民，放喷期间的安全注意事项，遇突发情况的应急疏散、扩大疏散等事宜；重点做好硫化氢与一般残酸等刺激性气味区别的宣传、教育工作等。

⑥含硫化氢气体的取样和运输都应采取适当防护措施。取样瓶宜选用抗硫化氢腐蚀材料，外包装上宜标识警示标签。

（5）点火处理

①含硫油气井井喷或井喷失控事故发生后，应防止爆炸。

②发生井喷后应采取措施控制井喷，若井口压力有可能超过允许关井压力，需点火放喷时，井场应先点火后放喷。

③井喷失控后井口实施点火符合 SY/T 6277 的要求。

④点火程序的相关内容应在现场处置方案中明确；点火决策人宜由建设单位代表或其授权的现场负责人来担任，并列入现场处置方案中。

⑤点火人员佩戴防护器具，在上风方向，尽量远离点火口使用移动点火器具点火；其他人员集中到上风方向的安全区。

⑥点火后应对下风方向尤其是井场生活区、周围居民区、医院、学校等人员聚集场所的硫化氢浓度进行监测。

第七节 （MK-A5-7） 报警仪

报警仪广泛应用于系统故障、安全防范、交通运输、医疗救护、应急救灾、感应检测等领域。在石油天然气化工企业中，种类繁多、功能齐全的报警仪得到更加普遍应用，有力保障了企业的安全生产。本节着重介绍石油化工企业普遍常用的报警仪——作业场所环境气体检测报警仪。

一、术语和定义

1. 传感器

将样品气体的浓度转换为测量信号的部件。

2. 检测器

由采样装置、传感器和前置放大电路组成的部件。

3. 指示器

指示气体浓度测量结果的部件。

4. 报警器

气体浓度达到或超过报警设定值时，发出报警信号的部件，常用的有蜂鸣器、指示灯。

5. 气体报警仪

气体报警仪应由检测器和报警器两部分组成。

6. 气体检测仪

气体检测仪应由检测器和指示器两部分组成。

7. 气体检测报警仪

气体检测报警仪应由检测器、指示器和报警器三部分组成。

8. 检测范围

报警仪在试验条件下能够测出被测气体的浓度范围。

9. 检测误差

在试验条件下，报警仪用标准气体校正后，指示值与标准值之间允许出现的最大相对偏差。

10. 报警误差

在试验条件下，报警仪用标准气体校正后，报警指示值与报警设定值之间允许出现的最大相对偏差。

11. 报警设定值

根据有关规定，报警仪预先设定的报警浓度值。

12. 重复性

同一报警仪在相同条件下，对同一检测对象在短时间内重复测定，各显示值间的重复程度，采取平均相对标准偏差。

13. 稳定性

在同一试验条件下，报警仪保持一定时间的工作状态后性能变化的程度。

14. 响应时间

在试验条件下，从检测器接触被测气体至达到稳定指示值的时间。规定为读数达到稳定指示值90%的时间作为响应时间。

15. 监视状态

报警仪发出报警前的工作状态。

16. 报警状态

报警仪发出报警时的工作状态。

17. 故障状态

报警仪发生故障不能正常工作的状态。

18. 零气体

不含被测气体或其他干扰气体的清洁的空气或氮气。

19. 标准气体

成分、浓度和精度均为已知的气体。

20. 时间加权平均容许浓度

以时间为权数规定的8h工作日的平均容许接触水平。是毒气检测报警仪应该具有的测试功能。

21. 最高容许浓度

在工作地点、一个工作日内、任何时间均不应超过的有毒化学物质的浓度。是毒气检测报警仪报警设定值的基础。

22. 短时间接触容许浓度

一个工作日内、任何一次接触不得超过15min时间加权平均的容许接触水平。是毒气检测报警仪应该具有的测试功能。

23. 作业场所

劳动者进行职业活动的全部地点。

二、分类

1. 按检测对象分类
（1）可燃气体检测报警仪；
（2）有毒气体检测报警仪；
（3）氧气检测报警仪。

2. 按检测原理分类
（1）可燃气体检测仪
①催化燃烧型；
②半导体型；
③热导型；
④红外线吸收型。

（2）有毒气体检测报警仪

①电化学型；

②半导体型；

③光电离子（PID）。

（3）氧气检测报警仪

有电化学型等。

3. 按使用方式分类

（1）便携式；

（2）固定式。

4. 按使用场所分类

（1）非防爆型；

（2）防爆型。

5. 按功能分类

（1）气体检测仪；

（2）气体报警仪；

（3）气体检测报警仪。

6. 按采样方式分类

（1）扩散式；

（2）泵吸式。

7. 按供电方式分类

（1）干电池；

（2）充电电池；

（3）电网供电。

8. 按工作方式分类

（1）连续工作式；

（2）单次工作式。

9. 按传感器的种类分类

（1）磁控开关报警仪；

（2）震动报警仪；

（3）声报警仪；

（4）超声波报警仪；

（5）电场报警仪；

（6）微波报警仪；

（7）红外报警仪；

（8）激光报警仪和视频运动报警仪；

（9）双技术报警仪（把两种传感器安装在一个探测器里）。

10. 按探测电信号传输信道分类

（1）有线报警仪；

（2）无线报警仪。

三、技术要求

气体报警仪和气体检测报警仪的技术要求应符合 GB 12358—2006 的要求。

1. 结构与外观要求

（1）气体报警仪（以下简称"报警仪"或"检测报警仪"）应由检测器和报警器两部分组成；气体检测报警仪应由检测器、指示器和报警器三部分组成。

（2）便携式报警仪应体积小、质量轻，便于携带或移动。

（3）固定式报警仪的检测器应具有防风雨、防沙、防虫结构，安装方便；报警器应便于安装、操作和监视。

（4）应使用耐腐蚀材料制造仪器或在仪器表面进行防腐蚀处理，其涂装与着色不易脱落。

（5）报警仪处于工作状态时应易于识别。

（6）报警仪应易于校正。

（7）报警仪用于存在易燃、易爆气体的场所时，应具有防爆性能，符合 GB 3836.1、GB 3836.2 和 GB 3836.4，并取得防爆检验合格证。

（8）报警仪和检测报警仪应具有有效的报警装置。

2. 性能要求

（1）检测报警仪应满足以下功能：

①检测报警仪应对声、光警报装置设置手动自检功能；

②对于有输出控制功能的检测报警仪，当检测报警仪发出报警信号时，应能启动输出控制功能。

（2）使用电池供电的检测报警仪，当电池电量低时，应能发出与报警信号有明显区别的声、光指示信号，其电池性能应符合以下要求：

①便携式检测报警仪在指示电池电量低的情况下，连续工作方式再工作 15min，单次工作方式再操作 10 次，其误差应满足表 5-4 和表 5-5 的要求；连续工作的便携式检测报警仪的电池持续工作时间应不少于 8h，或单次工作的便携式检测报警仪的电池持续工作时间应能保证其完整工作 200 次；

②对于使用电池供电的固定式检测报警仪，固定式检测报警仪的电池持续工作时间应不少于 30d，在指示电池电量低的情况下再工作 24h 后，其误差应满足表 5-4 和表 5-5 的要求。

（3）检测误差

检测误差应符合表 5-4 的要求。

表 5-4　检测误差

检测对象	检测范围	检测误差
可燃气体	仪器满量程正常测试范围内	±10%（显示值）或±5%（满量程）以内，取大
有毒气体	仪器满量程正常测试范围内	±10%（显示值）或±5%（满量程）以内，取大
氧气（报警仪）	仪器满量程正常测试范围内	±0.7%（体积比）以内
氧气（检测报警仪）	仪器满量程正常测试范围内	±5%（体积比）以内

（4）报警误差

报警误差应符合表 5-5 的要求。

表 5-5　报警误差

检测对象	报警设定值	报警误差
可燃气体	仪器满量程正常测试范围内	±15%（报警设定值）以内
有毒气体	仪器满量程正常测试范围内	±15%（报警设定值）以内
氧气（报警仪）	仪器满量程正常测试范围内	±1.0%（体积比）以内
氧气（检测报警仪）	仪器满量程正常测试范围内	±5%（设定值）以内

（5）重复性

在正常环境条件下，对同一台检测报警仪同一浓度实测 6 次，其检测误差应满足表 5-6的要求。

表 5-6　重复性

检测对象	误差
可燃气体	±5%以内
有毒气体	±5%以内
氧气	±3%以内

注：其中的误差计算采用相对标准偏差。

（6）方位试验（吸入式检测器除外）

分别在 X、Y、Z 三个相互垂直的轴线上每旋转 45°测其检测误差和报警误差，其检测误差和报警误差应满足表 5-4 和表 5-5 的要求。

（7）电压波动

检测报警仪的供电电压为额定供电电压的 ±15%，其检测误差和报警误差应满足表 5-4和表 5-5 的要求。

（8）响应时间

可燃气体检测仪响应时间在 30s 以内；有毒气体氨气、氢氰酸、氯化氢、环氧乙烷、臭氧气体在 160s 以内，磷化氢 100s 以内，其他有毒气体检测报警仪检测与报警响应时间在 60s 以内，氧检测报警仪检测响应时间在 20s 以内，报警响应时间在 5s 以内；氧气检漏报警仪检测与报警响应时间在 20s 以内。

（9）全量程指示偏差

检测仪在全量程范围内其检测误差应满足上述第（3）条（检测误差）的要求。

（10）高速气流

在气流速度为6m/s的条件下，检测报警仪的检测误差和报警误差应分别满足表5-7和表5-8的要求。

表5-7 检测误差

检测对象	指示范围	检测误差
可燃气体	仪器满量程正常测试范围内	±20%（显示值）或±10%（满量程）以内，取大
有毒气体	仪器满量程正常测试范围内	±20%（显示值）或±10%（满量程）以内，取大
氧气（报警仪）	仪器满量程正常测试范围内	±1.4%（体积比）以内
氧气（检测报警仪）	仪器满量程正常测试范围内	±10%（体积比）以内

表5-8 报警误差

检测对象	报警设定值	报警误差
可燃气体	仪器满量程正常测试范围内	±25%（报警设定值）以内
有毒气体	仪器满量程正常测试范围内	±25%（报警设定值）以内
氧气（报警仪）	仪器满量程正常测试范围内	±1.4%（体积比）以内
氧气（检测报警仪）	仪器满量程正常测试范围内	±10%（设定值）以内

（11）长期稳定性能

固定安装的检测报警仪应能在正常环境条件下连续运行28d，试验期间，检测报警仪应能正常工作。试验后，检测报警仪的检测误差和报警误差应满足表5-4和表5-5的要求。

（12）绝缘耐压性能

检测报警仪有绝缘要求的外部带电端子、电源插头分别与外壳间的绝缘电阻在正常环境条件下应不小于100MΩ，在湿热环境下应不小于1MΩ。上述部位还应根据额定电压耐受频率为50Hz，有效值电压为1500V（额定电压超过50V时）或有效值电压为500V（额定电压不超过50V时）的交流电压历时1min的耐压试验，试验期间检测报警仪不应发生放电或击穿现象，试验后检测报警仪功能应正常。

（13）辐射电磁场试验

检测报警仪应能耐受表5-9所规定的电磁辐射干扰试验，试验期间及试验后应满足下述要求：

①试验期间，检测报警仪应能正常工作；

②试验后，检测报警仪的检测误差和报警误差应满足表5-4和表5-5的要求。

（14）静电放电试验

检测报警仪应能耐受表5-9所规定的静电放电干扰试验，试验期间及试验后应满足下述要求：

①试验期间，检测报警仪应能正常工作；

②试验后，检测报警仪的检测误差和报警误差应满足表5-4和表5-5的要求。

（15）电瞬变脉冲试验

检测报警仪应能耐受表5-9所规定的电瞬变脉冲干扰试验，试验期间及试验后应满足下述要求：

①试验期间，检测报警仪应能正常工作；

②试验后，检测报警仪的检测误差和报警误差应满足表5-4和表5-5的要求。

表5-9　辐射电磁场、静电、电瞬变脉冲试验

试验名称	试验参数	试验条件		工作状态
辐射电磁场试验	场强/（V/m）	10		正常监视状态
	频率范围/MHz	1～1000		
静电放电试验	放电电压/V	8000		正常监视状态
	放电次数	10		
电瞬变脉冲试验	瞬变脉冲电压/kV	AC电源线	2	正常监视状态
		其他连接线	1	
	极性	正、负		
	时间	每次1min		

（16）高低温试验

检测报警仪应能耐受表5-10所规定的气候环境条件下的各项试验，试验期间及试验后应满足下述要求：

①试验期间，检测报警仪应能正常工作；

②试验后，检测报警仪应无破坏涂覆和腐蚀现象，其检测误差和报警误差应满足表5-7和表5-8的要求。

表5-10　高温、低温、恒定湿热试验

试验名称	试验参数	试验条件	工作状态
高温试验	温度/℃	55	正常监视状态
	持续时间/h	2	
低温试验	温度/℃	-10	正常监视状态
	持续时间/h	2	
恒定湿热试验	温度/℃	40	正常监视状态
	相对湿度/%	93	
	持续时间/h	2	

（17）恒定湿热试验

检测报警仪应能耐受表5-10所规定的气候环境条件下的各项试验，试验期间及试验后应满足下述要求：

①试验期间，检测报警仪应能正常工作；

②试验后，检测报警仪应无破坏涂覆和腐蚀现象，其检测误差和报警误差应分别满足表5-7和表5-8的要求。

（18）振动跌落试验

检测报警仪应能耐受表 5 - 11 所规定的各项试验，试验期间及试验后应满足下述要求：

①试验期间，检测报警仪应能正常工作；

②试验后，检测报警仪不应有机械损伤和紧固部位松动现象，检测报警仪的检测误差和报警误差应分别满足表 5 - 4 和表 5 - 5 的要求。

表 5 - 11　振动跌落试验

试验名称	试验参数	试验条件	工作状态
振动试验	频率范围/Hz	10 ~ 150	正常监视状态
	加速度	0.5g	
	扫频速率/（oct/min）	1	
	轴线数	3	
	每个轴线扫频次数	10	
跌落试验	跌落高度/mm	250（质量小于1kg）	不通电状态
		100（质量为 1 ~ 10kg）	
		50（质量大于 10kg）	
	跌落次数	1	

（19）气体检测报警仪干扰气体的影响说明

气体检测报警仪应说明干扰气体的影响，尤其是广谱性敏感传感器报警器（如 PID、半导体传感器），在使用时一定要说明其干扰和应用环境。当检测气体具有毒性与爆炸性时，应优先考虑使用有毒气体检测报警仪进行检测（如 CO）。

3. 试验方法

试验方法执行 GB 12358—2006 第 6 章规定进行，并满足试验要求。

四、气体检测报警仪图示

常用气体检测报警仪如图 5 - 31 ~ 图 5 - 36 所示。

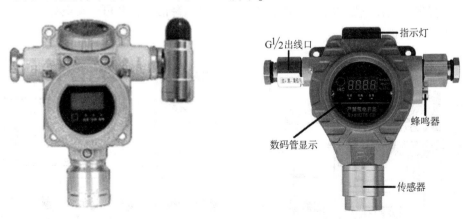

图 5 - 31　（液晶 + 声光 + 遥控）可燃气体检测报警仪　图 5 - 32　S100 液晶显示型气体探测报警仪

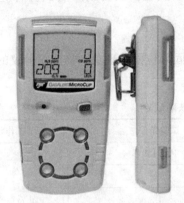

图 5-33　手持气体检测仪　　　　图 5-34　H₂S-1 型气体探测报警仪

图 5-35　便携式气体检测报警仪　　　　图 5-36　有毒气体检测仪

五、工业用固定式气体检测报警系统

工业用固定式气体报警器由报警控制器和探测器组成，如图 5-37 所示。控制器可放置于值班室内，主要对各监测点进行控制，探测器安装于气体最易泄露的地点，其核心部件为内置的气体传感器，传感器检测空气中的气体浓度。探测器将传感器检测到的气体浓度转换成电信号，通过线缆传输到控制器，气体浓度越高，电信号越强，当气体浓度达到或超过报警控制器设置的报警点时，报警器发出报警信号，并可启动电磁阀、排气扇等外联设备，自动排除隐患。

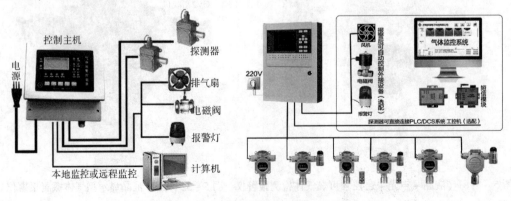

图 5-37　工业用气体检测报警系统示意图

当工业环境中可燃或有毒气体泄漏，气体报警器检测到气体浓度达到爆炸或中毒报警器设置的临界点时，报警器就会发出报警信号，以提醒工作采取安全措施，并驱动排风、切断、喷淋系统，防止发生爆炸、火灾、中毒事故，从而保障安全生产。

六、注意事项

（1）选用的气体检测报警仪应符合 GB 12358《作业场所环境气体检测报警仪通用技术要求》和 GB 3836《爆炸性气体环境用电气设备》的要求。

（2）选用的气体检测报警仪应附带有齐全的检验证书，包括：质量检验、计量检定、防爆检验和出厂校验等合格证书。

（3）选用的气体检测报警仪应有相应的使用说明书。

说明书应有完整、清楚、准确的安全使用说明，安装和服务说明，应包括下列内容。

①执行的标准说明。

②计量说明。

③安装和调试说明。

④操作说明。

⑤日常检查和校准说明。

⑥使用条件限制说明：

a）适合的气体（包括检测范围和报警设定值）；

b）干扰气体说明；

c）环境温度限制；

d）湿度范围；

e）电压范围；

f）控制器到检测报警仪之间的电线相关特性和说明；

g）需要屏蔽线；

h）最高最低贮存温度限制；

i）压力限制。

⑦说明查找可能出现故障源的方法和改正过程。

⑧说明输出控制接点的类型。

⑨电池的安装和维护说明。

⑩推荐的可更换元件一览表。

⑪储存和使用寿命。

⑫允许使用场所。

报警器与企业安全生产密不可分，是企业生产、员工安全的重要保证仪器。随着科技的进步，电子和信息技术的快速发展，越来越多先进的电子报警产品将不断问世，由于工作场所工业环境的不同，选择报警器的种类也不尽相同。只有选择合适的报警器，才能有效保证检测结果的正确性，同时使用方法是否正确，也会影响检测报警结果的准确性，所以在操作使用报警器时，一定要认真阅读使用安装说明书，进行规范操作。

七、几种常用的便携式气体检测报警仪

1. H_2S-1 型气体探测报警器

（1）报警器的使用

H_2S-1 型气体探测报警器是采用控制电位电解法原理设计的一种优质微型监测报警设备；它能在硫化氢气体对人体危害出现之前，对硫化氢气体的浓度进行检测报警；该仪器具有灵敏度高、感应快、体积小、重量轻等优点。其外形如图 5-38 所示。

H_2S-1 型气体探测报警器有两个浓度预警值，当浓度超过第一预警值时，仪器将发出断续声光报警，当浓度超过第一预警值 3 倍时，将发生连续声光报警，其具体浓度将在液晶数字屏上显示出来。

该仪器设有照明装置，在黑暗处使用时，可按下照明按钮，就能在显示屏上清晰读数，当浓度超过 40ppm 时，显示屏上将出现超量符号"←"，当在嘈杂环境时，可将耳塞机插入耳塞插座内监听。

图 5-38 H_2S-1 型
气体探测报警器

（2）注意事项

①在显示器上出现超量符号"←"时，应停止使用。

②该仪器严禁撞击。

③严禁在可燃性气体达到危险值的环境中更换电池。

④当检查电池电压达不到要求时，应更换电池。

⑤当出现下列情况时，需要更换传感器：零位调节时调不到"0、0、0"；不能进行正常调校；显示器显示数值不稳定。

（3）校验和维护

①使用前应对满量程响应时间、报警响应时间、报警精度等主要参数进行测试。

②使用过程中要每半年校验一次；在超过满量程浓度的环境使用后应重新校验。

③应指定专人保管和维护监测设备。

④在极端湿度、温度、灰尘和其他有害环境的作业条件下，检查、校验和测试的周期应缩短。

⑤检查、校验和测试应做好记录，并妥善保存，保存期至少 1 年。

2. 可燃气体报警仪

以 EX2000 便携式可燃气体探测仪为例，如图 5-39 所示。

（1）报警器的使用

①开机：按 Enter 键，听到一声规则的声音表明仪表正常工作，声音信号的间隔由厂家编程确定，伴随着声光信号，仪器进行自动测试，测试依次显示：r1.0、3TST、2TST、1TST、0TST、

图 5-39 EX2000 便携式
可燃气体探测仪

00%LEL，完毕后即可投入使用。

②将仪器置于可燃气体环境，通过液晶显示器读取测量数值即为环境内可燃气体浓度值。

③关机：持续按 Enter 键，依次显示：2OFF、1OFF、0OFF，待无显示后，松开键即可。

（2）注意事项

①为了在黑暗区域读取测量值，按键可以照亮显示器，在显示器的两边各有一个发光二极管，可以照亮显示器20s。

②该仪器严禁撞击。

③严禁在可燃性气体达到危险值的环境中更换电池。

④当检查电池电压达不到要求时，应及时充电。

⑤该仪器设置两个报警阈值：阈值1是可调报警阈值，通过编程模式，根据用户需要在1%~60%LEL间调整；阈值2是固定报警阈值，60%LEL是出厂时由厂家设定好的，用户不能做调整。

⑥禁止用此仪器测量高浓度的可燃气体，否则，会损坏传感器，注意仪器测量范围。

（3）校验和维护

①维护工作必须由专业人员完成，如果使用时仪表暴露在浓度极高的气体中，或者放置一个多月没有使用，应6个月标定一次。

②应指定专人保管和维护监测仪器。

③检查、校验和测试应做好记录，并妥善保存，保存期至少1年。

④每年更换一次用于保护传感器的过滤片。

⑤定时给电池充电、放电。

第八节（MK-A5-8） 逃生设施

GBZ/Y 259—2014、SY/T 5225—2012、SY/T 6610—2017、SY/T 5727—2014 等标准规定要求，硫化氢环境的工作场所应设置危险区域图、逃生通道、逃生线路图、紧急集合点，并有明显标志，钻（修）井场应设有井架逃生装置。

SY/T 6277—2017 标准规定如下。

（1）硫化氢环境的工作场所应设置至少两条通往安全区的逃生通道。

（2）逃生通道的设置应符合以下要求：

①净宽度不小于1m，净空高度不小于2.2m；

②便于通过且没有障碍；

③设有足够数量的白天和夜晚都能看见的逃离方向的警示标志；

④逃生梯道净宽度不小于0.8m，斜度不大于50°，两侧应设有扶手栏杆，踏步应为防滑型。

（3）钻（修）井井架的逃生装置应符合 SY/T 7028 的规定。

本节以钻井井下作业为例介绍其井场逃生通道、井架逃生装置等设施。

一、逃生通道与逃生线路图

1. 钻井井场逃生通道与逃生线路图

钻井井场逃生线路逃生通道与紧急集合点示意图，如图5－40所示。

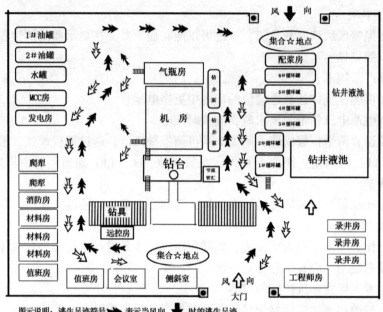

图5－40　钻井井场逃生线路逃生通道与紧急集合点示意图

2. 井下作业井场逃生通道与逃生线路图

井下作业井场逃生线路逃生通道与紧急集合点示意图，如图5－41所示。逃生梯及两侧扶手，如图5－42所示。

井场逃生注意事项：

（1）整个井场生产区域为风险区；

（2）紧急情况发生后，逃生时应遵循就近从高风险区向低风险区、从风险区向无风险区逃走的原则；

（3）逃生时应尽量避免穿越高风险区域；

（4）逃生时应充分考虑季节风向，遵循从下风向区域向上风向或侧风向区域逃生的原则；

（5）遵循从低洼处向地势高处逃生的原则；

（6）特殊情况下应根据现场的实际情况选择逃生路线。

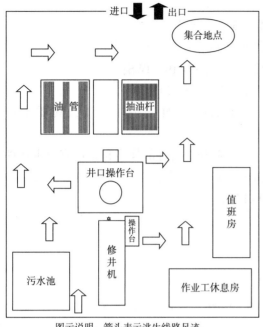

图示说明：箭头表示逃生线路足迹。

图 5-41 井下作业井场逃生线路逃生通道与
紧急集合点示意图

图 5-42 逃生梯及两侧扶手

二、钻（修）井架逃生装置

1. 常用逃生装置的类型

（1）两条导向绳式逃生装置

上、下限速拉绳绕过缓降器后，与两个手动控制器连接，两个手动控制器在限速拉绳的牵引下沿着两条导向绳上下往复滑动，可供多人连续逃生使用。

（2）单条导向绳式逃生装置

缓降器的限速拉绳牵引人体，通过导向滑轮沿导向滑绳平稳滑至落脚点，限速拉绳与人体分离后能手动复位或自动复位，可供多人连续逃生使用。

单条导向绳式逃生装置分为倾斜式下滑和垂直式下滑两种类型，可根据井场布局和井架类型选择使用。

2. 配备要求

（1）设计有二层操作平台的钻井、修井井架，都应至少配备一套逃生装置。

（2）海上作业井架使用的逃生装置，应经海上发证检验机构检测合格。

3. 技术性能

（1）每套逃生装置应有供应商出具的产品检验合格证、使用说明书、零部件配置清单等。

（2）两条导向绳式逃生装置技术性能参数应包括：

①最大下滑承重：130kg；

②最大下滑距离：100m；

③下滑速度：0～2m/s，可手动控制，并能实现空中停留；

④导向绳与地面的夹角：30°～75°，最佳角度为45°；

⑤导向绳：直径10mm镀锌或不锈钢钢丝绳，型号：6×19+IWS；

⑥限速拉绳：直径5mm镀锌或不锈钢钢丝绳，型号：3×21；

⑦地锚：螺旋地锚规格为直径73mm×1300mm；混凝土重坨地锚，其质量应≥1000kg；

⑧悬挂绳套、花篮螺丝、高强螺栓、钢丝绳卡、卸扣等配件的规格和数量应与零部件配置清单一致，每个（组）配件的承重载荷应≥1000kg。

（3）单条导向绳式逃生装置技术性能参数应包括：

①最大下滑承重：141kg；

②下滑速度：2.44m/s；

③导向绳与地面的夹角：45°～90°；

④导向绳：直径12mm镀锌或不锈钢钢丝绳；型号，6×19+IWS；

⑤地锚：螺旋地锚规格为直径73mm×1300mm；混凝土重坨地锚，其质量应≥1000kg；

⑥固定缓降器和导向绳的支撑梁：无缝钢管φ76mm，壁厚≥6mm，长度可根据井架类型确定，支撑梁一端焊接两个耳板，耳板厚度≥8mm，两个耳板间距300mm，耳板开孔直径20mm，支撑梁另一端焊接槽钢卡座，槽钢厚度≥6mm，槽钢卡座底部两侧各开两个圆孔，直径13mm；

⑦急挂绳套、花篮螺丝、高强螺栓、钢丝绳卡、卸扣等配件的规格和数量应与零部件配置清单一致，每个（组）配件的承重载荷应≥1000kg。

（4）安全带应符合以下要求：

①安全带至少应具有4个能与逃生装置相连接的"D"形环，当使用两条导向绳式逃生装置时，手动控制器上的2个挂钩分别挂在身体两侧的"D"形环上；当使用单条导向绳式逃生装置时，限速拉绳上的挂钩挂在身体上部的安全带"D"形环上。

②安全带的质量与技术性能应符合GB 6095—2009中5.2.3，5.2.4的要求。

4．安装步骤与要求

（1）两条导向绳式逃生装置

①悬挂体

悬挂体是由钢板焊接而成，呈三角空腔形状，用悬挂绳套穿过"U"形环缠绕在井架二层操作平台上方2.5～3.5m的井架上，并用卸扣固定在人容易逃离的位置。

②缓降器

用高强螺栓加防松螺帽将缓降器固定在悬挂体的空腔内，上、下限速拉绳绕过缓降器后，一端用挂钩连接在上方的手动控制器上，另一端顺向地面，连接下方的另一个手动控制器。缓降器安装完后，应将散热孔打开，防止使用频繁使缓降器过热，损坏装置。

③导向绳

用高强螺栓加防松螺帽将两根导向绳上端的"鸡心环"分别固定在悬挂体的两侧，另一端固定在地锚上。导向绳不应绷得太紧，避免导向绳承受井架晃动产生的拉力而损坏；剩余的导向绳应有序地盘起，并捆扎固定在导向绳的绳卡处。

④地锚

a）螺旋地锚

导向绳在地面的两个固定点用地锚固定，两地锚相距不少于4m，地锚旋入地表1100～1200mm，地锚顶部高出地面100～200mm，导向绳与地锚连接处用花篮螺丝和高强螺栓连接，转动花篮螺丝可以调节导向绳的松紧度，导向绳穿过花篮螺丝后用3只钢丝绳卡固定。

b）混凝土重坨地锚

若安装地锚的位置遇到沙漠、水泥、石板、钢铁等表面（不包括冰面），应用混凝土重坨地锚，两地锚相距不少于4m，导向绳与地锚连接处用花篮螺丝和卸扣连接，转动花篮螺丝可以调节导向绳的松紧度，导向绳穿过花篮螺丝后用3只钢丝绳卡固定。

⑤手动控制器

在两根导向绳上各安装一个手动控制器，使其沿导向绳上下运动。安装时，先在场地上将导向绳从手动控制器的孔槽处穿过，然后将手动控制器与上、下限速拉绳用安全挂钩连接在一起，并旋紧锁套。手动控制器的位置一个在上面的二层平台处，另一个在下面的地锚处，两个手动控制器上、下交替使用。

⑥限速拉绳

将限速拉绳穿入并绕过缓降器后，分别在限速拉绳的两端各用2只钢丝绳卡卡固安全挂钩，一端将挂钩连接在上方的手动控制器上，另一端顺向地面后，用挂钩连接在下方的另一个手动控制器上；剩余的钢丝绳应有序地盘起，并捆扎固定在限速拉绳的绳卡处。

（2）单条导向绳式逃生装置

①倾斜下滑方式

a）导向绳

用悬挂绳套缠绕在井架二层操作平台上方2.5～3.5m的井架上，用卸扣与导向绳一端的"鸡心环"连接，另一端穿入导向滑轮后再用3只绳卡固定在地锚上，导向绳与地面的夹角45°～80°。导向绳不应绷得太紧，避免导向绳承受外架晃动产生的拉力而损坏。

b）缓降器

用悬挂绳套穿过"U"形环缠绕固定在离导向绳固定点450～500mm处的井架上，并用卸扣固定；按照说明书的要求安装固定缓降器的支撑杆。将缓降器限速拉绳的挂钩与导向滑轮连接并锁紧。

c）地锚

地锚的安装方法同上述④。

②垂直下滑方式

a）支撑梁

（a）将支撑梁一端的卡座卡固在二层操作平台上方2.5～3.5m的井架横梁上，并用2只螺栓紧固，将带耳板的另一端探出操作平台500～600mm。

（b）在支撑梁端部与井架之间卡固一根直径12mm的钢丝绳，作为斜拉绳。

b）导向绳

用卸扣将导向绳一端的"鸡心环"与支撑梁的耳板连接在一起，另一端穿入导向滑轮后，用3只绳卡卡固在地锚上或卡固在平台（海上）的底座上，导向绳与地面的夹角80°～90°。

c）缓降器

用卸扣将缓降器与支撑梁的耳板连接在一起，将限速拉绳的挂钩与导向滑轮连接在一起并锁紧。

（3）逃生装置安装要求

逃生装置的初次安装和使用中整套更换新装置，应由制造商授权的专业人员进行安装和调试。

（4）试滑

①新安装的逃生装置应按安全操作规程进行试滑，且应由经过培训的专业人员示范或在其指导下试滑。

②更换缓降器、手动控制器、地锚等关键部件后，应进行试滑。

5．安全操作规程

（1）两条导向绳式逃生装置

①在二层操作平台上，用两只手来回反复拉动位于缓降器两侧的限速拉绳，拉绳应有较大的抗拉阻力，证明缓降功能有效。

②将手动控制器的两个铝合金挂钩挂在安全带腰间两侧的两个"D"形环处并锁紧挂钩，上移上方的手动控制器，旋转手轮拧紧调节制动块的丝杠，使其受力后，再摘下正常操作时使用的安全带的安全绳，一只手握住手动控制器的调节丝杠手轮。

③人体离开操作台时，先将手动控制器调节丝杠手轮旋转到即将关紧的位置，以免突然下降，造成下滑者的恐惧感，当连接竖钩的钢丝绳绷紧时，再旋转调节丝杠手轮使手动控制器处于打开位置，手动控制器会沿着导向绳匀速下滑。

④人体将要到达落地点时，应旋转调节丝杠手轮，放慢下滑速度，防止人体快速下滑，造成人与地面猛烈接触而产生冲击力，到达地面后摘下安全带挂钩。此时，另一条导向绳上的手动控制器已被上限速拉绳拽到井架二层操作平台处，可供再次逃生使用。

（2）单条导向绳式逃生装置

①使用前先检查缓降器的安全性能，方法是：手握限速拉绳的挂钩，用力快速拉动限速拉绳，如果缓降器变为半锁紧状态，则表明缓降器已进入缓降模式，可以安全使用。

②将限速拉绳的挂钩挂在位于身体上部的安全带"D"形环上并锁紧挂钩，然后摘下正常操作时使用的安全带的安全绳挂钩。

③人体离开操作平台下滑时，双手可轻微抱紧膝盖和腿部，但不得抓导向绳处。

④当人体将要到达落地点时，松开双手，双脚准备落地。

⑤人体着陆后，摘下缓降绳与安全带连接的挂钩。

⑥如有第二人需要继续下滑，应旋转位于缓降器处的手轮，将限速拉绳收回到缓降器处，即可继续使用；具有自动复位功能的缓降器，限速拉绳会自动复位，供继续逃生使用。

6. 检查

（1）逃生装置应由经过培训的人员负责日常管理，每月应对装置进行一次全面检查，检查要有记录。

（2）检查内容：

①悬挂绳套与悬挂体、悬挂体与缓降器、悬挂体与导向绳、导向绳与地锚等处的连接固定情况；

②缓降器的缓降功能；

③手动控制器的磨损情况；

④限速拉绳与手动控制器的连接情况；

⑤钢丝绳的磨损、断丝及锈蚀情况；

⑥导向滑轮的磨损情况；

⑦安全带纤维部位的破损、断裂和开缝情况，金属环、扣和挂钩的裂纹、损伤情况；

⑧花篮螺丝的固定情况；

⑨支撑梁与井架、缓降器、导向绳、斜拉绳的相互连接情况。

（3）检查时发现问题，应立即停止使用，组织整改，必要时应通知供应商到现场维修，问题得不到解决，不得恢复使用。

7. 安全管理

（1）每套装置至少应配备两副与逃生装置相配套的多功能安全带，井架工在二层操作平台工作时应全过程穿着多功能安全带。

（2）缓降器不得同水及油品接触，不得遭受其他硬物的挤压、碰撞。

（3）手动控制器调节丝杠处的两个加油口应适当注油润滑，滑动体、制动块等部位应保持清洁，不得有油污。

（4）导向绳上不得有油泥和冰溜。

（5）导向绳和限速拉绳不得相互缠绕。

（6）两个手动控制器应始终分别处在二层操作平台和地锚处，每次使用完毕，应把下部手动控制器的防锁警示牌卡在滑动体和制动块之间，防止有人随意关紧下部手动控制器，致使逃生人员不能下滑，上部手动控制器的防锁警示牌应在取下状态，以确保上部手动控制器处在备用状态。

（7）从上口井的拆卸到下口井的安装，可由井队安排经过培训的人员负责拆、安，但不得拆卸缓降器、手动控制器等关键部件本身的固定部位，不得私自更换限速拉绳、导向滑绳。需要更换悬挂绳套、导向绳的连接固定螺丝、钢丝绳卡、花篮螺丝、卸扣等配件时，应与原配件的规格型号相同。

（8）钢丝绳不得与锋利物品、焊接火花、酸碱物品或其他对钢丝绳有破坏性的物体接触；不得把钢丝绳用作电焊地线或吊重物用；钢丝绳不得受挤压、弯折等。井队搬家时，钢丝绳应有序地盘在一起，盘放直径 400～500mm 为宜，妥善保管。

（9）下滑人员的落地点处，应设置缓冲沙坑或软垫。

（10）下滑人员的落地点，应尽量选择在季风方向的上风口处。

8. 培训上岗

（1）首次使用逃生装置的井架工，应由制造商授权的专业人员对其进行培训，未经培训不得使用。

（2）培训教材由制造商授权的销售部门提供。

9. 维修与报废

（1）维修

每年至少由制造商授权的单位检查维修 1 次，或者累计下滑距离达到了 1000m 也应检查维修 1 次。

（2）报废

整套逃生装置的正常使用寿命为 5 年，到期应及时报废。凡出现下列情况之一时，应及时更换相应的部件：

①缓降器有卡阻现象和缓降功能失效时；

②手动控制器上的滑动体、制动块磨损沟槽达到 5mm 时；

③导向滑轮磨损沟槽达到 5mm 时；

④钢丝绳达到 SY/T 6666—2017 中 7.2 规定的报废标准时。

第九节（*MK-A5-9*） 安全标志

一、安全色

1. 术语和定义

（1）安全色

传递安全信息含义的颜色，包括红、蓝、黄、绿四种颜色。

（2）对比色

使安全色更加醒目的反衬色，包括黑、白两种颜色。

（3）安全标记

采用安全色和（或）对比色传递安全信息或者使某个对象或地点变得醒目的标记。

（4）色域

能够满足一定条件的颜色集合在色品图或色空间内的范围。

2. 颜色表征

（1）安全色

①红色

传递禁止、停止、危险或提示消防设备、设施的信息。

②蓝色

传递必须遵守规定的指令性信息。

③黄色

传递注意、警告的信息。

④绿色

传递安全的提示性信息。

（2）对比色

安全色与对比色同时使用时，应按表5-12规定搭配使用。

表5-12 安全色和对比色

安全色	对比色
红色	白色
蓝色	白色
黄色	黑色
绿色	白色

①黑色

黑色用于安全标志的文字、图形符号和警告标志的几何边框。

②白色

白色作为安全标志中红、蓝、绿的背景色，也可用于安全标志的文字和图形符号。

（3）安全色与对比的相间条纹

相间条纹为等宽条纹，倾斜约45°。

①红色与白色相间条纹

表示禁止或提示消防设备、设施位置的安全标记。

②黄色与黑色相间条纹

表示危险位置的安全标记。

③蓝色与白色相间条纹

表示指令的安全标记，传递必须遵守规定的信息。

④绿色与白色相间条纹

表示安全环境的安全标记。

二、安全标志及其使用导则

安全标志及其使用应执行GB 2894—2008的要求。

1. 安全标志

安全标志是用以表达特定安全信息的标志，由图形符号、安全色、几何形状（边框）或文字构成。安全标志分禁止标志、警告标志、指令标志和提示标志四大类型。

（1）禁止标志

图5-43为常用的禁止标志示例。

禁止吸烟	禁止烟火	禁止带火种	禁止用水灭火	禁止放易燃物	禁止启动
禁止合闸	禁止转动	禁止触摸	禁止跨越	禁止攀登	禁止跳下
禁止入内	禁止停留	禁止通行	禁止靠近	禁止乘人	禁止堆放
禁止抛物	禁止戴手套	禁止穿化纤服装	禁止穿带钉鞋	禁止饮用	

图 5 - 43　禁止标志

①禁止标志的含义是禁止人们不安全行为的图形标志。

②禁止标志的基本形式是带斜杠的圆边框，如图 5 - 44 所示。

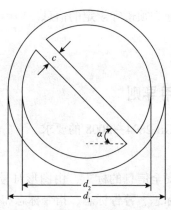

图 5 - 44　禁止标志的基本形式

③禁止标志基本形式的参数：

外径 $d_1 = 0.025L$；

内径 $d_2 = 0.800d_1$；

斜杠宽 $c = 0.080d_2$；

斜杠与水平线的夹角 $\alpha = 45°$；

L 为观察距离（见表 5 – 13）。

表 5 – 13　安全标志牌的尺寸

型号	观察距离 L/m	圆形标志的外径/m	三角形标志的外边长/m	正方形标志的边长/m
1	$0 < L \leqslant 2.5$	0.070	0.088	0.063
2	$2.5 < L \leqslant 4.0$	0.110	0.142	0.100
3	$4.0 < L \leqslant 6.3$	0.175	0.220	0.160
4	$6.3 < L \leqslant 10.0$	0.280	0.350	0.250
5	$10.0 < L \leqslant 16.0$	0.450	0.560	0.400
6	$16.0 < L \leqslant 25.0$	0.700	0.880	0.630
7	$25.0 < L \leqslant 40.0$	1.110	1.400	1.000

注：允许有3%的误差。

（2）警告标志

图 5 – 45 为常用的警告标志示例。

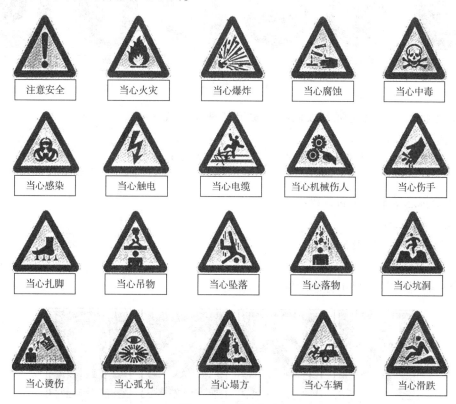

图 5 – 45　警告标志

①警告标志的基本含义是提醒人们对周围环境引起注意，以避免可能发生危险的图形标志。

②警告标志的基本型式是正三角形边框，如图 5-46 所示。

③警告标志基本形式的参数：

外边 $a_1 = 0.034L$；

内边 $a_2 = 0.700a_1$；

边框外角圆弧半径 $r = 0.080a_2$；

L 为观察距离（见表 5-13）。

（3）指令标志

图 5-47 为常用的指令标志示例。

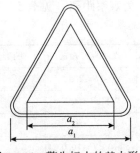

图 5-46　警告标志的基本形式

必须系安全带　必须穿救生衣　必须穿防护服　必须加锁　必须戴防护眼镜　必须戴防毒面具

必须戴防尘口罩　必须戴护耳器　必须戴安全帽　必须戴防护帽　必须戴防护手套　必须穿防护鞋

图 5-47　指令标志

①指令标志的含义是强制人们必须做出某种动作或采用防范措施的图形标志。

②指令标志的基本形式是圆形边框，如图 5-48 所示。

③指令标志基本形式的参数：

直径 $d = 0.025L$；

L 为观察距离（见表 5-13）。

（4）提示标志

图 5-49 为常用的提示标志示例。

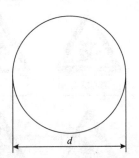

图 5-48　指令标志的基本形式

紧急出口　　紧急出口　　可动火区　　避险处

图 5-49　提示标志

①提示标志的含义是向人们提供某种信息（如标明安全设施或场所等）的图形标志。

②提示标志的基本形式是正方形边框，如图 5-50 所示。

图 5-50 提示标志的基本形式

③提示标志基本形式的参数：

边长 $a = 0.025L$

L 为观察距离（见表 5-13）。

④提示标志的方向辅助标志

提示标志提示目标的位置时要加方向辅助标志。按实际需要指示左向时，辅助标志应放在图形标志的左方；如指示右向时，则应放在图形标志的右方，如图 5-51 所示。

图 5-51 应用方向辅助标志示例

（5）文字辅助标志

①文字辅助标志的基本形式是矩形边框。

②文字辅助标志有横写和竖写两种形式。

a）横写时，文字辅助标志写在标志的下方，可以和标志连在一起，也可以分开。

禁止标志、指令标志为白色字；警告标志为黑色字。禁止标志、指令标志衬底色为标志的颜色，警告标志衬底色为白色，如图 5-43、图 5-45、图 5-47、图 5-49、图 5-51 所示。

b）竖写时，文字辅助标志写在标志杆的上部。

禁止标志、警告标志、指令标志、提示标志均为白色衬底，黑色字。

标志杆下部色带的颜色应和标志的颜色相一致，如图 5-52 所示。

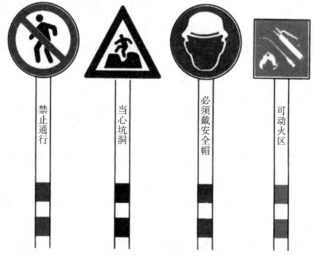

图 5-52 竖写在标志杆上部的文字辅助标志

（6）安全标志牌的要求

①标志牌的衬边

安全标志牌要有衬边。除警告标志边框用黄色勾边外，其余全部用白色将边框勾一窄边，即为安全标志的衬边，衬边宽度为标志边长或直径的 0.025 倍。

②标志牌的材质

安全标志牌应采用坚固耐用的材料制作，一般不宜使用遇水变形、变质或易燃的材料。有触电危险的作业场所应使用绝缘材料。

③标志牌表面质量

标志牌应图形清楚，无毛刺、孔洞和影响使用的任何疵病。

（7）标志牌的型号选用

标志牌的型号选用按照表 5 - 13 的规定执行。

①工地、工厂等的入口处设 6 型或 7 型。

②车间入口处、厂区内和工地内设 5 型或 6 型。

③车间内设 4 型或 5 型。

④局部信息标志牌设 1 型、2 型或 3 型。

无论厂区或车间内，所设标志牌其观察距离不能覆盖全厂或全车间面积时，应多设几个标志牌。

（8）标志牌的设置高度

标志牌设置的高度，应尽量与人眼的视线高度相一致。悬挂式和柱式的环境信息标志牌的下缘距地面的高度不宜小于 2m；局部信息标志的设置高度应视具体情况确定。

（9）安全标志牌的使用要求

①标志牌应设在与安全有关的醒目地方，并使大家看见后，有足够的时间来注意它所表示的内容。环境信息标志应设在有关场所的入口处和醒目处；局部信息标志应设在所涉及的相应危险地点或设备（部件）附近的醒目处。

②标志牌不应设在门、窗、架等可移动的物体上，以免标志牌随母体物体相应移动，影响认读。标志牌前不得放置妨碍认读的障碍物。

③标志牌的平面与视线夹角应接近 90°，观察者位于最大观察距离时，最小夹角不低于 75°。

④标志牌应设置在明亮的环境中。

⑤多个标志牌在一起设置时，应按警告、禁止、指令、提示类型的顺序，先左后右，先上后下地排列。

⑥标志牌的固定方式分附着式、悬挂式和柱式 3 种。悬挂式和附着式的固定应稳固不倾斜，柱式的标志牌和支架应牢固地连接在一起。

⑦其他要求应符合 GB/T 15566《公共信系导向系统　设置原则与要求》的规定。

（10）检查与维修

①安全标志牌至少每半年检查一次，如发现有破损、变形、褪色等不符合要求时，应及时修整或更换。

②在修整或更换激光安全标志时应有临时的标志替换，以避免发生意外的伤害。

三、消防安全标志

1. 消防安全标志

消防安全标志（以下简称标志）由几何形状、安全色、表示特定消防安全信息的图形符号构成。标志的几何形状、安全色及对比色、图形符号色的含义见表5-14。

表5-14 标志的几何形状、安全色及对比色、图形符号色的含义

几何形状	安全色	安全色的对比色	图形符号色	含义
正方形	红色	白色	白色	标示消防设施（如火灾报警装置和灭火设备）
正方形	绿色	白色	白色	提示安全状况（如紧急疏散逃生）
带斜杠的圆形	红色	白色	黑色	表示禁止
等边三角形	黄色	黑色	黑色	表示警告

2. 标志分类

标志根据其功能分为以下6类：

（1）火灾报警装置标志；

（2）紧急疏散逃生标志；

（3）灭火设备标志；

（4）禁止和警告标志；

（5）方向辅助标志；

（6）文字辅助标志。

3. 标志牌的要求

（1）标志的常用型号、尺寸及颜色应符合 GB 13495.1—2015 附录 A 的规定。

（2）标志及其辅助标志与周围环境之间应形成清晰对比。在实际制作时，应使用衬边，衬边的颜色和尺寸等应符合 GB 13495.1—2015 附录 A 图 A.1～图 A.4 的要求。

（3）标志的色度和光度属性应符合 GB 2893—2008 第 5 章的规定。

（4）标志和方向辅助标志应按 GB 13495.1—2015 附录 B 的示例组合使用。

（5）标志的名称可作为文字辅助标志。标志、方向辅助标志和文字辅助标志按 GB 13495.1—2015 附录 C 的示例组合使用。

4. 标志图例

（1）火灾报警装置标志

图5-53为常用火灾报警装置标志示例。

| 消防按钮 | 发生警报器 | 火警电话 | 消防电话 |

图5-53 火灾报警装置标志

（2）紧急疏散逃生标志

图 5 – 54 为常用紧急疏散逃生标志示例。

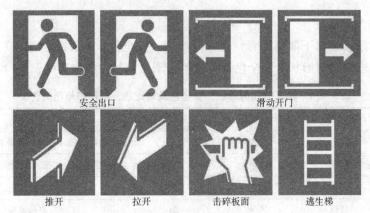

安全出口　　　　　滑动开门

推开　　　拉开　　击碎板面　　逃生梯

图 5 – 54　紧急疏散逃生标志

（3）灭火设备标志

图 5 – 55 为常用灭火设备标志示例。

灭火设备　　手提式灭火器　　推车式灭火器　　消防炮

消防软管卷盘　　地下消火栓　　地上消火栓　　消防水泵接合器

图 5 – 55　灭火设备标志

（4）禁止和警告标志

图 5 – 56 为常用禁止和警告标志示例。

禁止吸烟　　禁止烟火　　禁止放易燃物　　禁止燃放鞭炮　　禁止用水灭火

禁止阻塞　　禁止锁闭　　当心易燃物　　当心氧化物　　当心爆炸物

图 5 – 56　禁止和警告标志

（5）方向辅助标志

图 5-57 为常用方向辅助标志示例。

（6）消防安全标志的设置位置

①消防安全标志设置在醒目、与消防安全有关的地方，并使人们看到后有足够的时间注意它所表示的意义。

②消防安全标志不应设置在本身移动后可能遮盖标志的物体上。同样也不应设置在容易被移动的物体遮盖的地方。

③难以确定消防安全标志的设置位置，应征求地方消防监督机构的意见。

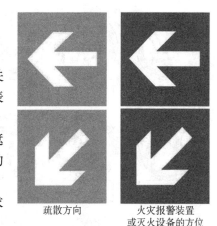

疏散方向　　火灾报警装置或灭火设备的方位

图 5-57　方向辅助标志

四、石油天然气生产专用安全标志

石油天然气生产专用安全标志是用于石油天然气勘探、开发、储运、建设等生产作业场所和设备、设施的专用安全标志，它适用于陆上油气田企业安全专用标志的设计与使用。

1. 标志的分类

（1）禁止标志，共 14 个，其图形和说明见 SY 6355—2010 附录 A。

（2）警告标志，共 10 个，其图形和说明见 SY 6355—2010 附录 B。

（3）指令标志，共 12 个，其图形和说明见 SY 6355—2010 附录 C。

（4）提示标志，共 3 个，其图形和说明见 SY 6355—2010 附录 D。

2. 标志的制作

（1）安全标志应按 GB 2894—2008 中 4.1～4.5 的规定制作。

（2）安全标志牌的颜色应遵照 GB 2893—2008 所规定的规则。

（3）安全标志牌的尺寸应按 GB 2894—2008 中附录 A 进行选用。

3. 标志的设置与使用

（1）标志牌应设在与安全有关的醒目位置并清晰可见，标志牌前不应放置妨碍认读的障碍物。

（2）标志牌的平面与视线夹角应接近 90°，观察者位于最大观察距离时，最小夹角应不低于 75°。

（3）标志牌使用要求应遵照 GB 2894—2008 所规定的规则。

4. 标志图例

（1）禁止标志

图 5-58 为石油天然气生产常用的禁止标志示例。

图 5 - 58　禁止标志

（2）警告标志

图 5 - 59 为石油天然气生产常用的警告标志示例。

图 5 - 59　警告标志

（3）指令标志

图 5 - 60 为石油天然气生产常用的指令标志示例。

图 5-60 指令标志

（4）提示标志

图 5-61 为石油天然气生产常用的提示标志示例。

图 5-61 提示标志

五、工作场所职业病危害警示标识

1. 工作场所职业病危害警示标识

（1）图形标识

图形标识分为禁止标识、警告标识、指令标识和提示标识。

①禁止标识：禁止不安全行为的图形，如"禁止入内"标识。

②警告标识：提醒对周围环境需要注意，以避免可能发生危险的图形，如"当心中毒"标识。

③指令标识：强制做出某种动作或采用防范措施的图形，如"戴防毒面具"标识。

④提示标识：提供相关安全信息的图形，如"救援电话"标识。

图形标志可与相应的警示语句配合使用，见 GBZ 158—2003 附录 B 和附录 C。图形、警示语句和文字设置在作业场所入口处或作业场所的显著位置。

（2）警示线

警示线是界定和分隔危险区域的标识线，分为红色，黄色和绿色三种，见 GBZ 158—2003 附录 B，按照需要，警示线可喷涂在地面或制成色带设置。

（3）警示语句

警示语句是一组表示禁止、警告、指令、提示或描述工作场所职业病危害的词语。警示语句可单独使用，也可与图形标识组合使用。基本警示语句见 GBZ 158—2003 附录 C。

除附录 C 明确的基本警示语句外，在特殊情况下，根据工作场所职业病危险实际状况，可自行编制适当的警示语句，如"当心硫化氢"等。

（4）有毒物品作业岗位职业病危害告知卡

根据实际需要，由各类图形标识和文字组合成《有毒物品作业岗位职业病危害告知卡》（简称《告知卡》），见 GBZ 158—2003 附录 D，是针对某一职业病危害因素，告知劳动者危害后果及其防护措施的提示卡。

2. 标识设置

（1）《告知卡》设置在使用有毒物品作业岗位的醒目位置。

（2）使用有毒物品作业场所警示标识的设置

在使用有毒物品作业场所入口或作业场所的显著位置，根据需要，设置"当心中毒"或者"当心有毒气体"警告标识，"戴防毒面具""穿防护服""注意通风"等指令标识和"紧急出口""救援电话"等提示标识。

依据《高毒物品目录》，在使用高毒物品作业岗位醒目位置设置《告知卡》。

在高毒物品作业场所，设置红色警示线。在一般有毒物品作业场所，设置黄色警示线。警示线设在使用有毒作业场所外缘不少于30cm处。

在高毒物品作业场所应急撤离通道设置"紧急出口"提示标识。在泄险区启用时，设置"禁止入内""禁止停留"警示标识，并加注必要的警示语句。

可能产生职业病危害的设备发生故障时，或者维修、检修存在有毒物品的生产装置时，根据现场实际情况设置"禁止启动"或"禁止入内"警示标识，可加注必要的警示语句。

（3）其他职业病危害工作场所警示标识的设置

在产生粉尘的作业场所设置"注意防尘"警告标识和"戴防尘口罩"指令标识。

在可能产生职业性灼伤和腐蚀的作业场所，设置"当心腐蚀"警告标识和"穿防护服""戴防护手套""穿防护鞋"等指令标识。

在产生噪声的作业场所，设置"噪声有害"警告标识和"戴护耳器"指令标识。

在高温作业场所设置"注意高温"警告标识。

在可引起电光性眼炎的作业场所，设置"当心弧光"警告标识和"戴防护镜"指令标识。

存在生物性职业病危害因素的作业场所，设置"当心污染"警告标识和相应的指令标识。

存在放射性同位素和使用放射性装置的作业场所，设置"当心电离辐射"警告标识和相应的指令标识。

（4）设备警示标识的设置

在可能产生职业病危害的设备上或其前方醒目位置设置相应的警示标识。

（5）产品包装警示标识的设置

可能产生职业病危害的化学品、放射性同位素和含放射性物质的材料的，产品包装要设置醒目的相应的警示标识和简明中文警示标识。警示说明载明产品特性、存在的有害因素、可能产生的危害后果、安全使用注意事项以及应急救治措施内容。

（6）储存场所警示标识的设置

储存可能产生职业病危害的化学品、放射性同位素和含有放射性物质材料的场所，在入口处和存放处设置相应的警示标识以及简明中文警示说明。

（7）职业病危害事故现场警示线的设置

在职业病危害事故现场，根据实际情况，设置临时警示线，划分出不同功能区。

红色警示线设在紧邻事故危害源周边，将危害源与其他的区域分隔开来，限佩戴相应防护用具的专业人员可以进入此区域。

黄色警示线设在危害区域的周边，其内外分别是危害区和洁净区，此区域内的人员要佩戴适当的防护用具，出入此区域的人员必须进行洗消处理。

绿色警示线设在救援区域的周边，将救援人员与公众隔离开来，患者的抢救治疗、指挥机构设在此区内。

3. 图形标识的分类

（1）禁止标识

图5-62为工作场所职业病危害常用禁止标识示例。

图5-62 禁止标识

（2）警告标识

图5-63为工作场所职业病危害常用警告标识示例。

图 5 – 63　警告标识

（3）指令标识

图 5 – 64 为工作场所职业病危害常用指令标识示例。

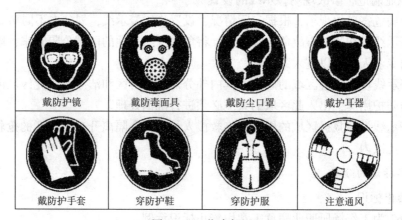

图 5 – 64　指令标识

（4）提示标识

图 5 – 65 为工作场所职业病危害常用提示标识示例。

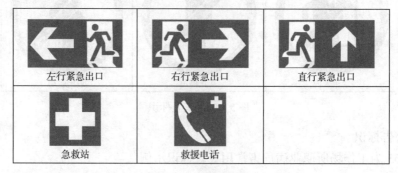

图 5 – 65　提示标识

（5）警示线

警示线的设置范围和地点符合表 5 – 15 的规定。

表 5 - 15 警示线

编号	名称及图形符号	设置范围和地点
1	红色警戒线	高毒物品作业现场、放射作业现场、紧邻事故危害源周边
2	黄色警戒线	一般有毒物品作业场所、紧邻事故危害区域的周边
3	绿色警戒线	事故现场救援区域的周边

4. 有毒物品作业岗位职业病危害告知卡

（1）内容与说明

《告知卡》是设置在使用高毒物品作业岗位醒目位置上的一种警示，它以简洁的图形和文字，将作业岗位上所接触到的有毒物品的危害性告知劳动者，并提醒劳动者采取相应的预防和处理措施。《告知卡》包括有毒物品的通用提示栏、有毒物品名称、健康危害、警告标识、指令标识、应急处理和理化特性等内容。

①通用提示栏

在《告知卡》的最上边一栏用红底白字标明"有毒物品，对人体有害，请注意防护"等作为通用提示。

②有毒物品名称

用中文标明有毒物品的名称。名称要醒目清晰，位于《告知卡》的左上方，可能时应提供英文名称。

③健康危害

简要表述职业病危害因素对人体健康的危害后果，包括急性、慢性危害和特殊危害。此项目位于《告知卡》的中上部位。

④警告标识

在名称的正下方，设置相应的警示语句或警告标识，有多种危害时，可设置多重警告标识或警示语句。

⑤应急处理

简要表述发生急性中毒时的应急救治与预防措施。

⑥指令标识

用警示语句或指令标识表示要采取的职业病危害防护措施。

⑦理化特性

简要表述有毒物品理化、燃烧和爆炸危险等特性。

⑧救援电话

设立用于在发生意外泄漏或其他可能引起职业病危险情况下的紧急求助电话，便于组织相应力量进行救援工作。

⑨职业卫生咨询电话

为劳动者设立的提供职业病危害防范知识和建议的咨询电话。

（2）有毒物品作业岗位职业病危害告知卡示例

图5-66、图5-67为两种有毒物品作业岗位职业病危害告知卡示例。

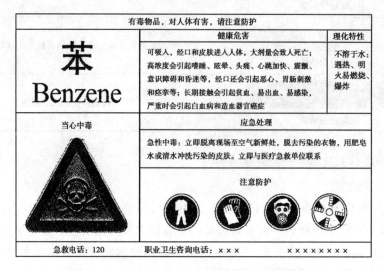

图5-66　有毒物品作业岗位职业病危害告知卡示例A

图5-67　有毒物品作业岗位职业病危害告知卡示例B

六、环保标志

GB 15562.1—1995《环境保护图形标志——排放口（源）》规定了污水排放口、废气排放口和噪声排放源环境保护图形标志及其功能。

污水排放口、废气排放口和噪声排放源环境保护图形符号分为提示图形符号和警告图形符号两种，如图5-68所示。

提示图形符号	警告图形符号
污水排放口	污水排放口
废气排放口	废气排放口
噪声排放源	噪声排放源

图 5 - 68　环保标志

第六章（*MK-A6*）
硫化氢环境作业现场人身防护用品

硫化氢环境作业现场人身防护用品应包括但不限于以下内容：比长式硫化氢测定管、便携式硫化氢检测仪、正压式空气呼吸器、洗眼器等。

第一节（*MK-A6-1*） 比长式硫化氢测定管

在石油化工行业大多存在可燃性易爆气体、有毒气体及窒息性气体，使用检测管可以快速准确地检测空气中有毒有害气体。检测管广泛用于生产设备动火前和进入密闭设备前的安全分析；用于检查生产设备管道泄漏情况；用于大气、水质等环境监测和工业设备废水污染监测；用于各种地质勘探和矿山开采中地下溢出的气体和污染分析；也可在汽车尾气排放、宾馆、饭店的作业环境卫生监测中使用。

硫化氢气体检测管是一种迅速测定空气中硫化氢气体浓度的工具。它是在细玻璃管中充填一定量的检测剂并用材料固定，再将两端加热熔融封闭。检测剂一般以硅胶、活性氧化铝、玻璃颗粒等作载体。

1. 硫化氢测定管结构。

硫化氢测定管主要由玻璃棉塞、保护胶、指示胶等部分组成，如图 6-1 所示。

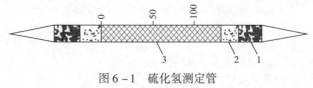

图 6-1 硫化氢测定管
1—玻璃棉塞；2—保护胶；3—指示胶

2. 检测原理

检测管的基本测定原理为线性比色法，即被测气体通过检定管与指示胶发生有色反应，形成变色层（变色柱），变色层的长度与被测气体的浓度成正比。

3. 测定范围

硫化氢测定管的测定范围为：$0 \sim 250 \mathrm{mg/m^3}$。

4. 测定温度

硫化氢测定管的测定温度为：3～30℃。

5. 使用方法

（1）用清洁空气冲洗专用采气筒，一次采气样 100mL。

（2）把测定管两端切开，将测定管带有浓度标尺有"0"的一端连接在采气筒的出气口上，如图 6－2 所示。

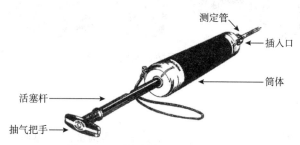

图 6－2 采气筒与测定管的连接

（3）以 100mL/min 的速度将采气筒采集的现场气样注入测定管。要检测的硫化氢气体与指示胶起反应，产生一个变色柱或变色环。

（4）由变色柱或变色环上端所指出的高度（或数字）可直接从测定管上读出硫化氢气体含量（单位：mg/m³）

6. 注意事项

（1）测定管打开后不要放置时间过久，以免影响测定结果。

（2）测定管应储存在阴凉干燥处，不要碰坏两端，否则，不能使用。

（3）严禁日光照射，保存温度不超过40℃，玻璃制品，小心轻放。

7. 主要优缺点

（1）优点

①操作简便。使用时仅有专用采样和测试结果显示两步，只要操作人员按照使用说明书操作方法进行测试就可以应用。

②分析速度快。由于操作方便，一般仅需几十秒至几分钟即可得知结果。

③适应性好。检测管现有低浓度、常规浓度、高浓度三种，从零点到几个 ppm 到百分之几十，适用范围很大，为分析工作提供了很大方便。

④使用安全。手动操作，无需电源、热源，可在有易燃易爆气体场所中使用。

⑤价格低廉，体积小，重量轻，携带方便，便于操作人员在各种环境下使用。

（2）缺点

测量精度较低。

第二节（*MK-A6-2*） 便携式硫化氢检测仪

便携式硫化氢检测仪是根据控制电位电解法原理设计的，具有声光报警、浓度显示和远距离探测的功能。如腰带式电子检测器，具有体积小、重量轻、反应快、灵敏度高等优点。使用时注意不得超时限使用，防碰击。注意调校和检查电池电压。

以 SP-114 型便携式硫化氢检测报警仪为例，如图 6-3 所示，介绍其工作原理及使用方法。

图 6-3 便携式硫化氢检测仪

一、工作原理

检测仪上的传感器应用了定电压电解法原理，其构造是在电解池内安置了三个电极，即工作电极、对电极和参比电极，施加一定极化电压，使薄膜同外部隔开，被测气体透过此膜到达工作电极，发生氧化还原反应，传感器此时将有一输出电流，此电流与浓度成正比关系，这个电流信号经放大后，变换送至模/数转换器，将模拟量转换成数字量，然后通过液晶显示器显示出来。

二、性能和技术指标

便携式硫化氢检测仪性能和技术指标应满足表 6-1 的要求。

表 6-1 便携式硫化氢检测仪技术参数表

名称	技术参数
监测精度/%	≤1
报警精度/（mg/m³）	≤5
报警方式	①蜂鸣器；②闪光
响应时间/s	$T_{50} \leq 30$（满量程 50%）
连续工作时间/h	≥1000
工作温度/℃	-20~55（电化学式）；-40~55（氧化式）
相对湿度/%	≤95
安全防爆性	本安型

注：此表引自 SY/T 6277—2017 表 1。

三、报警值的设定

报警值的设定应符合下列要求：

（1）当空气中硫化氢含量超过阈限值［15mg/m³（10ppm）］时，监测仪应能自动报警；

（2）第一级报警值应设置在阈限值〔硫化氢含量为15mg/m³（10ppm）〕；

（3）第二级报警值应设置在安全临界浓度〔硫化氢含量为30mg/m³（20ppm）〕；

（4）第三级报警值应设置在危险临界浓度〔硫化氢含量为150mg/m³（100ppm）〕。

四、测试与检查

1. 测试

硫化氢检测仪使用前应对下面的主要参数进行测试：

（1）满量程响应时间；

（2）报警响应时间；

（3）报警精度。

2. 检查

（1）便携式硫化氢检测仪应处于随时可用状态。每次检查应有记录，且至少保存1年。

（2）便携式硫化氢检测仪检查应至少包括以下内容：

①电池电量；

②完好性；

③在无硫化氢区域内检测仪读数为零。

五、操作方法

对于不同类型的硫化氢检测仪使用前应仔细阅读说明书。

1. 开启电源

按下电源"开机"触摸键即可接通电源，此时电源指示灯发光。

2. 检查电源电压

电源接通后或在仪器工作过程中，如果连续蜂鸣同时液晶显示"LO-BAT"字样报警指示灯连续发光时，说明电压不足，应立即关机充电14~16h。

3. 零点校正

如果在新鲜清洁空气中数字指示不为"000"，则应用螺丝刀调整调零电位器（Z1）使显示为"000"；如果达不到，或数字跳动变化较大，则说明传感器可能有问题，请更换传感器。

4. 正常测试

开机并在空气中调节"000"显示后即可进行正常测试。此时测试气体是从仪器前面窗口扩散进去的仪器周围环境的硫化氢气体含量。如果需要测试，而操作人员又不能进入含硫化氢区域时，可将本机采样管接入吸气嘴，将采样头伸到被测地点，按动开泵触摸开关，泵开始工作时开泵指示灯发出红光，此时仪器测量气体是从吸气嘴吸入的硫化氢气体含量。防止接头处漏气，不可将脏物和液体吸入仪器内。

5. 关泵、关机

用两个手指同时按下"开泵"及"关"触摸开关，即可使泵停止转动。用两个手指同时按下"开机"及"关"触摸开关，即可关机。

两个手指应同时放开，或先放"开机"（开泵）按键否则不能关机或关泵。上述操作是为了防止仪器在工作时由于意外碰撞引起误关机而造成危险事故的发生而特别设计的。

6. 校正方法

（1）为了保证仪器测量精度，仪器在使用过程中应定期进行调校并严格记录（一般每半年调校一次，具体时间请阅读使用说明书）。

（2）在清洁空气中将仪器零点调整并显示"000"后，开泵从仪器吸口处通入标准气体，待数字显示稳定后，调整仪器校正电位器"S"使显示数字达到标准气体浓度值（一般在标准气体流量控制台上进行）。

（3）关闭标准气体使仪器抽入清洁空气，仪器应恢复到零点（显示"000"）。否则重新进行校正操作，使两者均达到符合标准规定允许值。

（4）本仪器报警点在出厂时已调在10ppm，若用户需要按自己的标准重新调整，可以通过调节零电位器"Z1"，使仪器显示达到所需要报警值，然后调节报警点调节电位器"A1"，使仪器刚好发出报警声响，再反复调节电位器"Z1"及"A1"使报警点正确无误，方可使用。

7. 注意事项

（1）硫化氢监测仪为精密仪器，不得随意拆动，以免破坏防爆结构。

（2）充电时必须在没有爆炸性气体的安全场所进行。

（3）使用前应详细阅读说明书，严格遵守操作规程。

（4）特别潮湿环境中存放应加防潮袋。

（5）防止从高处跌落，或受到剧烈震动。

（6）仪器长时间不用也应定期对仪器进行充电处理（每月一次）。

（7）仪器使用完后应关闭电源开关。

（8）仪器显示数值为被测环境空气中硫化氢的体积分数（ppm）。

（9）"S1""A1""Z1"不得随意调节，应由专业人员或厂家调节。

六、使用与配置要求

便携式硫化氢检测仪使用与配置应符合SY/T 6277—2017要求。

1. 使用

（1）在已知含有硫化氢的工作场所内至少有一人携带便携式硫化氢检测仪，进行巡回检测。录井仪应能进行连续检测。

（2）在预测含有硫化氢的工作场所（如钻井场所、井下作业场所）内至少有一人携带便携式硫化氢检测仪，定时进行巡回检测。录井仪应能进行连续检测。

（3）当发现硫化氢泄漏时，应在下风向的工作场所内外进行连续检测。

（4）在输送管道、污油水处理厂（池、沟）、电缆暗沟、排（供）水营（暗）道、隧道等其他可能含有硫化氢的场所，作业前应使用便携式硫化氢检测仪进行检测。

2. 配置

（1）便携式硫化氢检测仪性能和技术指标应满足表6-1的要求。

（2）在已知含有硫化氢的陆上工作场所应至少配备探测范围为 0～30mg/m³（0～20ppm）和 0～150mg/m³（0～100ppm）的便携式硫化氢检测仪各2套。

（3）在已知含有硫化氢的海上工作场所除按（2）要求外，还应配备1套便携式比色指示管探测仪和1套便携式二氧化硫探测仪。

（4）在预测含有硫化氢的陆上工作场所或探井井场应至少配备探测范围为 0～30mg/m³（0～20ppm）和 0～150mg/m³（0～100ppm）的便携式硫化氢检测仪各1套。

（5）在预测含有硫化氢的海上工作场所或探井井场应至少配备探测范围为 0～30mg/m³（0～20ppm）和 0～150mg/m³（0～100ppm）的便携式硫化氢检测仪各2套。

（6）在输送管道、污油水处理厂（池、沟）、电缆暗沟、排（供）水管（暗）道、隧道等其他可能含有硫化氢的场所，从事相应工作的单位应至少配备探测范围为 0～30mg/m³（0～20ppm）的便携式硫化氢检测仪1套。

七、存放与检验

1. 存放

便携式硫化氢检测仪应专人保管，定点存放，存放地点应清洁、卫生、阴凉、干燥。

2. 检验

便携式硫化氢检测仪的检验应符合以下要求：

（1）便携式硫化氢检测仪的检验应由具有能力的检定检验机构进行；

（2）便携式硫化氢检测仪每年至少检验一次；

（3）在超过满量程浓度的环境使用后应重新检验；

（4）检验应使用硫化氢标准样气，应符合 JJG 695 的规定。

第三节（*MK-A6-3*） 正压式空气呼吸器

一、工作原理

正压式空气呼吸器属于自给式开路循环呼吸器，是使用压缩空气的带气源的呼吸器，依靠使用者背负的气瓶供给所呼吸的气体。

使用时打开气瓶阀，气瓶中高压压缩空气被高压减压阀降为中压 0.7MPa 左右输出，经中压管送至供气阀，然后通过供气阀进入呼吸面罩，吸气时供气阀自动开启供使用者吸气，并保持一个可自由呼吸的压力。呼气时，供气阀关闭，呼气阀打开。在一个呼吸循环过程中，面罩上的呼气阀和口鼻上的吸气阀都为单方向开启，所以整个气流是沿着一个方向构成一个完整的呼吸循环过程，如图6-4所示。

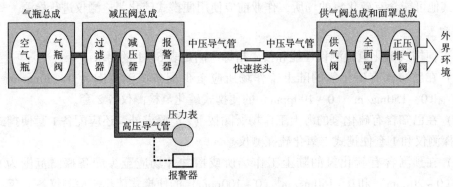

图6-4　呼吸器工作原理示意图

二、技术性能

正压式空气呼吸器的技术性能应符合 GA 124 的规定。

三、结构

正压式空气呼吸器包括五大部分：气瓶总成、背托总成、减压阀总成、供气阀总成、面罩总成，如图6-5所示。

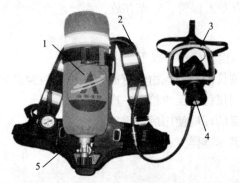

图6-5　RHZKF型正压式空气呼吸器整体结构图

1—气瓶总成；2—减压阀总成；3—面罩总成；4—供气阀总成；5—背托总成

1. 气瓶总成

气瓶总成是用来储存高压压缩空气的装置，如图6-6所示。分高强度、超高强度钢质气瓶和碳纤维复合气瓶。

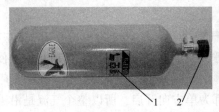

图6-6　气瓶总成

1—瓶体；2—瓶阀

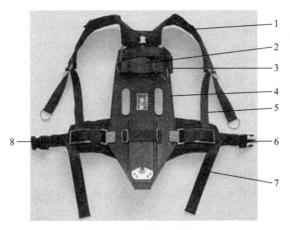

图6-7 背托总成
1—上肩带；2—瓶箍带；3—瓶箍卡扣；4—背架；
5—下肩带；6—腰扣B；7—腰带；8—腰扣A

2. 背托总成

用来支承安装气瓶总成和减压阀总成，并保持整套装具与人体良好佩戴的装置，如图6-7所示。

3. 减压阀总成

将气瓶内高压气体减压后，输出0.7MPa的中压气体，经中压导气管送至供气阀供人体呼吸的装置，如图6-8所示。

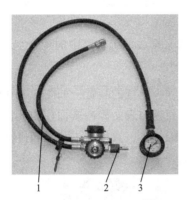
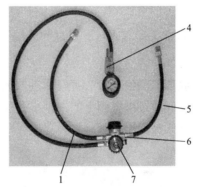

图6-8 减压阀总成
1—中压导气管；2—后置报警器；3—压力表；4—前置报警器；
5—他救中压管；6—安全阀；7—减压器手轮

压力表用来检查瓶内余压，并具有夜光显示功能。

前置报警器便于使用者清楚地听到报警声，尤其在救援现场很容易辨别出是自己还是他人的空呼器报警。

当气瓶压力降到（5.5±0.5）MPa时报警器开始发出大于90dB（A）的声响报警，此时使用者必须立刻撤离到安全场所。报警器起鸣后将持续报警，直到气瓶压力小于1MPa为止。

选用前置报警器的空呼器，还可配置他救接头。他救接头安装在减压器的另一侧，并固定在右腰托的腰带上。主要作用是救援瓶内压力不足的同伴。

4. 供气阀总成

将减压器输出的中压气体按照佩戴者的吸气量，再次减压至人体可以呼吸的压力，供佩戴者呼吸的装置，如图6-9所示。

图 6-9　供气阀总成

1—节气开关；2—应急冲泄阀；3—插板；4—凸形接口；5—密封垫圈

供气阀上的红色旋钮是应急冲泄阀，它具有三个功能：

（1）当供气阀意外发生故障时，通过手动旋钮，按应急冲泄阀上指示的方向转动二分之一圈，可以提供每分钟至少 225L 的恒定空气流量，允许空气直接流入面罩；

（2）除应急供气外，还可以利用流出的空气直接冲刷面罩、供气阀内部的灰尘和脏污，避免吸入体内；

（3）也可以在关闭瓶阀后，通过冲泄阀旋钮来排放系统管路中的剩余空气。

5. 面罩总成

用来罩住脸部，隔绝有毒有害气体进入人体呼吸系统的装置，如图 6-10 所示。

使用时，空气通过供气阀上的一排小孔喷到面窗内表面，冲刷面窗由于温差产生的雾气，再通过吸气阀被使用者吸到口鼻罩中，呼出的气体，直接通过呼气阀排到大气中。

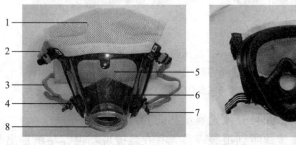

图 6-10　面罩总成

1—头罩组件；2—头带；3—颈带；4—传声器；5—面窗；
6—吸气阀；7—扣环组件；8—凹形接口；9—口鼻罩；10—面窗密封圈

四、操作方法

使用前应认真阅读使用说明书。一般操作步骤如下。

1. 使用前的检查测试

使用前应进行整体外观检查、气瓶的气体压力测试、连接管路的密封性测试和报警器的灵敏度测试。

（1）检查测试内容

①全面罩的镜片、系带、环状密封、呼气阀、吸气阀、空气供给阀等机件应完整好用，连接正确可靠，清洁无污垢。

②气瓶压力表工作正常，连接牢固。

③背带、腰带完好、无断裂现象。

④气瓶与支架及各机件连接牢固，管路密封良好。

⑤气瓶压力一般为28～30MPa，压力低于28MPa时，应及时充气。

⑥整机气密检查：打开气瓶开关，待高压空气充满管路后关闭气瓶开关，观察压力变化，其指示值在1min内下降不应超过2MPa。

⑦余气报警器检查：打开气瓶开关，待高压空气充满管路后关闭气瓶开关，观察压力变化，当压力表数值下降至5～6MPa，应发出报警音响，并连续报警至压力表数值"0"位为止，超过此标准为不合格。

⑧空气供给阀和全面罩的匹配检查：正确佩戴正压式空气呼吸器后，打开气瓶开关，在呼气和屏气时，空气供给阀应停止供气，没有"咝咝"响声。在吸气时，空气供给阀应供气，并有"咝咝"响声。反之应更换全面罩或空气供给阀。

⑨充装气瓶以水容积为6.8L，最大工作压力30MPa的气瓶为例：在中等呼吸强度（30L/min）呼吸时，使用时间不宜超过30min，报警后使用时间为5～8min。使用时间会受多种因素影响，会有一定变化，所以在使用时要查看压力表读数。

（2）检查测试注意事项

①正压式空气呼吸器的高压、中压压缩空气不应直吹人的身体，以防造成伤害。

②正压式空气呼吸器不准作潜水呼吸器使用。

③拆除阀门、零件及拔开快速接头时，不应在有气体压力的情况下进行。

④正压式空气呼吸器减压阀、报警器和中压安全阀的压力值出厂时已调试好，非专职维修人员不得调试，呼气阀中的弹簧也不得任意调换。

⑤用压缩空气吹除正压式空气呼吸器的灰尘、粉屑时应注意操作人员的手、脸、眼，必要时应戴防护眼镜、手套。

⑥气瓶压力表应每年校验一次。

⑦气瓶充气不能超过额定工作压力。

⑧不准使用已超过使用年限的零部件。

⑨正压式空气呼吸器的气瓶不准充填氧气，以免气瓶内存在油渍遇高压氧后发生爆炸，也不能向气瓶充填其他气体、液体。

⑩正压式空气呼吸器的密封件和少数零件在装配时，只准涂少量硅脂，不准涂油或油脂。

⑪正压式空气呼吸器的压缩空气应保持清洁。

2. 佩戴操作步骤

（1）正确佩戴方法

安全环境下呼吸器的基本佩戴程序依次为：

打开气瓶开关，逆时针缓慢转动瓶阀（至少两圈）、背气瓶、调整肩带、收紧腰带、戴面罩、调整颈带、调整头带、检查面罩气密程度、再次检查气瓶压力、连接供气阀、气瓶正常供气，呼吸正常。

　　首先把供气阀放置待机状态，将气瓶阀打开（至少拧开两整圈以上），弯腰将两臂穿入肩带，双手正握抓住气瓶中间把手，缓慢举过头顶，迅速背在身后，气瓶开关在下方，沿着斜后方向拉紧肩带，固定腰带，系牢胸带。调节肩带、腰带，以合身、牢靠、舒适为宜。

　　背上呼吸器时，必须用腰部承担呼吸器的重量，用肩带做调节，千万不要让肩膀承担整个重量，否则，容易疲劳及影响双上肢的抢险施工。再将内面罩朝上，把面罩上的一条长脖带套在脖子上，使面罩挎在胸前，再由下向上戴上面罩。双手密切配合，收紧面罩系带，以使全面罩与面部贴合良好，无明显压痛为宜。立即用手掌堵住面罩进气口，用力吸气，面罩内产生负压，这时应没有气体进入面罩，表示面罩的气密性合格。

　　然后对好供气阀与面罩快速接口并确保连接牢固，固定好压管以使头部的运动自如。深呼吸 2~3 次，感觉应该舒畅，检查一下呼吸器供气应均匀即可投入正常抢险使用。如果在使用合格空气呼吸器的过程中报警器发出报警汽笛声，使用者一定要立即离开危险区域。

　　在确保周围的环境空气安全时才可以脱下呼吸器；关闭气瓶阀手轮，泄掉连接管路内余压。

　　呼吸器的正确使用步骤如图 6-11 所示。

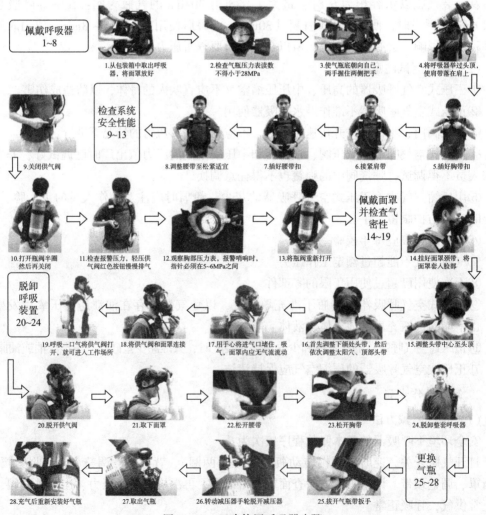

图 6-11　正确使用呼吸器步骤

（2）佩戴注意事项

①使用前快速检测：完全打开气瓶阀，检查压力表上的读数，其值应在 28～30MPa 之间。再关闭气瓶阀，然后打开应急冲泄阀（供气阀上的红色按钮），缓慢释放管路气体，同时观察压力表的变化，压力下降到 5.5MPa±0.5MPa 时，报警哨必须开始报警。

②使用时气瓶背在身后，身体前倾，拉紧肩带，固定腰带、系牢胸带。打开气瓶阀至少两圈，不得猛开气瓶阀，防止气瓶阀损坏，如图 6-12 所示。

（a）　　　　　　（b）　　　　　　（c）　　　　　　（d）　　　　　　（e）

图 6-12　气瓶佩戴示意图

③佩戴面罩：戴面罩时应该由下向上戴。一只手托住面罩将面罩口鼻罩与脸部完全贴合，另一只手将头带后拉罩住头部，不要让头发或其他物体压在面罩的密合框上，然后收紧头带，不必收的过紧，只要面部感觉舒适又不漏气为合适。用手掌心封住进气口吸气，如果感到无法呼吸且面罩充分贴合则说明面罩密封良好，如图 6-13 所示。连接供气阀，此时即可正常呼吸。

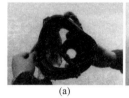   

（a）　　　　　　（b）　　　　　　（c）　　　　　　（d）　　　　　　（e）

图 6-13　佩戴面罩示意图

④在使用过程中，应随时观察压力表的指示数值，当压力下降至 5～6MPa 时（此时瓶中剩余空气只够使用 5～8min），报警器发出报警声响，使用者应及时撤离现场。

⑤使用完后，卸下呼吸器。关闭气瓶阀，打开强制供气阀放空管路空气。每次使用后，经消毒、清洗、检查、维修后空气呼吸器方可装入包箱内。

正压式呼吸器佩戴"顺口溜"：一看压力，二听哨，三背气瓶，四戴罩，瓶阀朝下，底朝上，面罩松紧要正好，开总阀，插气管，呼吸顺畅抢分秒。

五、使用与配置要求

1. 使用

（1）当硫化氢浓度达到安全临界浓度 30mg/m³（20ppm）或二氧化硫浓度达到 5.4mg/m³（2ppm）时，应立即正确佩戴正压式空气呼吸器。

（2）使用中出现以下情况应立即撤离硫化氢环境：

①正压式空气呼吸器报警;

②有异味;

③出现咳嗽、刺激、憋气、恶心等不适症状;

④压力出现不明原因的快速下降。

2. 配备

（1）已知含有硫化氢，且预测超过阈限值 15mg/m³（10ppm）的场所应至少按以下要求配备:

①陆上按在岗人员数 100% 配备，另配 20% 备用气瓶;

②海洋石油设施上按定员 100% 配备，另配 20% 备用气瓶。

（2）预测含有硫化氢的场所或探井井场应至少按以下要求配备:

①陆上按在岗人员数 100% 配备;

②海上钻井设施配备 15 套;

③海上井下作业设施配备 10 套;

④海上有人值守的采油设施配备 6 套;

⑤海上录井、测井、工程技术服务队伍等按在岗人员数 100% 配备。

（3）在输送管道、污油水处理厂（池、沟）、电缆暗沟、排（供）水管（暗）道、隧道等其他可能含有硫化氢的场所，从事相应工作的单位应配备满足工作要求的正压式空气呼吸器。

六、存放与检验

1. 存放

（1）正压式空气呼吸器及充装气瓶应存放在易于取用的地点;存放地点应有醒目标志，且清洁、卫生、阴凉、干燥，免受污染和碰撞。存放场所室温应在 0 ~ 30℃，相对湿度 40% ~ 80%，空气中不应有腐蚀性气体，长期不使用的全面罩应处于自然状态存放，其橡胶件应涂滑石粉，以延长使用寿命。充好的气瓶禁止阳光曝晒和靠近热源。

（2）应有专人进行维护。

2. 检验

（1）正压式空气呼吸器应处于随时可用状态，每次检查应有记录，记录至少保存 1 年。

（2）日常检查应至少包括以下内容:

①正压式空气呼吸器外观及标识;

②气瓶压力;

③连接部件;

④面罩与面部的密封性;

⑤供气阀;

⑥报警器。

（3）正压式空气呼吸器应每年检验一次;气瓶应每 3 年检验一次，其安全使用年限不得超过 15 年。

（4）检验应由专业的检验检测机构进行，性能应符合出厂说明书的要求。维修检验档案应保留 2 年以上。

第四节（MK-A6-4） 过滤式防毒面具

正确使用呼吸防护器是防止有毒物质从呼吸道进入人体引起职业中毒的重要措施之一。需要指出的是，这种防护只是一种辅助性的保护措施，而根本的解决办法在于改善劳动条件，降低作业场所有毒物质的浓度。

过滤式呼吸器只能在不缺氧的劳动环境（即环境空气中氧的含量不低于 18%）和低浓度毒污染环境中使用，一般不能用于罐、槽等密闭狭小容器中作业人员的防护。过滤式呼吸器分为过滤式防尘呼吸器和过滤式防毒呼吸器。前者主要用于防止粒径小于 5pm（5×10^{-12}m）的呼吸性粉尘经呼吸道吸入产生危害，通常称为防尘口罩和防尘面具；后者用以防止有毒气体、蒸气、烟雾等经呼吸道吸入产生危害，通常称为防毒面具和防毒口罩，分为自吸式和送风式两类，目前使用的主要是自吸式防毒呼吸器。

用于防毒的呼吸器具，大致可以分为过滤式防毒呼吸器和隔离式防毒呼吸器两类。过滤式防毒呼吸器主要有过滤式防毒面具和过滤式防毒口罩，它们的主要部件是一个面具或口罩、一个滤毒罐。它们的净化过程是先将吸入空气中的有害粉尘等物阻止在滤网外，过滤后的有毒气体在经滤毒罐时进行化学或物理吸附（吸收）。滤毒罐中的吸附（收）剂可分为以下几类：活性炭、化学吸收剂、催化剂等。由于罐内装填的活性吸附（收）剂是使用不同方法处理的，所以不同滤毒罐的防护范围是不同的，因此，防毒面具和防毒口罩均应选择性使用。本节主要介绍过滤式防毒面具，如图 6-14 所示。

图 6-14 过滤式防毒面具

过滤式防毒面具是以超细纤维材料和活性炭、活性炭纤维等吸附材料为核心过滤材料的过滤式呼吸防护用品（包括滤毒罐、滤毒盒、过滤元件），过滤式防毒面具是由面罩、吸气软管和滤毒罐组成的，面具与过滤部件有的直接相连，有的通过导气管连接。与直接式防毒口罩相比，从防护对象考虑，过滤式防毒面具与防毒口罩具有相近的防护功能，既能防护大颗粒灰尘、气溶胶，又能防护有毒有害蒸气和气体。它们的差别在于过滤式防毒面具滤除有害气体、蒸气浓度范围更宽，防护时间更长，所以更安全可靠。另外，从保护部位考虑，过滤式防毒面具除可以保护面部呼吸器官（口、鼻）外，同时还可以保护眼睛及面部皮肤免受有毒有害物质的直接伤害，且通常密合效果更好，具有更高和更安全的防护效能。

一、使用要求

作业人员在有毒有害的环境中进行作业时，使用防毒面具。

二、使用方法

1. 全面检查

（1）使用前、后需对防毒面罩进行全面检查，确保面具无裂痕、破口，面具与脸部贴合密封性良好。呼气阀片无变形、破裂及裂缝。头带有弹性。滤毒盒座密封圈完好。滤毒盒在有效期内。

（2）面罩按头型大小可分为 5 个型号，佩戴时要选择合适的型号，并检查面具及塑胶软管是否老化，气密性是否良好。

（3）使用前要检查滤毒罐的型号是否适用，滤毒罐的有效期一般为 2 年，所以使用前要检查是否已失效，滤毒罐的进、出气口平时应盖严，以免受潮或与岗位低浓度有毒气体作用而失效。

（4）有毒气体含量超过 1% 或空气中含氧量低于 18% 时，不能使用。

（5）目前过滤式防毒面具以其滤毒罐内装填的吸附（收）剂类型、作用、预防对象进行系列性的生产，并统一编成 8 个型号，只要罐号相同，其作用与预防对象也相同。不同型号的罐制成不同颜色，以便区别使用。

2. 佩戴面具

将面具盖住口鼻，然后将头带框套拉至头顶，用双手将下面的头带拉向颈后，然后扣住。

3. 检查吸气阀的密合性

（1）测试方法一：将手掌盖住呼气阀并缓缓呼气，如面部感到有一定压力，但没感到有空气从面部和面罩之间泄漏，表示佩戴密合性良好。

（2）测试方法二：用手掌盖住滤毒盒座的连接口，缓缓吸气，若感到呼吸有困难，则表示佩戴面具密闭性良好。

4. 使用后操作

应将滤毒罐上部的螺帽盖拧上，并塞上橡皮塞后储存，以免内部受潮。

三、注意事项

1. 更换滤毒盒

严格按照有效防毒时间更换滤毒盒或感觉有异味时更换。更换时将滤毒盒的密封层去掉，并将滤毒盒螺口对准滤毒盒座，顺时针方向拧紧，压扣滤毒盒对准盒座压紧。

2. 储存要求

储存干燥、清洁、空气流通的库房环境，严防潮湿、过热。

3. 维护保养

不用有机溶液清洗剂清洗防毒面具。

第五节 （MK-A6-5） 洗眼器

洗眼器属于紧急救护安全防护用品，安装在现场存在化学品物质的区域，当发生化学品物质喷溅到工作人员眼部、面部、身体上或者发生火灾引起工作人员衣物着火的时候，使用洗眼器进行大水量冲洗，暂时减缓有害物对身体的进一步侵害，情况严重的需要遵从医生的指导，避免或减少不必要的意外，如图 6 – 15 所示。

通常情况下洗眼器配置喷淋部分和洗眼部分，当发生化学品物质喷溅到工作人员眼部或者面部的时候，使用洗眼器的洗眼部分进行大水量冲洗，洗眼水流量 > 11.4L/min，冲洗时间 >15min；当发生化学品物质喷溅到工作人员身体上或者发生火灾引起工作人员衣物着火的时候，使用洗眼器的喷淋部分进行大水量冲洗，喷淋水流量 >75.7L/min，冲洗时间 >15min。

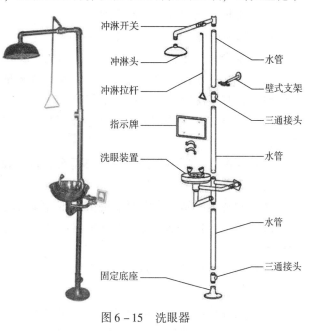

图 6 – 15 洗眼器

一、如何正确选择洗眼器产品

洗眼器作为紧急救护安全防护用品，在国内各个企业使用范围越来越广泛。但是，洗眼器产品的种类很多，该如何选择哪个款式的洗眼器产品适用于自己的工作环境使用呢？

1. 根据工作现场有毒有害化学物质来决定

当使用现场存在着氯化物、氟化物、硫酸或者是浓度超过50%的草酸，只能选择浸塑ABS洗眼器或者采用特殊处理过的高性能不锈钢洗眼器。因为采用不锈钢304材料生产的洗眼器，可以抗一般情况下的酸、碱、盐和油类等物质的腐蚀，但是无法抗氯化物、氟化物、硫酸或者是浓度超过50%的草酸的腐蚀。在上述物质存在的工作环境，使用不锈钢304材料生产的洗眼器，不到6个月时间，洗眼器就会有很大程度上的破坏。

2. 根据当地环境温度来决定

（1）环境温度 $T>5℃$ 和 $T<38℃$：选择普通型洗眼器。

（2）环境温度 $T>-5℃$ 和 $T<38℃$：选择地上式自动排空防冻型洗眼器。

（3）环境温度 $T>-10℃$ 和 $T<38℃$：选择地埋式自动排空防冻型洗眼器或者 ADV 防冻型洗眼器。

（4）环境温度 $T<-10℃$：选择电伴热洗眼器或者电加热洗眼器。

（5）环境温度 $T>45℃$：选择防热型洗眼器。

（6）环境温度 $T>-10℃$ 和 $T>45℃$：选择防冻防热型洗眼器。

3. 根据工作场所是否有水源的情况来决定

（1）现场有固定水源：固定式洗眼器。

（2）现场无固定水源：便携式洗眼器。

在实际现场中，固定式洗眼器使用得是最多的。

（1）复合式洗眼器：配置喷淋部分和洗眼部分，直接安装在工作现场的地面上。

（2）立式洗眼器：只有洗眼部分，没有喷淋部分，直接安装在工作现场的地面上。

（3）壁挂式洗眼器：只有洗眼部分，没有喷淋部分，直接安装在工作现场的墙壁上。

（4）实验室台式洗眼器：只有洗眼部分，没有喷淋部分，直接安装在实验室里面使用。

（5）喷淋器、喷淋头：只有喷淋部分，没有洗眼部分，直接安装在工作现场的地面上、墙壁上或者天花板上面。

（6）紧急洗眼站：为洗眼器提供温热水源的设备。

（7）地上式自动排空防冻型洗眼器：进水口放置在地面上，可以自动排空洗眼器里面的积水。

（8）地埋式自动排空防冻型洗眼器：进水管和防冻阀放置在地面冻土层下，可以自动排空洗眼器里面的积水。

（9）电伴热洗眼器：防止洗眼器里面的积水结冰，不可以提高喷淋和洗眼的水温。

（10）电加热洗眼器：防止洗眼器里面的积水结冰，可以提高喷淋和洗眼的水温。

（11）ADV 防冻型洗眼器：采用先进的温感技术，防止洗眼器内部水源结冰而影响洗眼器的使用。

（12）防热型洗眼器：采用先进的温感技术，防止洗眼器内部水源温度过高而影响洗眼器的使用。

（13）防冻防热型洗眼器：采用先进的温感技术，防止洗眼器内部水源结冰，同时防止洗眼器内部水源温度过高而影响洗眼器的使用。

备注：洗眼器可以配置声光报警器、防爆型照明灯、定时排水装置、废水收集水围、水帘等等。

二、洗眼器的安装与维护

洗眼器是在有毒有害危险作业环境下使用的应急救援设施。当现场作业者的眼睛或者身体接触有毒有害以及具有其他腐蚀性化学物质的时候，可以用这些设备对眼睛和身体进行紧急冲洗或者冲淋，主要是避免化学物质对人体造成进一步伤害，但是这些设备只是对眼睛和身体进行初步的处理，不能代替医学治疗，情况严重的，必须尽快进行进一步的医学治疗。

1. 洗眼器和冲淋设备的安装

（1）安装要求

按照 ANSI Z358.1－2004 美国洗眼器的标准，洗眼器和冲淋设备的安装需要按照相关使用说明的规定进行。

①在洗眼器和冲淋设备的周围，有醒目的标志。标志最好用中英文双语和图示表达清楚，非常形象地告诉生产现场的作业者，明确洗眼器和冲淋设备的位置和用途。

②洗眼器和冲淋设备在正常运行时，各个部件应该满足 ANSI Z358.1—2004 标准的要求，而且各个喷头能够同时单独使用。在北方有可能在冬天结冰的地区，需要添加防冻装置或者在设备的旁边加装防冻保护设施。

当洗眼器和冲淋设备各个部件安装结束后，同时还应该满足以下要求：

①在洗眼器和冲淋设备正确连接到水源和所有的阀门开关处于关闭状态的情况下，连接的管路不应该有漏水现象；

②在洗眼器和冲淋设备的操作开关处于完全打开的状态下，所有阀门必须保持常开状态（人为因素除外）；

③当设备所有开关处于完全工作状态的时候，整个设备应该各自满足 ANSI Z358.1—2004 标准的要求。

（2）洗眼器和冲淋设备安装位置的要求

①洗眼器和冲淋设备应该安装在危险源头的附近，最好在 10s 内能够快步到达洗眼器和冲淋设备的区域范围，同时尽量安装在同一水平面上，最好能够直线到达，避免越层救护。

②特殊情况下，洗眼器和冲淋设备应该满足特殊的要求。例如，在一些可能直接接触到强酸或者强碱，或者其他具有强烈腐蚀性能或者容易被皮肤吸收的有毒有害物质的环境下作业，洗眼器和冲淋设备必须安装在离开危险源头最近的地方。

③有可能接触上述有毒有害化学物质的实验室里，一般把洗眼器和冲淋设备安装在实验室的内通道上。但是有时候工作的位置距离洗眼器和冲淋设备比较远，有可能会耽误救援时间。在这种情况下，推荐在实验室的水池旁边安装洗眼器和冲淋设备的软管。这种设备比较方便和实用。当眼睛、面部以及其他部位不小心飞溅到危险化学物质的时候，可以尽快用这种设备进行冲洗，提供了及时的保护。

2. 洗眼器和冲淋设备的出水速度

洗眼器和冲淋设备的出水速度应该尽量稳定和均衡。喷头喷出的水流要柔和，呈现水雾状态，防止水流过大。这样既可以扩大冲洗面积，又避免水流过急对眼睛造成不舒服的感觉。

冲淋器的水流一般根据具体的紧急设备而定。根据 ANSI Z358.1—2004 标准，水流速度需要通过 15min 测试。

具体要求如下：

（1）单独的紧急冲淋器，冲淋喷头需要确保水流速度最少为75.7L/min（20gal/min），并且系统可以连续供水15min以上；

（2）单独的紧急洗眼器，其水流速度相对要低一些，最低要不得少于1.5L/min（0.4gal/min）且系统可以连续供水15min以上；

（3）复合式洗眼器的洗眼系统，水流速度最少为11.4L/min（3.0gal/min），且系统可以连续供水15min以上。

对于水压的要求，不得低于206.84kPa，目前国内的水源基本上都可以达到这个要求。

洗眼器的每一个喷头上面都应该有一个防尘盖。使用洗眼器的时候，水流会自动冲开防尘盖。防尘盖由一根不锈钢丝链子连接在洗眼器上面。在洗眼器没有使用的情况下，应该把防尘盖盖在喷头上面，以保证洗眼器的喷头不会被灰尘或者其他物质堵塞。洗眼器的阀门应容易操作，且打开时间不能超过1s，阀门应该具有防腐蚀的功能。由于洗眼器的喷头加有过滤器，避免水中的杂物对人体眼睛造成伤害。

3. 出水的温度

根据ANSI Z358.1—2004标准规定，洗眼器和冲淋设备的出水温度应该是微温的，人体感到舒服。但是，假如热水的温度会促使或者加速水中一些物质和人体发生化学反应，就应该参考医学专家的意见，以保证最适合的温度，而且水温不能变化太大，否则会对人体造成更大的伤害。

要确保从洗眼器和冲淋设备的出水温度是恒温的，设备的制造和安装就增加了很大的难度。最简单的方法是供水分为冷水和热水系统，再安装一个复合阀门，使复合后的水温达到正常的需要。但是在使用这套系统的时候，也是非常麻烦的，一旦出现紧急事故，没有更多的时间来调节水温。

4. 废水的处理

在ANSI Z358.1—2004的标准里虽然没有提到废水的处理规定，但是设计者和使用者必须考虑这个问题，尤其是不能造成二次污染，或者造成其他伤害。

一般而言，洗眼器和冲淋设备都设计与下水道相连接的形式。但是，有时候冲洗的废水里含有一些化学物质，可能进入公共系统。这就需要在废水进入公共系统之前，让废水进行酸碱中和处理，达到国家排放标准，才能排放。

5. 维护检修和培训

建议洗眼器和冲淋设备最少每周启动一次，查看是否能够正常运行。对于可以移动的洗眼器（比如便携式洗眼器，便携式压力洗眼器），需要安排专人每天检查储备的水源是否充足。

同时建议储备的水源每天更换一次，以保证水质。

每年需要对洗眼器和冲淋设备进行一次年检，查看设备是否处于完好状态。

对于洗眼器和冲淋设备的维护、检修，生产商应该提供相应的技术培训。对于长期暴露在危险作业环境下的使用者，应该提供更多的技术指导和正确使用洗眼器和冲淋设备的方法。

三、洗眼器的使用方法

（1）洗眼部分的使用方法如图 6 – 16 所示。

①到达洗眼器的位置。

②手推洗眼手推柄打开洗眼开关，洗眼水自动喷出；双手扒开眼睑，冲洗眼部化学品物质，冲洗时间 > 15min，洗眼水流量 > 1.5L/min（复合式洗眼器水流量 > 11.4L/min）。

③关闭洗眼手推柄来关闭洗眼开关，把洗眼喷头的防尘盖复位。

④情况严重的立即就医。

（2）洗眼部分和喷淋部分的使用方法如图 6 – 17 所示。

①到达洗眼器的位置。

图 6 – 16 洗眼部分的使用方法

②手推洗眼手推柄打开洗眼开关，洗眼水自动喷出；双手扒开眼睑，冲洗眼部和脸部化学品物质，冲洗时间 > 15min，洗眼水流量 > 11.4L/min。

③手拉喷淋拉杆打开喷淋开关，喷淋水自动喷出，冲洗时间 > 15min，洗眼水流量 > 75.7L/min。

④关闭洗眼手推柄来关闭洗眼开关，把洗眼喷头的防尘盖复位。

⑤关闭喷淋拉杆来关闭喷淋开关。

⑥情况严重的立即就医。

四、洗眼器使用管理要求

（1）洗眼器设备是在有毒有害危险作业环境下使用的应急救援设施。该设施对眼睛、面部和身体进行初步处理，不能取代基本防护用品，如防护眼镜、防飞溅面罩、防护手套、防化服等，也不能取代必要的安全处置程序，更不能取代医学治疗，进一步的处理和治疗需要遵从医生的指导。

图 6 – 17 洗眼部分和
喷淋部分的使用方法

（2）确保所有潜在的暴露员工了解有关洗眼器的使用知识。

（3）洗眼器的供水管路与其他管路分开，紧急喷淋和洗眼器使用的水源应为饮用水或相称于饮用水水质。

（4）洗眼器设备的进水阀打开、上锁并挂"使用期间禁止关闭"牌，紧急喷淋和洗眼器设备的出水流速应稳定均匀，喷头喷出的水流要柔和，呈雾状喷洒，防止水流压力过大。

（5）洗眼器设备喷出水的温度，应是微温（15～37℃），人体感觉要舒适。

（6）洗眼器的检查

①检查分为日常检查和性能检查，检查内容如表 6 – 2 所示。

②检查记录存档1年。

③日常检查包括每日检查、每周检查。车间内的紧急喷淋和洗眼器必须每日检查，实验室内的紧急喷淋和洗眼器至少每周检查。

④性能检查：一般情况下每年对所有的洗眼器进行检查，但出现以下情况也应进行性能检查。

a）新安装的洗眼器。

b）洗眼器发生重大变化（如供水方式改变等）。

c）检查要点如表6-2所示。

表6-2　紧急喷淋和洗眼器检查表

序号	检查项目	检查结果
1	通道畅通	
2	照明充足	
3	通水检查：水流清洁、畅顺。洗眼器可供双眼同时冲洗	
4	实验室的单头洗眼器出水高度为 10～30cm	
5	喷嘴清洁，无锈蚀	
6	喷嘴连接牢固	
7	手动阀/拉环启闭正常	
8	洗眼器的防尘盖清洁，完好	
9	洗眼器的水槽清洁	
10	新安装或发生重大变化的紧急喷淋和洗眼器应检查以下内容	
11	紧急喷淋出水量为 76L/min，持续 15min，洒水的地面覆盖直径为 86cm	
12	洗眼器的出水量为 1.5L/min，持续 15min，水流够双眼同时冲洗，出水高度 15cm。	

检查区域：

检查人：

检查时间：

备注：

第七章（*MK-A7*）
硫化氢中毒现场救护

硫化氢是一种剧毒的气体，一旦硫化氢气体浓度超标，将威胁施工作业人员的安全，造成人员中毒甚至死亡。因此，掌握硫化氢中毒的现场急救知识，对于保障人身安全、实现安全生产等都具有十分重要的意义。

第一节（*MK-A7-1*）　硫化氢中毒概述

一、中毒的概念

毒物侵入人体后，与人体组织发生化学或物理化学作用，并在一定条件下破坏人体的正常生理机能，引起某些器官和系统发生暂时性或永久性的病变，这种病变称为中毒。

二、硫化氢中毒机理

吸入低浓度硫化氢后，硫化氢气体溶解于黏膜表面的水分中，与钠离子结合生成硫化钠，对黏膜产生刺激，可引起局部刺激症状如眼刺痛、畏光、流泪，咽干、咽痛、咳嗽，头痛、头晕、乏力等；吸入高浓度硫化氢后，由于阻断了细胞的内呼吸会导致全身性缺氧（由于中枢神经对缺氧最敏感，首先受到损害），出现头昏头痛、恶心呕吐、全身无力、心悸症状；严重中毒者，会出现呼吸困难、颜面指甲青紫、狂躁不安的症状，甚至出现抽风、意识模糊，并迅速进入昏迷状态，常因呼吸中枢麻痹而致死。

三、硫化氢中毒分级

1. 接触反应

根据 GBZ 31—2002《职业性急性硫化氢中毒诊断标准》，接触反应是指：接触硫化氢后出现眼刺痛、畏光、流泪、结膜充血、咽部灼热感、咳嗽等眼和上呼吸道刺激表现，或有头痛、头晕、乏力、恶心等神经系统症状，脱离接触后在短时间内消失者。

2. 中毒诊断分级

根据 GBZ 31—2002《职业性急性硫化氢中毒诊断标准》，硫化氢中毒诊断分级标准如下。

（1）轻度中毒（具有下列情况之一者）

①明显头痛、头晕、乏力等症状并出现轻度至中度意识障碍；

②急性气管一支气管炎或支气管周围炎。

（2）中度中毒（具有下列情况之一者）

①意识障碍表现为浅至中度昏迷；

②急性支气管肺炎。

（3）重度中毒（具有下列情况之一者）

①意识障碍程度达深昏迷或呈植物状态；

②肺水肿；

③猝死；

④多脏器衰竭。

第二节 （*MK-A7-2*） 现场救护程序

现场一旦发生硫化氢泄漏导致中毒事故，现场作业人员一定要在第一时间内在保证自身安全下对中毒人员采取紧急救护，进行应急处置。

一、现场救护原则

（1）先确定伤员是否有进一步的危险。

（2）沉着、冷静、迅速地对危重病人给予优先紧急处理。

（3）对呼吸、心力衰竭或停止的病人，应清理呼吸道，立即实施心肺复苏术。

（4）控制出血。

（5）对于特殊环境的影响，易出现激动、痛苦和惊恐的现象，要安慰伤病员，减轻伤病员的焦虑。

（6）预防及抗休克处理。

（7）搬运伤病员之前应将骨折及创伤部位予以相应处理，对颈、腰椎骨折、开放性骨折的处置要十分慎重。

（8）尽快寻求援助或送往医疗部门。

二、现场救护程序

当工作场所发现有硫化氢泄漏或有人员中毒晕倒时，正确地保护自己、救助他人的方法和技术是现场每一位工作人员都必须了解和掌握的。

下面的 6 个步骤可以有效地实施现场自救与互救，如图 7－1 所示。

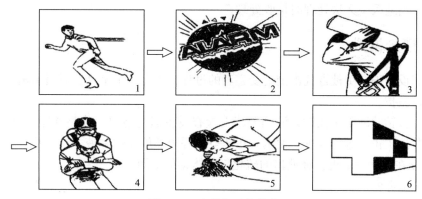

图 7-1 自救与互救程序

1. 离开毒气区（脱离）

首先了解硫化氢气体的来源地以及风向，确定进出线路，然后快速撤离到安全区域。如果人员在泄漏源的上风方向，就往上风方向跑；如果人员在泄漏源的下风方向，应向两侧垂直方向跑，尽可能地向高处走，避免自身中毒。

2. 打开报警器（报警）

按动报警器，并使报警器报警。如果报警器在毒气区里，或附近没有合适的报警系统，就大声警告在毒气区的其他人。

3. 戴上呼吸器（保护）

在安全地区，放置一个最近的设备，按照所要求的佩戴程序戴好呼吸器。

4. 救助中毒者（救助）

估计中毒情况（是否有一些不寻常的因素要考虑）。根据中毒者的状态、施救人员的多少以及路况，选择一个合适的救护技术，将中毒者从毒气区转移到安全地带。

5. 检查并实施急救（处置）

检查中毒者的中毒情况。如果呼吸、心跳停止，应立即进行心肺复苏，力争使中毒者苏醒，为进一步的医疗救助争取时间。

6. 进行医疗救护（医护）

医护人员到达现场后，由医护人员检查受伤情况并采取必要的救护措施，并送往急救中心或医院做进一步的诊断和治疗。医疗救护程序为：

（1）一旦发生人员中毒事故，目击者应立即赶赴报警点，发出急救信号；

（2）用电台、电话、对讲机与医院联系，通报伤者情况、出事地点、时间，并让医院做好急救准备；

（3）正确佩戴呼吸器，在保证自身安全的前提下抢救中毒者；

（4）急救中心接到报警信号后，立即安排救护人员赶赴事故现场开展救护；

（5）现场医生检查伤员情况并采取必要的救护措施。

救护车运送伤员途中要与急救小组时刻保持联系，随时报告中毒者的病情和具体位置，急救小组也要及时向承包方代表和甲方监督汇报，同时应急小组还要与高一级医院联系，以便在当地医院无法处理时接收处理。

三、情景模拟

下列假设救护一个被毒气击倒的受害者的过程，读完这个事件，看看有哪六个步骤可以用来进行救护。

你和一位钻井液工正在钻井液循环罐上检查设备运行情况。你站在距离钻井液工 5m 远处，钻井液工正在进行检查，便携式正压空气呼吸器放在钻井液坐岗房中。钻井液工体重 80kg，靠在振动筛附近，释放出的硫化氢气体将他击倒。

你将怎么办？

分析：

第一步　撤离毒气区

首先，你不能立刻冲上前去帮助你的同事，很明显，硫化氢气体的释放来源于振动筛。因硫化氢气体泄漏发生在室外，因此你要注意风向，你要尽快地离开此地。要使身体保持直立，因为密度大的气体是先在地板水平面上扩散。

第二步　报警

你要大声喊叫，去通知能听到你声音的任何人，让他们立刻撤离。同时在振动筛的上风方向找一个最近的报警开关，如果你一旦按响了报警器，就立刻离开毒气区保护好你自己。

第三步　佩戴呼吸器

找到安全存放处的便携式正压空气呼吸器，按照操作要求戴上呼吸器。

第四步　抢救中毒者

观察现场情况，假定中毒者失去知觉，这就意味着你不能靠他来给自己提供什么帮助。一定要记住，中毒者的体重要比你重，或者至少他的体重使得在这种情况下使用任何抬的技术都无用。这就需要选择一个合适的方法。因为中毒者失去知觉，因此确认中毒者受伤的程度是很重要的，为了安全，假设他可能受伤，采用拽领救护法的抢救方法，就可以减少受伤处恶化的机会。

一旦你到达中毒者身边，就立刻对他做尽可能的全面检查，确认哪里有伤。如果他所处位置不合适拖衣服领口救护法，就将他滚到一个合适的位置。用两手紧紧抓住衣领（如果你能做到），将他拖到安全地带。计划好你的路线，避开障碍物，因为障碍物逼迫你走走停停，因为你有向前走的冲力，保持身体运动与不停地走，会使你消耗较少的体力。留心观察中毒者或许自己慢慢苏醒过来，观察可能出现的任何征兆，会比你第一次检查时发生的问题要多。如果你发现自己拖不动他，就去寻找帮助，救护时间的浪费会直接影响中毒者复活的机会，过高地强调你自己，也许最终会使自己成为一名受害者。

第五步　使中毒者复活

一旦你进入安全地带，就要对受害者全身做仔细的检查，看有无受伤，然后立刻进行口对口的人工呼吸，直到他自己恢复呼吸。在一段时间内要密切监视着他，以防他停止呼吸或表现出需要急救的症状。

第六步　取得医疗帮助

向最近的医院请求医疗帮助。继续做人工呼吸和监视，一直到医务人员赶到。要记住，医疗帮助不仅仅是对被毒气击倒的同事，也是对你以及所有的在硫化氢气体附近可能被毒气毒害的其他人。

第三节（*MK-A7-3*）　转移搬运技术

转移搬运技术是指在事故现场没有担架或现场不能使用担架的情况下，将中毒者转移到安全地带的徒手救护技术。它们包括但不限于下列内容：

（1）拖两臂法；

（2）拖衣服领口法；

（3）两人抬四肢法。

一、拖两臂法

让受害者平躺，施救者蹲于受害者后面，扶着受害者的头颈使受害者处于半坐，用大腿或膝盖支撑受害者背部，将双臂置于受害者腋窝下，弯曲受害者的胳膊并牢固地抓住受害者前臂（保证使其手臂紧贴其胸口），站起时将受害者的背部靠在施救者胸部，将受害者抱起，向后退、将受害者拖到安全地带，如图7-2所示。

图7-2　拖两臂法

这种救护方法可以用来救助有知觉或无知觉的个体中毒者。如果中毒者无严重受伤即可用两臂拖拉法。

二、拖衣服领口法

让受害者平躺，解开其拉链15～20cm。如果可能，将受害者处于半坐状态。施救者站于受害者两侧，背向受害者，将其最近的手插入受害者衣领的内部直到触及其肩，牢固抓紧受害衣领并提起。协同工作，尽可能用前臂和衣领支撑受害者的颈部，将受害者拖至安全地带，如图7-3所示。

图 7-3　拖衣服领口法

这种救护方法应该是转移受害者最快的方法，适用于受害者处于平坦地方的情况。

三、两人抬四肢法

让受害者平躺，两名救助者分别站在中毒者的后面，都面向一个方向。一名救护人员将手放入受害者的腋下，插入受害者两臂上方，并抓住受害者的前臂。另一名救助者抓住受害者膝盖后部，两名救助者一起抬着走，把受害者抬至安全地带，如图 7-4 所示。

图 7-4　两人抬四肢法

当有几个救护人员时，就可使用这种救护方法。该方法可以在一些受限的空间或区域内采用。

第四节（*MK-A7-4*）　心肺复苏术

一、心肺复苏的概念

心肺复苏（CPR）是指患者心跳呼吸骤停后，在现场实施紧急的徒手心脏胸外按压和人工呼吸技术，就可以使猝死患者起死回生。它是最基础的生命支持。

由于呼吸、心搏骤停发生的突然，而多数又发生在医院外，所以现场抢救常处于无任何设备的情况下进行，人员也大多是非医务人员，因此在复苏训练中，既需要认真学习操作方法，又需要反复进行实际操作，才能达到熟练、准确。

近年来，由各种原因发生的猝死日益增多。其中触电、溺水、中毒、物体打击及冠心病、心肌梗死为多见，其猝死多数是由于心律失常、呼吸肌痉挛等所致。只要抢救及时、得法、有效，多数是可以救治的。

二、心肺复苏的关键时限

人体重要脏器对缺氧敏感的顺序为脑、心、肾、肝。复苏的成败，很大程度上与中枢神经系统功能能否恢复有密切关系。

心跳呼吸骤停后4min内，人体内储存的氧气尚能勉强维持大脑的需要；4～6min脑细胞有可能发生损伤；6min后脑细胞肯定会发生不可逆转的损伤。因此，心肺复苏开始的越早，其成功率就越高。

心跳呼吸均停止则为临床死亡，一般认为其期限为4～6min，即在此时限之内，各器官还未发生不可逆的病理变化，若救治及时，方法恰当，患者是可以救治的；若抢救不及时，使脑、心、肾等重要脏器的缺氧性损伤变为不可逆性时，便失去了复苏的机会。

事实上，由于致病原因的不同及个体对缺氧的耐受力各有差异，故这一时限并非绝对，我国就曾有不少成功抢救心跳呼吸停止6min以上患者的实例。所以抢救心肺骤停者既要分秒必争，又切不可过强调时限而轻易放弃抢救机会。

三、心肺复苏术的步骤

1. 检查意识

图7-5 检查意识

当发现有人突然倒地，抢救者应按照救护程序迅速将患者转移到安全的地方。救助者确认环境安全后，就应立即检查受害者的意识，如图7-5所示。在检查中，可以拍打其双肩，大声问"你还好吗?"如果患者有所应答但是已经受伤或需要救治，根据患者受伤的情况进行简单的紧急处置，再去拨打急救电话，然后重新检查受害者的情况；如果患者无反应，表明患者的意识已经丧失。

2. 大声呼救

当救助者发现没有意识的患者时，应立即大声呼叫"来人啊! 救命啊!"尽可能争取到更多人的帮助，如图7-6所示。如果条件允许的话，可用一台心脏除颤仪，以备进行心肺复苏时除颤。

当发现患者没有意识时，切勿惊慌失措，决不可离开患者去求救，这样就延误了抢救时机。

3. 患者体位

在进行心肺复苏之前，首先将患者仰卧于坚实平面如木板上，头、颈、躯干无扭曲。如果没有意识的

图7-6 呼救

患者为俯卧位或侧卧位，应将其放置为仰卧。翻动患者时务使头、肩、躯干、臀部同时整

体转动，防止扭曲。翻动时尤其注意保护颈部，抢救者一手托住其颈部，另一手扶其肩部，使患者平稳地转动为仰卧位，松解衣领、裤带和内衣，如图7-7所示。

图7-7 翻动患者的方法

4. 开放气道

对于创伤和非创伤的患者，救助者都应该用仰头抬颈或仰头举颌法手法开放气道。托颌法因其难以掌握和实施，常常不能有效地开放气道，还可能导致脊柱损伤，因而不再建议救助者采用。在开放气道之前，救助者应检查患者口鼻中是否有异物，如有须清理干净后再开放气道。

开放气道的方法有以下两种。

（1）仰头抬颈法

抢救者跪于患者头部的一侧，一手放在患者的颈后将颈部托起，另一手置于前额，压住前额使头后仰，其程度要求

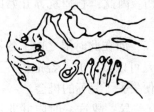

图7-8 仰头抬颈法

下颌角与耳垂边线和地面垂直，动作要轻，用力过猛可能造成颈椎损伤，如图7-8所示。

（2）仰头举颌法

抢救者一只手放置于患者的前额，另一只手的食中指放在下颌骨下方，将颌部向上抬起。统计认为仰头举颌法较仰头抬颈法更为有效。此法现已定为打开气道的标准方法，如图7-9所示。

5. 检查呼吸

检查患者是否有自主呼吸存在。首先观察病人胸部、腹部，当有起伏时，则可肯定呼吸的存在。然而在呼吸微弱时，就是从裸露的胸部也难肯定，此时需用耳及面

图7-9 仰头举颌法

部侧贴于患者口及鼻孔前感知有无气体呼出，或触摸颈动脉有无搏动，如图7-10所示。如确定无气体呼出或颈动脉无搏动时，应立即进行人工呼吸。

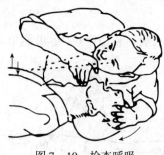

图7-10 检查呼吸

6. 人工呼吸

人工呼吸（口对口吹气）既可以给患者提供氧气，又可以确认患者的呼吸道是否畅通。抢救者捏住患者的鼻翼，形成口对口密封状。每次吹气超过1s，然后松口抬头，面侧转，"正常"吸气，同时松开鼻翼的手，使患者胸廓及肺弹性回缩。如此反复进行，每分钟吹气16~18次。人工呼吸最常见的困难是开放气道，所以如果患者的胸廓在第一次吹气时没发生起伏，应该检查气道是否已打开，如图7-11所示。

7. 胸外按压

如果受害者的意识丧失、无呼吸、颈动脉无搏动，应立即实施胸外按压，按压方式如

图 7 - 12 所示。

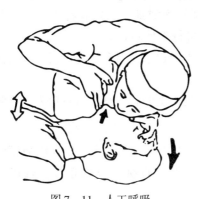

图 7 - 11　人工呼吸

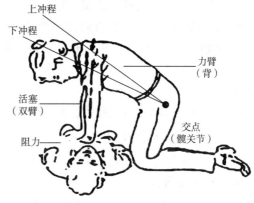

图 7 - 12　胸外按压

胸外按压技术要求：

（1）按压部位

两个乳头连线的中点即为按压点（胸骨中下 1/3 交界处）。

（2）按压手法

双手重叠，手指相扣，扣紧，下手掌五指翘起，掌根压在按压点上。

（3）按压姿势

抢救者跪于患者一侧，抢救者双臂伸直，肘关节固定不能弯曲，双肩位于病人胸部正上方。身体向前倾斜，利用身体的体重和肩、臂肌肉的力量，垂直下压胸骨，下压深度为患者胸背厚度的⅓ ~ ½，成人 5 ~ 6cm。

（4）按压方式

按压必须平稳而有规律地进行，不能间断，每次按压后必须缓慢逐渐抬手，使胸骨复位，以利于心脏舒张。但应注意不可猛压猛放，因猛压与猛放易引起血流骤喷。

（5）按压频率

1min 按压 100 ~ 120 次，向下按压和向上松开的时间 1∶1 相等，按压通气比均为30∶2。按压 30 次，人工呼吸 2 次，为一个循环，连续进行 5 个循环，观察效果。

胸外按压的根本目的在于保持有效的血液循环，因此操作时除迅速、准确外，还应注意以下事项：

①按压位置要正确，否则不仅无效，且将出现肋骨骨折、胃内物返流等副作用；

②开始按压时切忌用力猛，最初的一、二次按压不妨用力略小，以探索患者胸廓弹性，尽量避免发生肋骨骨折等；

③在进行胸外按压的同时，如有必要应进行口对口的人工呼吸。

四、心肺复苏有效和终止的指标

1. 心肺复苏有效的指标

实施心肺复苏中，可根据以下几条指标考虑是否有效。

（1）瞳孔：若瞳孔由大变小，复苏有效；反之，瞳孔由小变大、固定、角膜混浊，说明复苏失败。

（2）面色：由发紫绀转为红润，复苏有效；变为灰白或陶土色，说明复苏无效。

（3）颈动脉搏动：按压有效时，每次按压可摸到 1 次搏动；如停止按压，脉搏仍跳动，说明心跳恢复；若停止按压，搏动消失，应继续进行胸外心脏按压。

（4）意识：复苏有效，可见患者有眼球活动，并出现睫毛反射和对光反射，少数患者开始出现手脚活动。

（5）自主呼吸：出现自主呼吸，复苏有效，但呼吸仍微弱者应继续口对口人工呼吸。

2. 心肺复苏终止的指标

一旦实施心肺复苏，急救人员应负责任，不能无故中途停止。又因心脏比脑较耐缺氧，故终止心肺复苏应以心血管系统无反应为准。若有条件确定下列指征，且进行了 30min 以上的心肺复苏，才可考虑终止心肺复苏。

（1）深度昏迷，对疼痛刺激无任何反应；

（2）自主呼吸持续停止；

（3）瞳孔散大、固定；

（4）脑干反射全部或大部分消失，包括头眼反射、瞳孔对光反射、角膜反射、吞咽反射、睫毛反射消失。

五、现场抢救法

在抢救现场发现患者时往往人员很少，有时需要一个人熟练地完成一系列各项抢救的技术。如前面提到的，当病人意识不清时，千万不可惊慌失措，不能把病人放一边不顾而去找人、打电话、找车等。应该首先检查患者意识是否丧失。如患者意识丧失，让其他人打电话通知医院，另一方面也是至关重要的，要迅速按照心肺复苏的程序进行抢救，摆好病人体位，畅通呼吸道，如病人无呼吸，即进行连续口对口吹气 2 次，然后检查患者呼吸是否恢复，如呼吸恢复，应继续监护；如果患者呼吸仍然未恢复，就可以由此断定患者脉搏已经停止，应立即实施心肺复苏。则人工呼吸与心脏体外按压需同时进行。按压频率为 100~120 次/min。按压与吹气之比为 30 : 2，即 30 次心脏按压，2 次吹气交替进行。操作期间抢救者同时计数 1、2、3、4、5、6、…、30 次按压后抢救者迅速倾斜头部，正常吸气，捏紧患者鼻孔，有效吹气两次，然后再回到胸部，重新开始以每分钟 100 次的速度按压 30 次，吹气 2 次。如此反复进行，直到其他人员到来或专业医务人员到来。抢救者通过看、听和感觉来判定呼吸，而心跳是否恢复则通过摸颈动脉是否有搏动或者直接接触胸壁心前区触之是否有心跳。开始心肺复苏操作后无须进行呼吸、脉搏评估，这些工作可以有后来者实施。心肺复苏操作中断时间最多不超过 5s，为了减少抢救者的疲劳，抢救者的位置应当合适，正确的位置应在患者的头与胸之间，抢救者的双膝稍分开，这样既能胸外按压，又便于口对口吹气，不需要每次来回转动体位。

第八章（*MK-A8*）
钻井作业硫化氢防护

本章所述钻井作业是指在同一钻井场所上的所有施工作业。

第一节（*MK-A8-1*） 钻井作业施工流程

一、钻井作业

为了勘探和开发油气资源，借助专用的钻井设备和工具，在预先选定的地面（水面）位置处，向地下钻成一个开采油气资源的井眼的过程叫作钻井。钻井是一项以地下岩层为施工对象，是隐蔽性很强、技术含量很高、风险性很大、造价成本巨大的复杂工程，是勘探与开采石油及天然气资源的一个重要环节，是勘探和开发石油的重要手段。由于地下地质情况千差万别，岩性不同，压力各异，井眼小而深，井壁长期裸露，钻井施工过程中的人身、设备、井下事故时有发生，因而是石油天然气工业中的高危作业。

二、钻井施工作业流程

石油、天然气和地热等地下深处的矿产能源必须经过一个通道才能被发现和开采。目前，钻井是形成这个通道最有效最直接的方法。钻井作业包括一口井的全部作业活动，即在陆上修建井场或在海上建造钻井平台，安装钻机设备，进行钻进、起下钻、下套管、固井、测井、试油（气）、完井等一系列作业。

1. 钻井施工作业过程大致分为三个阶段

（1）钻前：修筑进井场道路，选择和修建井场，安装钻井设备。

（2）钻进：使用一定的破岩工具，不断地破碎井底岩石，加深井眼的过程。使用性能优良的钻井液循环清洁井底，携带岩屑，在一次开钻、二次开钻、多次开钻完钻后，电测录取地质资料、下套管固井，封隔不同压力的地层，直到钻达目的层。

（3）完井：钻开目的层，电测录取地质资料，按设计工艺进行完井作业；安装完井井口设备，对产层的产能进行测试。

2. 钻井施工流程图

钻井施工前，应根据该井的钻探目的、任务进行钻井设计，钻井过程中要精心组织，取全、取准各项地质资料，安全、优质、快速、高效地完成钻井设计规定的任务。

钻井施工流程如图 8-1 所示。

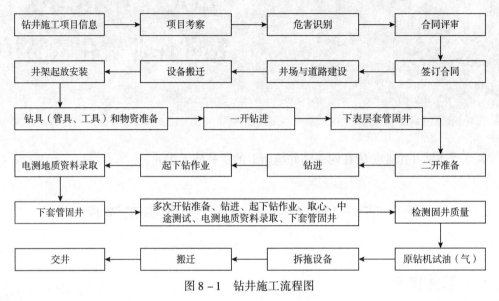

图 8-1　钻井施工流程图

第二节（*MK-A8-2*）　资质人员管理要求

一、资质要求

（1）拥有石油天然气井的生产经营单位应建立作业队伍的选用制度。

（2）承担硫化氢环境中油气井施工的作业队伍应具有相应的施工能力或经验。

（3）主要设计人员应具有 3 年以上现场工作经验和硫化氢防护安全培训合格证。

（4）设计审核人应具有 5 年以上现场工作经验和硫化氢防护安全培训合格证，设计应由业主主管领导批准。

二、培训要求

硫化氢环境中人员应按照 SY/T 7356 的规定，上岗前接受硫化氢防护技术培训，经考核合格后持硫化氢防护安全培训合格证上岗。

三、管理要求

（1）作业队伍应建立并实施安全管理体系，依法取得安全生产标准化达标等级和安全生产许可证。

（2）作业队伍应制定硫化氢防护管理制度，内容应至少包括：

①人员培训或教育管理；

②人身防护用品管理；

③硫化氢浓度检测规定；

④作业过程中硫化氢防护措施；

⑤交叉作业安全规定；

⑥应急管理规定。

（3）现场应至少建立以下资料：

①人员持证或教育登记档案；

②人身防护用品统计表；

③人身防护用品检查表；

④硫化氢浓度检测记录；

⑤硫化氢防护措施落实检查记录；

⑥交叉作业实施方案；

⑦现场应急处置方案演练记录。

第三节（*MK-A8-3*） 钻井地质和工程设计要求

一、钻井地质设计要求

含有（或可能含有）硫化氢的钻井地质设计对硫化氢防护的安全要求应包括但不仅限于以下要求：

（1）预告地层压力、流体类型、含硫地层及其深度和预计硫化氢含量；

（2）油气井井口距高压线及其他永久性设施不小于75m，距民宅不小于100m，距铁路、高速公路不小于200m，距学校、医院和大型油库等人口密集性、高危性场所不小于500m；

（3）根据对井场周边的地形、地貌、气象情况以及居民住宅、学校、厂矿（包括开采地下资源的矿业单位）、地下矿井坑道、国防设施、高压电线和水资源等的分布情况的实地勘察，做出地质灾害危险性及环境、安全评估；

（4）在设计书中标明探井距井口3000m、生产井距井口2000m范围内的居民住宅、学校、医院、厂矿、公路和铁路等的分布位置；详查距井口500m范围内的居民和其他人员（学校、医院、地方政府、厂矿等）的分布情况；

（5）井场应选在空旷的位置，在前后或左右方向应与当地季节的主要风向一致；

（6）含硫化氢天然气井应按SY/T 6277的规定进行危害程度分级和设计井口与公众之间的安全防护距离。

二、钻井工程设计要求

1. 井身结构设计

井身结构设计满足以下要求:

(1) 含硫化氢油气井套管应符合相应硫化氢防护,满足生产周期要求;

(2) 对含硫化氢油气层上部的非油气矿藏开采层应下套管封住,套管鞋深度应大于开采层底部深度100m以上。目的层为含硫化氢油气层以上地层压力梯度与之相差较大的地层也应下套管封隔。

2. 随钻地层压力预测与监测

应利用地震、地质、钻井、录井和测井等资料进行预测地层压力和随钻监测,并根据岩性特点选用不同的随钻监测地层压力方法。

3. 钻井液设计

(1) 钻开硫化氢含量大于 $1.5g/m^3$ 地层的设计钻井液密度,其安全附加密度在规定的范围内 (油井为 $0.05 \sim 0.10g/cm^3$,气井为 $0.07 \sim 0.15g/cm^3$) 时应取上限值;或附加井底压力在规定的范围内 (油井 $1.5 \sim 3.5MPa$,气井为 $3 \sim 5MPa$) 时应取上限值。井深小于或等于4000m的井,应附加压力;井深大于4000m的井,应附加系数。

(2) 应储备不低于1倍井筒容积的加重钻井液,同时储备能配制不低于0.5倍井筒容积加重钻井液的加重材料和处理剂;预探井、区域探井,在地质情况不清楚的井段,应加大加重钻井液储备量。

(3) 加重钻井液密度按设计最高钻井液密度附加 $0.20g/cm^3$,若实钻地层压力高于最高预测地层压力时加重钻井液密度做相应调整。

(4) 气层应添加相应的除硫剂并控制钻井液 pH 值,在钻开含硫化氢油气层前50m,将钻井液的 pH 值调整到9.5以上直至完井,采用铝制钻具时,pH 值控制在 $9.5 \sim 10.5$ 。

(5) 含硫化氢层段不应开展欠平衡钻井作业和气体钻井作业。

4. 钻柱设计

应使用满足硫化氢环境作业的钻具。

(1) 在设计中应注明含硫化氢地层及其深度和估计含量,以提醒施工人员注意。

(2) 若预计硫化氢分压大于0.3kPa时,必须使用抗硫套管、钻杆等其他管材。

(3) 钢材,尤其是钻杆,其使用拉应力需控制在钢材屈服强度的60%以下。

(4) 当井下温度高于93℃时,套管和钻铤可不考虑其抗硫性能。

(5) 高压含硫地区可采用厚壁钻杆。

(6) 方钻杆旋塞阀、钻具止回阀和钻具旁通阀的安装按 SY/T 6616—2005《含硫油气井钻井井控装备配套、安装和使用规范》中的相应规定执行:

①采用转盘驱动时应安装方钻杆上部和下部旋塞阀,顶驱应安装自动和手动两个旋塞阀。旋塞阀的额定工作压力,根据地层压力选择35MPa或70MPa,或根据实际情况选择更高额定工作压力级别;

②方钻杆下部旋塞不能与其下部钻具直接连接,应通过转换接头或保护接头与下部钻

具连接。

（7）油气层钻进作业中，应在钻柱下部安装钻具止回阀。钻具止回阀额定工作压力，根据地层压力选择35MPa或70MPa，或根据实际情况选择更高额定工作压力级别。外径、强度应与相连接钻铤的外径、强度相匹配。其安装位置：

①钻具止回阀的安装位置以最接近钻柱底端为原则；

②常规钻进、通井等钻具组合，钻具止回阀应接在钻头与入井第一根钻铤之间；

③带井底动力钻具的钻具组合，钻具止回阀应接在井底动力钻具与入井的第一根钻具之间；

④在油气层中取心钻进使用非投球式取心工具，钻具止回阀应接在取心工具与入井第一根钻铤之间。不能安装钻具止回阀时，应制定相应内防喷措施。

（8）旁通阀的额定工作压力、外径、强度应和钻具止回阀一致，其安装位置：

①旁通阀应安装在钻铤与钻杆之间；

②无钻铤的钻具组合，旁通阀应安装在距钻具止回阀30～50m处；

③水平井、大斜度井旁通阀应安装在井斜50°～70°井段的钻具中。

5. 钻机

根据最大钩载和防喷器组最大高度等相关参数确定钻机类型，钻机底座高度应满足含硫化氢油气井所需防喷器组的安装高度。

6. 取心设计

（1）在含硫油气层中取心钻进必须使用非投球式取心工具，止回阀接在取心工具与入井第一根钻铤之间。

（2）在含硫化氢地层中取心，当岩心筒到达地面以前至少10个立柱时，应戴上正压式空气呼吸器。

（3）当岩心筒已经打开或当岩心已移走后，应使用便携式硫化氢监测报警仪检查岩心筒。在确定大气中硫化氢浓度低于安全临界浓度之前，人员应继续使用正压式空气呼吸器。

7. 电测

（1）确保有防硫化氢能力的人员作业：

①应安排有资质的人员参加含硫化氢井测井作业；

②测井前应安排作业人员进行应急演练，使其熟练掌握硫化氢的各项应急处置措施。

（2）应安装、使用满足含硫环境要求的电测专用井口防喷设备及工具：

①高含硫井应使用耐硫化氢电缆，低含硫井应对电缆采取防硫涂层措施；

②下井仪器应使用抗硫密封圈，选择耐硫化氢腐蚀的取样筒；

③高压井测井作业应配置满足测井需要的井控设备；

④测井车辆排气管应安装阻火器；

⑤现场安装、拆卸作业应使用防爆工具。

（3）电测前井内情况应正常、压稳；若电测时间长，应考虑中途通井循环再电测。

（4）检查和确认关键材料：

①检查确认测井用放射性源的安全防护措施；

②检查确认火工品的安全防护措施。

（5）确认硫化氢检测仪：

①确认硫化氢检测仪在有效的检定周期之内；

②检查电池的电量；

③确认检测仪的附件完好。

（6）确认呼吸器及劳动保护设备状况：

①检查气瓶气压是否符合使用要求；

②检查输气管线是否有漏气现象、老化现象；

③检查面罩是否有变形、漏气、不洁现象；

④检查背带等附件是否齐全完好；

⑤进行试戴；

⑥检查其他劳动防护用品。

（7）空井或电测时，应及时灌浆，保证液面在井口，坐岗人员不间断观察井口，定时做好记录。

（8）电测时发生溢流应尽快起出井内电缆。若溢流量将超过规定值，则立即剪断电缆按空井溢流处理，不允许用关闭环形防喷器的方法继续起电缆；海上应立即关井，观察并采取措施。

8．井控装置设计

（1）陆上石油井控装置设计应遵循以下条款：

①防喷器压力等级应与相应井段中的最高地层压力相匹配，同时综合考虑套管最小抗内压强度的80%，套管鞋处地层破裂压力、地层流体性质等因素；

②尺寸系列和组合形式应视井下情况按 GB/T 31033 的要求选用，压井和节流管汇压力等级和组合形式应与防喷器最高压力等级相匹配；

③钻开硫化氢含量大于 $1.5 g/m^3$ 的气层前，在井口安装剪切闸板防喷器直至完井或原钻机试油结束；剪切闸板防喷器的压力等级、通径应与其配套的井口装置的压力等级和通径一致；区域探井、高含硫油气井钻井施工，从第一层技术套管固井后至完井，均应安装剪切闸板；

④含硫化氢的油气井应使用抗硫套管头，其压力等级应不小于最高地层压力；

⑤应制定和落实井口装置、井控管汇、钻具内防喷工具、监测仪器、净化设备、井控装置的安装、试压、使用和管理的规定；

（2）海洋石油井控装置设计原则上执行（1）的要求，鉴于海洋石油设施的特殊性，应在两舷各设置一个燃烧臂；储能器第二套远程控制台必须设置在设施的安全区域内。

9．固井设计

套管柱应符合下列规定：

（1）含硫化氢油气井的套管、油管的选用应符合 SY/T 6857.1 的规定；

（2）油气井套管柱设计应进行强度、密封和耐腐蚀设计；

（3）套管柱强度设计安全系数：抗挤为 1.0 ~ 1.125，抗内压为 1.05 ~ 1.25，抗拉为1.8 以上，根据实际情况选定校核工况进行强度校核；

（4）若预计地层天然气中硫化氢含量大于 $75mg/m^3$，应使用抗硫套管、油管等其他管材和工具，既含硫化氢又含二氧化碳的井段，应视各自估量情况选用既抗硫又抗二氧化碳的套管，不进行长期开采的探井，可不考虑二氧化碳的腐蚀；在井下温度高于93℃以深的井段，套管可不考虑其抗硫性能；

（5）套管柱上串联的各种工具、部件都应满足套管柱设计要求，且螺纹应按同一标准加工；

（6）固井和候凝过程应确保井筒液柱压力稳定。

10. 超深井和超浅井设计

含硫化氢的超深井或超浅井应由有能力的专家组对上述要求进行论证，确认是否满足安全作业需求，并采取有效措施确保各项设计满足超深井或超浅井的安全作业需求。

第四节（*MK-A8-4*） 井场布置

一、设备井场布置

1. 钻井设备井场布置

（1）井场的布置应符合 SY/T 5466 的要求。井场及设备布置示意图如图 8-2 所示。

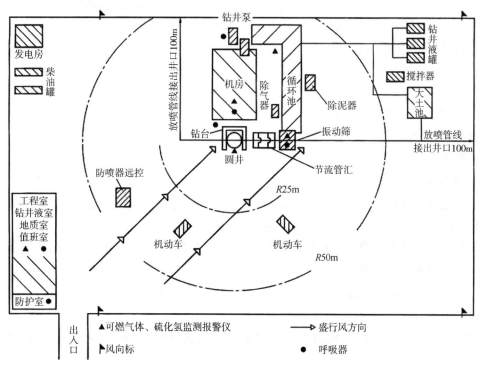

图 8-2 井场及设备布置示意图

（2）钻前工程前，应从气象资料中了解当地季节的主要风向。

（3）大门方向应面向当地季节的主要风向。

（4）硫化氢含量大于150mg/m³（100ppm）的油气井应明确修有一条备用应急通道，以便一旦出现硫化氢或二氧化硫的紧急情况下可根据风向选择从现场撤离。

（5）钻井设备的安放位置应考虑当地的主要风向和钻开含硫化氢油气层时的季节风风向。井场内的发动机、发电机、压缩机等易产生火花的设备、设施及人员集中区域，应布置在相对井口、节流管汇、天然气火炬装置或放喷管线、液气分离器、钻井液罐、备用池和除气器等容易排出或聚集天然气的装置上风方向。

（6）发电房、锅炉房、井场值班车、工程室、钻井液室、气防器材室等应设置在当地季节风的上风方向；发电房距井口30m以上，锅炉房距井口50m以上；储油罐应摆放在距井口30m以上、距发电房20m以上的安全位置，生活区离井口不小于300m。

（7）钻井用柴油机排气管无破漏和积炭，并有冷却防火装置，排气管出口不能朝向油罐区。

（8）井场电器设备、照明器具及输电线路的安装应按SY/T 5225中的相应规定执行。

（9）在确定井位任一侧的临时安全区位置时，应考虑季节风向。当风向不变时，两边的临时安全区都能使用。当风向发生90°变化时，则应有一个临时安全区可以使用。当井口周围环境硫化氢浓度超过安全临界浓度时，未参加应急作业人员应撤离至安全区内。

（10）应将风向标设置在井场及周围的点上，保证井场所有人员在任何区域都能看得见一个风向标。安装风向标的可能位置是：绷绳、工作现场周围的立柱、临时安全区、道路入口处、井架上、消防器材室等。风向标应挂在有光照的地方。

（11）在钻台上、井架底座周围、振动筛、液体罐和其他硫化氢可能聚集的地方应使用防爆通风设备（如鼓风机或风扇），以驱散工作场所弥散的硫化氢。

（12）钻入含硫化氢油气层前，应将机泵房、循环系统及二层台等处设备的防风护套和其他类似的围布拆除。寒冷地区在冬季施工时，对保温设施采取相应的通风措施，以保证工作场所空气流通。

（13）应确保通信系统24h畅通。

（14）海洋石油原则上执行上述（1）～（13）的要求，其井场布置应满足海上石油井控布置要求。

2. 录井设备井场布置

（1）录井仪器房和地质值班室放置于井场右前方靠振动筛一侧，录井仪器房靠近井口端，距井口30m以外场地，并留有逃生通道。

（2）在录井仪器房明显位置安装声光报警仪，架设高度应超出录井仪器房顶0.3m。

3. 测井设备井场布置

（1）测井施工现场警戒区域一般长度不小于35m，宽度不小于15m。放射性作业时，宽度不小于25m。

（2）测井车辆应优先选择摆放在上风方向，其次选择侧风方向。绞车与井口距离应大于25m。

4. 固井设备井场布置

（1）水泥车组摆放在钻台跑道（井口）正前方井场空旷地面，保持车头朝井场入口方向，水泥车组之间保持 1.5m 以上间距，作为安全通道。

（2）仪表车摆放在钻台跑道（井口）两侧空旷地面，保持车头朝井场入口方向。

（3）井口管汇车或组合压风机车摆放在钻台跑道（井口）两侧空旷地面，保持车头朝井场入口方向。

5. 海上设备布置

设备的布局，要考虑到逃生路线及所有设备的操作和维修空间；救生设备布置应能使人安全顺利到达，以便使工作人员在放弃平台时能迅速离开。

二、设施设备配置及材质要求

1. 钻井设施设备及材料

（1）井口设备

①井口设备按 GB/T 22513—2013 的要求执行。

②防喷装置及测试程序与方法应按照 SY/T 5053.2 的相关条款执行。

③环形和闸板型防喷器及相关设备的产品采购规范，以及对防喷设备的操作特性测试应按 API Spec 16A 的相关条款执行。

④节流管汇的选用、安装和测试应按 SY/T 5323 的有关条款执行。

（2）管材

①管材应使用符合 SY/T 0599 规定的材料及经测试证明适合用于硫化氢环境的材料。

②应选用规格化并经回火的较低强度的管材及规格化并经回火的方钻杆用于含硫化氢油气井。

③对于屈服强度大于 646.25MPa 的管材，应淬火和回火，洛氏硬度不大于 22HRC。

④在没有使用特种钻井液的情况下，屈服强度大于 784MPa 的管材（例如 P110 油管和 S135 钻杆）不应用于含硫化氢的环境。

（3）材料的选择

①采用 SY/T 0599 的条款作为最低的标准，设备用户可自由选择更严格的规范。

②材料应有材质合格证等适用性文件。

③非金属密封件，应能承受指定的压力、温度和硫化氢环境，同时应考虑化学元素或其他钻井液条件的影响。

④钻井地面高压流程的制造材料应具备抗硫应力开裂的性能。

2. 录井设施设备

（1）硫化氢环境的录井应使用综合录井仪，综合录井仪设备应满足 SY/T 5190 的要求。

（2）天然气井应配备正压式防爆综合录井仪，防爆风机应安装在井口上风方向、远离井口方向 75m 以外的通风开阔地方。

（3）正压式防爆综合录井仪器房内应安装硫化氢、温度、烟雾报警仪。

（4）应配备声光报警器和防雷装置各 1 套。

（5）地层天然气中硫化氢含量大于 150 mg/m³ 时，在钻井液出口处应安装固定式硫化氢传感器，位置在距离缓冲罐上方 0.3m 或两振动筛之间距工作面 1.0 ~ 1.2m 处。

（6）固定式硫化氢传感器注样校验和送检按 SY/T 5087—2017 中 6.1.3 的规定执行。

（7）当硫化氢浓度可能超过传感器量程 150mg/m³（100ppm）时，应配备一个量程达 1500mg/m³（1000ppm）的高量程硫化氢传感器。

（8）硫化氢固定式和便携式检测仪器，都该按规定进行定期校验，具体要求为固定式硫化氢检测仪每一年校验一次，便携式硫化氢检测仪每半年校验一次。在超过满量程浓度的环境使用后应重新校验。每次使用前应对监测仪的零点校正、满量程响应时间、报警响应时间、报警精度等主要参数进行测试。对于硫化氢监测系统的报警装置，即便原系统有自检功能，也应该定期进行测试保证运行良好。装设在室内或通风不良位置的强制排风系统，应该和其他设备一样，建立预防性保养、维修程序，定期进行性能测试。所有设备的检查、测试记录应该予以保留。

3. 测井设施设备

（1）硫化氢含量大于 1.5g/m³ 的井应使用耐硫化氢电缆，其他含硫化氢井应对电缆采取防硫涂层措施。

（2）下井仪器应使用抗硫密封圈，选择耐硫化氢腐蚀的取样筒。

4. 钻井液

（1）在使用除硫剂时，应密切监测钻井液中除硫剂的残留量。

（2）维持钻井液的 pH 值为 9.5 ~ 11，以避免发生能将硫化氢从钻井液中释放出来的可逆反应。

第五节（MK-A8-5） 钻井施工作业过程中硫化氢的预防

一、施工前的检查

（1）钻开含硫化氢油气层前应制定防硫化氢安全措施，组织检查，确认防硫化氢安全措施的落实情况。只有防硫化氢安全措施得到全部落实，才能在含硫化氢环境的钻井场所施工。

（2）防硫化氢安全措施应包括但不限于下述项目：

①硫化氢监测设备的配置；

②个人呼吸保护设备的配置；

③风向标的配置安装；

④在可能形成硫化氢、二氧化硫聚集处的防爆通风设备配置；

⑤逃生通道及安全区的设置；

⑥防硫化氢应急处置方案的演练；

⑦现场作业人员防硫化氢培训持证情况。

二、钻井施工作业

1. 钻开含硫化氢油气层前的准备工作

（1）向现场所有施工人员进行地质、工程、钻井液、井控装备、井控措施和安全等方面的技术交底，对含硫化氢油气层及时做出地质预报，建立预警预报制度。

（2）编制应急处置预案，组织进行防喷、防火、防硫化氢演习，达到规定要求。条件许可时组织现场各协作单位开展联合演习。

（3）在钻开含硫化氢油气层前，钻井队作业班组应组织一次防硫化氢应急演练，钻井队统一组织至少一次所有人员及相关方参加的防硫化氢联合应急演练。

（4）在钻开含硫化氢油气层前，钻井队作业班组应进行井控演练，演练不合格不得钻开油气层；钻开含硫化氢油气层后，钻井队作业班每月应开展不少于一次不同工况的井控演练。

（5）每次演练应进行总结讲评，各方提出演习中存在的问题以及改进措施，并完善应急处置方案，应急演习的记录文件应保存至少1年。

（6）对井场的硫化氢防护措施进行检查，未达到要求不准钻开含硫化氢油气层。

2. 钻遇硫化氢的处理

现场把钻遇硫化氢气层的几个主要显示概括为钻井液密度下降，黏度升高，气泡多；钻进时发生蹩跳，钻速快或放空，泵压下降，钻井液池液面升高，有间歇井涌，有硫化氢气味，起钻时钻井液是满的，下钻时钻井液不断外流。在钻井过程中对硫化氢的处理有主要以下几种方法。

（1）合理的钻具结构

75%的井喷发生在起钻时的不正确操作，合理的钻具结构对于控制井喷起着关键性的作用，在钻井或修井过程中的任何工况下钻具下部都应装有回压阀，在含硫浓度比较高的井甚至可以考虑装钻具回压反尔和投入式止回阀、双止回阀。例如重庆开县罗家16H井的"12·23"硫化氢中毒事故，钻具结构不合理，钻具下部没有装回压阀是其中的原因之一。

（2）压差法

钻井过程中遇到硫化氢气体的最好措施是有足够的静压头以防止硫化氢气体进入井内，这样处理最安全、最经济。对于含硫产层，安全余量可增大到$0.2g/cm^3$，以较大的井底压差阻止硫化氢气体进入井内。在高含硫地区即将钻入油气层和在油气层中钻进时，要严格执行高压油气层井控技术措施和有关规定。做到及时发现溢流早期显示，迅速控制井口。尽快调整钻井液密度，充分发挥钻井液除气器和除硫剂的功能，及时将随岩屑进入井内的硫化氢从钻井液中除去。保持钻井液中硫化氢含量在$50mg/m^3$以下。在含硫化氢气层或经过含硫化氢气层进行起下钻作业时，必须搞短程起下钻，以监测井底压力。

（3）油基钻井液

增大井底压差虽然可以防止地层中的硫化氢气体侵入井内，但是不能阻止随破碎岩石的钻屑、气体产生重力置换和通过井壁泥饼向井内扩散的硫化氢气体进入井内。硫化氢气体与水混合时，腐蚀性极大，易在金属表面产生点蚀及硫化氢应力腐蚀破裂和氢脆。在250℃以下，干燥的硫化氢几乎无腐蚀，所以碰到这些气体时，一般使用油基钻井液。在硫化氢气体进入井筒时，油基钻井液将大量吸收这类气体。因为在井底进入井内的气体，在井底压力条件下达不到饱和程度，所以这些气体将进入油基钻井液的液相容液中，而不是形成自由气泡。硫化氢气体在井筒中上升至相当高度时，仍然溶解于洗井液中，直到压力减小到相当低时，它们才从油基钻井液中分离出来。这样可以降低硫化氢对钻杆、套管及下井工具的应力腐蚀和氢脆破坏。

（4）清除钻井液或修井液中硫化氢的方法

①维持一定的 pH 值，加成膜防腐蚀剂

当钻井液受硫化氢气体污染时，维持 pH 值大于 9 才能得到保护。这是因为硫化氢与钻井液中的苛性钠起作用而形成碱性盐即硫化钠与水。

$$H_2S + NaOH \Longleftrightarrow NaHS + H_2O$$
$$NaHS + NaOH \Longleftrightarrow Na_2S + H_2O$$

随着 pH 值的增加，以硫化氢表示的含硫百分数即降低到一个很低的水平，当 pH 值为 9 时，可降至 0.6%。值得注意的是这种反应是可逆的。也就是当硫化氢用苛性钠处理后，一部分硫化氢变成硫化钠而溶于钻井液的水里是无害的。加进去的苛性钠越多即有更多的硫化氢变成硫化钠。然而，如果苛性钠是不连续地添加或者遇到了更多的硫化氢，硫化钠就会从溶液里脱出成为危险的硫化氢气体。如果 pH 值降低，越来越多的硫化氢将从溶液里脱出。当遇到了硫化氢，就得强制性地保持钻井液的高 pH 值。

成膜防腐蚀剂（例如扣特 415）不能阻止硫化氢造成氢脆，但可延缓钻杆损坏的时间。控制 pH 值和使用成膜防腐蚀剂两种措施，既可单独使用，也可联合使用，尽管不是万无一失，但都可有效地防止硫化氢的严重腐蚀。这两种措施最好与硫化物清除剂结合使用。

②海绵铁

海绵铁是一种人造的多孔的铁的氧化物，与硫化氢的反应为

$$Fe_3O_4 + 6H_2S \Longleftrightarrow 3FeS_2 + 4H_2O + 2H_2$$

海绵铁一般用作预处理措施，以便减轻含大量硫化氢钻井液对钻具和人员健康的威胁。海绵铁无显著磁性，不会吸附在钻杆或套管上。

③碱式碳酸锌

碱式碳酸锌因生成的硫化锌具有不可溶解性和不影响钻井液性能而成为一种好的清硫剂。硫化锌不会附着在下井管柱和下井工具表面上而像铜的化合物那样引起电流激励腐蚀问题，硫化锌非常稳定，即使在 pH 值下降至 3.5 的情况下也不会生成硫离子。这种处理剂在四川含硫气田使用比较广泛。在清洗含硫化铁的容器或管道时也可加入一定量的碱式碳酸锌，防止硫化氢气体浓度超标而危害工作人员的身体健康和设备安全。

④铬酸盐

为了消除淡水或咸水中硫化物污染，可用铬酸钠或铬酸钾处理。铬酸盐确实能有效地消除硫化物污染，但低度的铬酸根离子可造成点蚀，应该避免。铬酸盐也能影响钻井液的流动性，只有在清液中用它除硫化物才是比较安全的。

⑤碱式碳酸铜

用碱式碳酸铜来沉淀硫化物，生成硫化铜。硫化铜是具有惰性且不溶解的硫化物。但是铜的硫化物易引起电流激励腐蚀。

⑥氢氧化铵或过氧化氢

氢氧化铵或过氧化氢作为一种应急的确保人员安全的清硫剂，处理硫化氢的方法是在出口管处加35%的氢氧化铵或过氧化氢，溶解的硫化物被氧化。

3. 钻进操作

（1）应严格按规定程序和操作规程进行操作，选择合理的钻具组合。

（2）在含硫化氢油气层钻进中，若因检修设备需短时间（小于30min）停止作业时，井口和循环系统观察溢流的岗位不能离人，并佩戴好硫化氢监测仪；若因检修设备需较长时间（大于30min）停止作业时，应坐好钻具，关闭半封闸板防喷器，井口和循环系统仍需坐岗观察，同时采取可行措施防止卡钻。

（3）钻进过程中硫化氢浓度达到30mg/m³（20ppm）时，立即暂时停止钻进，并采取控制和处理措施。

（4）钻进过程中，施工作业人员应携带便携式硫化氢监测设备。

（5）硫化氢监测设备发出报警时，落实岗位职责，按照应急处理程序在最短时间内实现应急处理。

（6）含硫化氢油气层钻进中不宜使用有线随钻仪进行随钻作业。

4. 起下钻操作

（1）在钻开含硫化氢油气层后，起钻前应先进行短程起下钻。短程起下钻后的循环钻井液观察时间应达到一周半以上，进出口钻井液密度差不超过0.02g/cm³；短程起下钻应测油气上窜速度，满足安全起下钻作业要求。

（2）含硫化氢油气层的水平井段钻进中，每次起钻前循环钻井液的时间不得少于两个循环周。

（3）钻头在含硫化氢油气层中和油气层顶部以上300m长的井段内起钻，速度应控制在0.5m/s以内。

（4）起钻中每起出3柱钻杆（加重钻杆2柱）或1柱钻铤应及时向井内灌满钻井液，具备条件的连续灌注钻井液，并做好记录，校核地面钻井液总量，发现异常情况及时报告司钻。

（5）发生卡钻，需泡油、混油或因其他原因需适当调整钻井液密度时，井筒液柱压力不应小于裸眼段中的最高地层压力。

（6）起下钻过程中，设备检修应安排在下钻至套管鞋进行；若起钻过程中因故必须检修设备时，检修中应采取相应的防喷措施，检修完后立即下钻到井底循环一周半，正常后再起钻。严禁在空井情况下进行设备检修。

（7）含硫油气层钻开后的每次下钻到底循环钻井液过程中，钻台及循环系统上的工作人员要注意监测空气中硫化氢浓度，直到井底钻井液完全返出。

5. 取心作业

（1）岩心筒到达地面前至少10个立柱至出心作业完，应开启防爆通风设备，并持续监视硫化氢浓度，在达到安全临界浓度时应立即戴好正压式空气呼吸器。

（2）在井口取心工具操作和岩心出心过程中发生溢流时，立即停止出心作业，快速抢接防喷钻杆单根或将取心工具快速提出井口，按程序控制井口。

（3）岩心筒已经打开或当岩心已移走后，应使用便携式硫化氢监测仪检查岩心筒。硫化氢含量大于 $1.5g/m^3$ 天然气井段出心和搬运过程中，应持续使用正压式空气呼吸器。

（4）在搬运和运输含有硫化氢的岩心样品时，采取相应包装和措施密封岩心，并标明岩心含硫化氢字样，应保持监测并采取相应防护措施。岩样盒应采用抗硫化氢的材料制作，并附上标签。

6. 钻井液维护处理

（1）严格按设计的钻井液密度执行，施工中发现设计钻井液密度值与实际情况不符合时，应按更改设计的程序进行。没有经过更改设计的申报、审批程序，不得修改设计钻井液密度，但不包括下列情况：

①发现地层压力异常时；

②发现溢流、井涌、井漏时。

若出现上述异常情况，应关井求压，及时调整钻井液密度或压井，同时向有关部门汇报。

（2）加强对钻井液中硫化氢浓度的测量，充分发挥除硫剂和除气器的功能。

（3）停止钻井液循环进行其他作业期间，以及其后重新循环钻井液过程中，钻台和循环系统上的作业人员要注意防范因油气侵而进入钻井液中的硫化氢。

（4）发生卡钻需泡油、混油或因其他原因需适当调整钻井液密度时，应确保井筒液柱压力不小于裸眼段中的最高地层压力。

（5）发现气侵应及时排除，气侵钻井液未经排气不应重新注入井内。

（6）若需加重，应在气侵钻井液排完气后停止钻进的情况下进行，严禁边钻进边加重。

（7）当钻井液曾在含硫化氢地层中使用过，其储存时可能会逸出硫化氢气体。在对储存的钻井液进行维护处理时，作业人员应携带便携式硫化氢监测仪，并在作业点附近便于取用的地方放置正压式空气呼吸器。

7. 录井作业

（1）含硫化氢地层录井作业前应准备以下工作：

①参加安全技术交底，对含硫化氢油气层及时做出地质预报，建立预警预报制度；

②检查各种录井仪器仪表、防护设备、消防器材等配备是否齐全，功能是否正常，发现问题应及时整改；

③落实液面监测坐岗制度；

④编制与钻井现场协作单位接口的应急处置方案，参与钻井现场协作单位的联合演习或组织演习。

（2）在新探区、新层系及含硫化氢地区录井时，应进行硫化氢监测。

（3）钻开含硫化氢油气层后应连续监测硫化氢浓度。

（4）录井作业人员捞取含硫化氢岩屑以及液面监测坐岗时，应携带便携式硫化氢监测仪。

（5）录井中若发现有硫化氢显示，应及时向钻井监督报告，并将信息传递到现场施工的所有单位。当发现硫化氢含量大于或等于 $30mg/m^3$（20ppm）时，应及时通知有关人员做好硫化氢人身防护。

（6）钻进中遇到钻时变化、放空、蹩钻、跳钻、油气水显示等情况，加密监测钻井液体积及钻井液性能变化。关井应监测压力变化，计算地层压力。

（7）遇油气水后效显示应计算油气上窜速度，监测钻井液性能变化，做好记录，分析异常原因。

（8）起下钻作业，每起下3柱钻杆（加重钻杆2柱）、1柱钻铤记录一次灌入或返出钻井液体积，观察钻井液出口返出情况，并做好记录。

（9）其他作业应观察出口是否有钻井液外溢或液面是否在井口，关井情况下井口是否起压，并做好记录。

（10）进入含硫化氢层段50m前应启动正压式防爆系统至本开（次）完钻。

（11）正压式防爆系统启动后，仪器房内压力应维持高出大气压力50～150Pa。

8. 测井作业

（1）在含硫化氢油气井进行测井作业时，应制定出测井方案，待批准后方可进行测井作业。方案应包括但不限于下述项目：

①参加测井作业人员的防硫化氢培训持证情况；

②硫化氢人身防护设备的配置情况；

③与钻井现场协作单位接口的应急处置方案编制及演练情况；

④风险识别与评价，包括测井电缆和下井仪器对硫化氢的耐受程度、测井仪器上提的抽吸现象对井压平衡的影响程度、井口硫化氢浓度以及井场地貌、风力、风向等。

（2）硫化氢含量大于1.5g/m³的油气井及重点探井测井应有测井施工设计，并按规定程序审批、签字。

（3）作业前应准备以下工作：

①召开相关方会议，向相关方人员进行测井技术交底，与相关方人员就硫化氢风险情况（包括曾经发生过硫化氢泄漏的区域）、钻井队井控设备、硫化氢人身防护设备、风向标、井场的紧急集合点、逃生路线等方面进行信息沟通，确认与相关方的应急协作方式和途径；

②召开班前会议，通报硫化氢风险情况（包括曾经发生过硫化氢泄漏的区域），落实风险控制措施和应急措施；

③隔离测井作业区域，明确人员活动范围；

④测量油气上窜速度，确认满足测井期间井内情况正常、稳定的要求。

（4）测井车辆排气管应安装阻火器。

（5）测井作业期间井口工应携带便携式硫化氢监测仪。

（6）获取井壁取心岩样及地层测试器放样作业时，作业人员应戴好正压式空气呼吸器。

9. 中途测试

（1）施工应有专项设计，设计中应有井控要求。

（2）必须测双井径曲线，以确定坐封井段。

（3）测试前应调整好钻井液性能，确保井壁稳定和井控安全；测试阀打开应先点火后放喷。

（4）封隔器解封前必须压稳地层，如钻具内液柱已排空，应打开反循环阀，进行反循环压井方可起钻。

（5）含硫油气井中途测试前，应进行专项安全风险评估，符合测试条件应制定专项测试设计和应急预案。

（6）含硫油气层禁止使用钻杆进行中途测试，应采用抗硫封隔器、抗硫油管和抗硫采油气树、抗硫地面流程。对"三高"气井测试时，应提前连接压井流程，并准备充足的压井材料、设备和水源，以满足正反循环压井需要。

（7）含 H_2S 的"三高"气井不允许进行裸眼中途测试。

10. 固井作业

（1）固井前应准备以下工作：

①参加固井作业人员应持有效防硫化氢培训合格证；

②编制与钻井现场协作单位接口的应急处置方案，并组织演练；

③若裸眼井段地层漏失压力不能满足固井需要，固井前应采取有效措施，提高地层承压能力；

④施工前召开相关方会议，向相关方人员进行固井技术交底，与相关方人员就硫化氢风险情况（包括曾经发生过硫化氢泄漏的区域）、钻井队井控设备、硫化氢人身防护设备、风向标、井场的紧急集合点、逃生路线等方面进行信息沟通，确认与相关方的应急协作方式和途径。

（2）揭开储层或非目的层揭开高压地层流体的井，下套管作业前，应更换与套管外径一致的防喷器闸板芯子并试压合格。实施悬挂固井时，如悬挂段长度不足井深的三分之一，可采用由过渡接头和止回阀组成的防喷单根。使用无接箍套管时，应备用防喷单根。

（3）固井作业全过程应保持井内压力平衡，防止固井作业中因井漏、注水泥候凝期间水泥浆失重造成井内压力平衡被破坏而导致井喷。

（4）对含硫化氢油气层上部的非油气矿藏开采层应下套管封住，套管鞋深度应大于开采层底部深度 100m 以上。目的层为含硫化氢油气层以上地层压力梯度与之相差较大的地层也应下套管封隔。

（5）对于固井质量存在严重问题、威胁到井控安全、影响到后续钻井施工的井，应采取有效措施进行补救。

（6）应安排专人坐岗观察，候凝期间不应进行下道工序作业。

（7）注水泥浆应符合下列规定：

①固井水泥应返到上一级套管内或地面，且水泥环顶面应高出上一级套管已封固的喷、漏、塌、卡、碎地层以上 100m；

②各层套管都应进行流变学注水泥浆设计，高温高压井水泥浆柱压力应至少高于钻井液柱压力 1～2MPa；

③固井施工前应对水泥浆性能进行室内试验，合格后方可使用。

11. 完井作业

含硫化氢油气井的采油（气）树应具有抗硫化氢性能，按要求试压合格，并安装防硫压力表。

三、弃井作业

1. 临时弃井

（1）陆上

至少应符合以下最低要求：

①应在每组射孔段顶部以上15m内下可钻桥塞倾倒水泥或注水泥塞封隔油气层。顶部油气层以上15m内应下桥塞、试压合格并在其上注长度不小于30m的水泥塞，或注不少于50m水泥塞，候凝、探水泥塞顶面并试压合格；

②天然气井、含腐蚀性流体的井或地层孔隙压力当量密度高于1.30g/cm³的其他井（以下简称为"特殊井"），油气层间用注水泥封隔时水泥塞长度不应小于30m，用桥塞进行封隔时桥塞顶部应倾倒水泥，顶部油气层以上15m内应下可钻桥塞、试压合格并在桥塞上注长度不小于50m的水泥塞；

③在尾管悬挂器、分级箍以下约30m处向上注一个长度不小于60m的水泥塞，候凝并探水泥塞顶面；

④井口装置、井口房应完善，并定期进行压力观察。

（2）海上

至少符合下列要求：

①在最深层套管柱的底部至少打50m水泥塞；

②在海底泥面以下4m的套管柱内至少打30m水泥塞。

2. 永久弃井

（1）陆上

至少应符合以下最低要求：

①最上部油气层的水泥返高不应低于射孔段顶部以上100m，候凝、试压并探水泥塞顶面；或在最上部射孔段顶部以上15m内下入桥塞、试压合格，并在桥塞上注水泥塞，封堵油气层，挤注半径不低于井筒半径的3倍，特殊井应在顶部射孔段以上15m以内下入挤水泥封隔器、试压合格，采用试挤注、间歇挤水泥的方法向油气层挤水泥，设计最小挤入量不应少于15m长的井筒容积，最高挤入压力为该井段原始地层破裂压力，挤水泥结束后，在挤水泥封隔器上注长度不小于50m的水泥塞；

②在尾管悬挂器、分级箍以下约30m处向上注一个长度不小于60m的水泥塞，候凝并探水泥塞顶面；

③在表层套管鞋深度附近的内层套管内或环空有良好水泥封固处向上注一个长度不小于100m的水泥塞，候凝、探水泥塞面。特殊井应在此位置坐封一只桥塞、试压合格并在其上注长度不小于100m的水泥塞；

④陆上石油井口装置、井口房应完善，应在油层套管头上安装盖板法兰、闸阀、泄压通道，并按要求试压合格；

⑤永久弃井结束后，应根据政府主管部门的要求提交资料备案。

（2）海上

至少应符合以下最低要求：

①在裸露井眼井段，对油、气、水等渗透层进行全封，在其上部打至少50m水泥塞，以封隔油、气、水等渗透层，防止互窜或者流出海底，裸眼井段无油、气、水时，在最后一层套管的套管鞋以下和以上各打至少30m水泥塞；

②已下尾管的，在尾管顶部上下30m的井段各打至少30m水泥塞；

③已在套管或者尾管内进行了射孔试油作业的，对射孔层进行全封，在其上部打至少50m的水泥塞；

④已切割的每层套管内，保证切割处上下各有至少20m的水泥塞；

⑤表层套管内水泥塞长度至少有45m，且水泥塞顶面位于海底泥面下4～30m之间；

⑥永久弃井时，所有套管、井口装置或者桩应实施清除作业。对保留在海底的水下井口装置或者井口帽，应按照国家规定向海油安办有关分部进行报告。

四、点火处理

（1）含硫化氢油气井井喷或井喷失控事故发生后，应防止着火和爆炸，按SY/T 6426的规定执行。

（2）发生井喷后应采取措施控制井喷，若井口压力有可能超过允许关井压力，需点火放喷时，井场应先点火后放喷。

（3）井喷失控后，在人员生命受到巨大威胁、人员撤离无望、失控井无希望得到控制的情况下，作为最后手段应按抢险作业程序对油气井井口实施点火。

（4）点火程序的相关内容应在应急预案中明确；点火决策人宜由建设单位代表或其授权的现场负责人来担任，并列入应急预案中。

（5）含硫化氢天然气井发生井喷，符合下述条件之一时，应在15min内实施井口点火：

①气井发生井喷失控，且距井口500m范围内存在未撤离的公众；

②距井口500m范围内居民点的硫化氢3min平均监测浓度达到150mg/m³（100ppm），且存在无防护措施的公众；

③井场周围1000m范围内无有效的硫化氢监测手段；

④若井场周边1.5km范围内无常住居民，可适当延长点火时间。

（6）点火人员佩戴防护器具，在上风方向，尽量远离点火口使用移动点火器具点火；其他人员集中到上风方向的安全区。

（7）井场应配备自动点火装置，并备用手动点火器具。点火人员应佩戴防护器具，离火口距离不少于30m处点火，禁止在下风方向进行点火操作。硫化氢含量大于1500mg/m³（1000ppm）的油气井应确保三种有效点火方式，其中包括一套电子式自动点火装置。有条件的可配置可燃气体应急点火装置。

（8）硫化氢燃烧会产生有毒性的二氧化硫，仍需注意人员的安全防护，点火后应对下风方向尤其是井场生活区、周围居民区、医院、学校等人员聚集场所的二氧化硫浓度进行监测。

第六节（*MK-A8-6*） 硫化氢防护设施设备的配备

依据 SY/T 5087—2017、SY/T 6277—2017 规定钻井作业硫化氢防护设施设备的配备应包括但不仅限于以下要求。

一、警告标志

在硫化氢环境的工作场所入口处应设置白天和夜晚都能看清的硫化氢警告标志。

（1）硫化氢警告标志应符合以下要求：

①空气中硫化氢浓度小于阈限值（10ppm）时，白天挂标有硫化氢字样的绿牌，夜晚亮绿灯；

②空气中硫化氢浓度超过阈限值（10ppm）且小于安全临界浓度（20ppm）时，白天挂标有硫化氢字样的黄牌，夜晚亮黄灯；

③空气中硫化氢浓度超过安全临界浓度（20ppm）且小于危险临界浓度（100ppm）时，白天挂标有硫化氢字样的红牌，夜晚亮红灯；

④空气中硫化氢浓度超过危险临界浓度（100ppm）时，白天挂标有硫化氢字样的蓝牌，夜晚亮蓝灯。

（2）硫化氢警告标志牌：

"硫化氢工作场所，当心中毒"。

（3）大门入口处，至少有一个 1.2m×1.2m 大小的入口警告牌。

警告指示牌的含义：

①红色，表示对生命健康有威胁，极度危险；

②黄色，表示对生命健康有影响，严重警告；

③绿色，表示处于受控状态，有潜在或可能危险。

（4）大门入口处，至少有一个 1.2m×1.2m 大小的入口提示牌：

① "硫化氢" 红色，注明 "危险状态（≥20ppm）"；

② "硫化氢" 黄色，注明 "危险状态（10~20ppm）"；

③ "硫化氢" 绿色，注明 "危险状态（<10ppm）"；

④ "硫化氢" 白色，注明 "危险状态（无）"。

（5）至少一个 "非经培训者/未经许可人员请勿进入" 警示牌。

（6）"警告：硫化氢有毒气体"。

（7）"此处严禁烟火"。

（8）两块（黑暗中能发光）"第 X 号急救站" 标牌。

（9）张贴 "医疗急救程序" 和 "紧急电话号码" 于下述位置：

①安全拖车（急救站）；

②钻工值班房；

③甲方监督、值班经理办公室。

（10）如有必要"只准出去"标志设置于第二条逃生道路的入口。

注意：应对安全警示标志进行日常检查，并及时维护。

二、风向标和风向指示器

（1）在硫化氢环境的工作场所应设置白天和夜晚都能看清风向的风向标，风向标的设置应符合以下要求：

①风斗（风向袋）或其他适用的彩带、旗帜；

②根据工作场所的大小设置一个或多个风向标；

③安装在不会影响风向指示且易于看到的地方。

（2）风向指示器应在这些地方指示方向：

①钻工值班房的房顶；

②高于钻台，钻台以外的位置；

③与第一个指示器成直角的位置；

④微风情况下即可引起人们的注意。

三、固定式硫化氢监测仪器

（1）在可能含硫化氢地区进行钻井作业时，现场应有硫化氢监测仪器。

（2）硫化氢钻井作业现场应配备一套固定式硫化氢监测系统，并应至少在以下位置安装监测传感器：

①方井；

②钻台；

③钻井液出口管、接收罐或振动筛；

④钻井液循环罐；

⑤未列入进入限制空间计划的所有其他硫化氢可能聚集的区域；

⑥固定式硫化氢监测仪的第 1 级预警阈值均应设置在 $15mg/m^3$，第 2 级报警阈值均应设置在 $30mg/m^3$，第 3 级报警阈值均应设置在 $150mg/m^3$。

注意：探头不要置放于能被化学或高湿度如蒸汽污染的地方或者置放于振动筛上方有烟雾的地方，探头线应保证畅通。

四、空气压缩机

在已知含有硫化氢的工作场所应至少配备一台空气压缩机，其输出空气压力应满足正压式空气呼吸器气瓶充气要求。没有配备空气压缩机的工作场所应有可靠的气源。

（1）空气压缩机的进气质量应符合以下要求：

①氧气含量 19.5% ~23.5%；

②空气中凝析烃的含量小于或等于 5×10^{-6}（体积分数）；

③一氧化碳的含量小于或等于 $12.5mg/m^3$（10ppm）；

④二氧化碳的含量小于或等于 $1960mg/m^3$（1000ppm）；

⑤压缩空气在一个大气压下的水露点低于周围温度 5~6℃；

⑥没有明显的异味；

⑦避免污染的空气进入空气供应系统。当毒性或易燃气体可能污染进入气的情况发生时，应对压缩机的进口空气进行监测。

（2）空气压缩机应布置在安全区域内。

（3）充气过程中每 10～15min 左右打开排污阀排污一次。

（4）空气压缩机操作人员应按说明书要求进行安全操作、维护和保养。

（5）气体充装人员资格应符合政府有关规定。

五、正压式空气呼吸器

（1）钻井过程中，打开硫化氢油气层验收时，作业人员应配备好正压式空气呼吸器及与空气呼吸器气瓶压力相应的空气压缩机，呼吸器和压缩机应落实人员管理。

（2）正压式空气呼吸器及备用气瓶的配备应按 SY/T 6277—2017 5.1 的规定执行，参见本书第六章第三节第五条。

（3）在输送管道、污油水处理，（池沟）电缆暗淘、排（供）水管（暗）道、隧道等其他可能含有硫化氢的场所，从事相应工作的单位应配备满足工作要求的正压式空气呼吸器。

（4）其他专业现场作业队也应每人配备 1 套正压式空气呼吸器。

（5）井场应配备一定数量的备用空气钢瓶并充满压缩空气，以作快速充气用。

（6）有关钻井过程中的安全操作按 SY/T 5087—2005 的规定执行。

六、可燃气体监测报警仪

可燃气体报警器检测到可燃性气体浓度达到报警器设置的报警值时，可燃气体报警器就会发出声、光报警信号，以提醒采取人员疏散、强制排风、关停设备等安全措施。

低级警报应为视觉警报，视觉与听觉警报一起出现时成为高级报警。

硫化氢的警报位置应可见和可听到：

司钻操作台（声响、灯光）；

动力间（声响、灯光）；

泥浆房（声响）；

生活区（每一层的声响）；

每个建筑层的中心区（声响、灯光）；

控制间。

注：高音量贯穿井场，区别于其他声光源。

七、便携式硫化氢监测报警仪

钻井过程中，钻到含硫油气层前，应充分做好硫化氢监测和防护的准备工作。过程中的硫化氢监测按 SY/T 5087—2017 的规定执行。便携式硫化氢监测报警仪的配备按 SY/T 6277—2017 5.2 的规定执行，参见本书第六章第二节第六条。

八、防爆排风扇

排气扇在下述区域有作用：

（1）地下室和通向坑洼区的地方；

（2）振动筛；

（3）钻台；

（4）修井或试油中的集液罐。

九、消防设备

消防器材的配备与管理应符合 SY/T 5974 的规定。

钻井队消防器材配备标准如表 8 - 1 所示。

表 8 - 1　钻井队消防器材配备标准表

序号	名称	钻 井 队										野营房		
		井 场										野营房		
		井场消防房	值班房	库房	井场地面	机房	钻台	发电房	振动筛	泥浆罐	油罐区	营房	操作间	洗衣房
1	50kg ABC 干粉灭火器	2个												
2	30～50kg 干粉灭火器					1个		1个			2个	2个		
3	8kg 干粉灭火器	8个					2个		2个	1个/罐	1个/罐		3个	2个
4	5kg CO$_2$ 灭火器	2个												
5	2kg 干粉灭火器		2个/间									2个/间		
6	8kg ABC 干粉灭火器					3个	2个							
7	消防斧	2把												
8	防火锹	10把												
9	消防桶	8只												
10	消防钩	6把												
11	消防沙				4方									
12	75m 消防水龙带	1根										1根		
13	19mm 直流水枪	2支										2支		
14	消防栓	1套										1套		
15	消防战斗服	2套												
16	防爆应急灯		1盏				1盏					1盏	1盏	

十、急救配备

（1）硫化氢环境的陆上工作场所，应配备具有医生执业资格的专职或兼职医务人员，或依托可靠的医疗机构。定员超过 15 人的海上石油设施上，应配备具有医生执业资格的专职或兼职医务人员。

（2）硫化氢环境的工作场所应配备以下医疗设备和药品：

①具有基础医疗抢救条件的医务室；

②氧气瓶，担架等；

③硫化氢中毒的常用药品，如二甲基氯基酚溶液、亚硝酸钠注射液硫代硫酸钠，维生素 C、葡萄糖等。

（3）应定期检查医疗设备的完好性和药品的有效期。

十一、钻井井架工逃生装置

钻井井架工逃生装置，是用于在钻井作业过程中，当遇到井喷、失火或大风等情况，不能利用垂直攀梯降落时，井架工可利用高空逃生装置快速、安全地从高空逃离危险区。

目前，国内多采用 RG10D 型下降逃生装置。

1. 技术数据

制造厂家：德国米特曼公司

设备型号：RG10D

产品等级：B

产品执行标准：EN 341

产品认证：CE0158

允许下滑高度：100m

最大下滑载荷：130kg

2. 用途

RG10D 型下降逃生装置，用于一人或多人连续从高空以一定（均匀的）速度安全、快速地下落到地面，此装置只能用作逃生不能用作跌落保护装置。

3. 逃生装置的构成及功能

逃生装置的构成及功能如图 8 - 3 所示。

图 8 - 3 逃生装置的构成及功能

①②悬挂体：用于装置导向绳和缓降器的固定点，且保护缓降器等；

③RG10D 缓降器：保持下降速度的均匀性；

④导向绳：引导下滑路线，承担载荷；

⑤手动控制器：调节下滑速度，实现空中滞留；

⑥、⑦上（下）拉绳：又叫承重绳，用于连接两个手动控制器并且通过缓降器；

⑧地锚（逃生落地点）：固定导向绳的下端；

⑨多功能安全带：保持人体均匀受力，舒适安全。

4. 逃生装置的安装

（1）在钻井架的二层工作平台上找一个安装悬挂体①的固定点，悬挂体是由钢板焊接而成，呈三角形状，里面的空腔是安装缓降器③的，悬挂体是通过 U 型环，用钢丝绳套固定在二层工作平台上方的井架上，一定要牢固且尽量设置在容易逃离的地方。三角悬挂体高度大约距离平台高 3m，可以根据现场情况适当调节，以上端的手动控制器挂钩垂在腰部为宜。

（2）从三角悬挂体下面两个角引出两根钢丝绳又称作导向绳④，分别用螺栓把每根导向绳的一端固定在悬挂体上，两根导向绳大约与地面成 30°~45°角固定在地面上，地面两地锚相距 4m 左右。

（3）地面两固定点用地锚⑧固定，地锚下深应在 1~1.5m 左右，导向绳与地锚连接处用花篮螺丝和大螺栓连接在一起，扭动花篮螺丝可以调节导向绳的松紧，导向绳通过花篮螺丝后用钢丝绳夹紧固，导向绳的直径 10mm，在下滑过程中作悬吊绳和固定绳。

（4）在两根导向绳上各装一个手动控制器⑤，手动控制器永久地连接在导向绳上，导向绳从手动控制器的孔槽穿过，（导向槽要完全包住导向绳）安装手动控制器时要一个在下地锚处穿入，另一个在井架二层台上面穿入，手动控制器用直径 5mm 的钢丝绳连接在一起，长度根据导向绳子的长度而定。φ5mm 的钢丝绳又称作上拉绳⑥或下拉绳⑦，两头用挂钩连接着手动控制器，必须保证手动控制器一个在上井架处，另一个在下地锚处，上、下交替供多人连续逃生使用。手动控制器通过连接环永久连接在上拉绳和下拉绳上。

（5）在悬挂体内部空腔处安装缓降器，用螺栓固定在里面，安装时要把缓降器的散热孔打开，连接手动控制器的上、下拉绳通过缓降器，使下滑速度均匀。

（6）多功能安全带⑨用尼龙塑料做成，可适用于不同身材的人穿戴，它有多个方位的连接环，可在多个不同的作业环境中使用，以保证高空作业人员在攀升、高空作业和下降的安全。

5. 逃生装置的使用

井架工在工作时要随时穿着多功能安全带⑨，当遇到紧急情况时迅速把手动控制器⑤两个竖钩挂在安全带腰间的两个连接环处，一只手抓住手动控制器的手闸，刚开始时，把手闸旋转到即将关紧位置，以免突然下降，造成下滑者有恐惧感，当连接竖钩的钢丝绳绷紧时，旋转手闸使手动控制器处于打开位置，迅速下滑，手动控制器会顺着导向绳④迅速滑下，快要到达落地点时，应旋转手闸，放慢速度防止人快速下滑，造成人与地面猛烈接触，到达地面以后解下安全带即可。此时下面的一个手动控制器将被上拉绳⑥拽到井架固定点处，为下一次逃生做准备，达到多人连续逃生的目的。每次使用完毕后，要把下面手动控制器的红色信号板卡在制动块和导向块的中间，以防止有人随意把手动控制器锁紧，致使上面的手动控制器不能正常下滑，处在上部的手动控制器的信号板应及时取下。

6. ABS-12 手动控制器

手动控制器如同 U 型钳，由制动块、导向块和挂置安全带的竖钩组成，制造等级高，具有防抱死功能。通过转动手闸来实现调节下滑速度的操作，此过程只需一只手便可以完成，手力的传递通过星状的手闸来完成，导向块呈圆槽状，有利于滑动，减少对导向绳的磨擦，竖钩是通过钢丝绳与手动控制器连接的，挂钩一定要锁紧，防止脱扣。

7. 使用注意事项

在装置使用前必须进行检查，轮换拉动两边的悬吊绳（导向绳），悬吊绳必须有一个较大的抗拉阻力，如果对逃生装置的安全性能或某些零件有怀疑，应立即通知正规授权商或制造商派人来协助检查处理。

（1）RG10D井架工逃生装置在使用下滑距离达到1000m或至少每年必须检查维护一次，以防止零部件运行不灵活，延误逃离危险区。

（2）手动控制器始终处在上下两个固定点处，必须与缓降器配套使用，如不用缓降器，下降速度将不可控制，造成使用人员的恐惧，引起导向绳或手动控制器的过载，导向绳的松紧程度要通过花篮螺丝调节，导向绳不能绷得太紧，要比井架绷绳松一些，避免导向绳承受井架晃动产生的拉力而损坏。

（3）每次用完以后，要把下部手动控制器的红色信号板卡在导向块和制动块之间，以防止有人随意关紧下部手动控制器，致使逃生人员不能下滑，上部手动控制器信号板应在取下状态，以保证上部手动控制器处在备用状态。

（4）缓降器注意保护不要和水及油品接触，不能受到其他硬件的挤压、碰撞，使缓降器变形，安装缓降器时散热孔要打开，以防止使用频繁使缓降器过热，损坏装置。

（5）防止钢丝绳与任何锋利物品、焊接火花或其他对钢丝绳有破坏性的物体接触，不可把钢丝绳用作电焊地线，或吊重物用，钢丝绳要注意维护，防止钢丝绳由于受到挤压、弯拆等，不能正常通过手动控制器或缓降器。

（6）每次使用完毕后，应对逃生装置进行认真检查，如果发现有的部件或钢丝绳损坏，应立即通知有关人员进行更换，逃生装置不可接近火源，切勿接触酸碱等腐蚀性液体和油品。

（7）地锚间距要在4m左右，不要太近以防止导向绳之间的缠绕，或下滑时另一手动控制器碰撞下滑人员，也不能太远，否则会影响其他工作，可根据现场情况适当调节。

（8）本系统只用作紧急逃生，不能在非逃生情况下使用，也不能用作跌落保护装置，不能两人一起或携带重物下滑。

（9）不准私自更换零部件，全套装置必须配套使用。

（10）本系统应妥善保护，防止被盗、挤压、损坏。

（11）多功能安全带要注意防火，下滑时手动控制器的竖钩应挂在腰间的连接环上，一定要锁紧，以防止脱扣。

（12）每年要定期由制造商委托授权的专业人员进行检查维护，非授权人员不得拆卸装置的任何部件。

（13）井队搬家时，逃生装置要有专人保管，钢丝绳要有序地盘在一起，新井队要经过培训人员安装，安全员检查安装是否牢固，要对检查情况做记录，注意装置的保养，加油口适当加油，保持整个装置的清洁，装置始终处于完好备用状态。

十二、井场应急逃生线路逃生通道与紧急集合点

根据现场作业要求，在井场有关部位设置"逃生路线"标志，在井场上风口设置

"紧急集合点"标志，以及两个以上的逃生出口，并有明显的标志。钻井队井场逃生线路逃生通道与紧急集合点示意图，如图8-4所示。

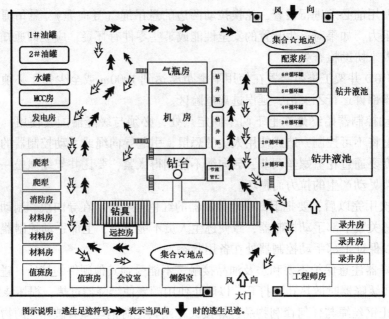

图8-4 钻井队井场逃生线路、逃生通道与紧急集合点示意图

逃生通道设置应符合SY/T 6277—2017 6.4的要求：

（1）硫化氢环境工作场所应设置至少两条通往安全区的逃生通道。

（2）逃生通道的设置应符以下要求：

①净宽度不小于1m，净空高度不小于2.2m；

②便于通过且没有障碍；

③设有足够数量的白天和夜晚都能看见的逃离方向的警示标志；

④逃生梯道净宽度不小0.8m，斜度不大于50°，两侧应设有扶手栏杆，踏步应为防滑型。

井场逃生注意事项：

（1）整个井场生产区域为风险区；

（2）紧急情况发生后，逃生时应遵循就近从高风险区向低风险区、从风险区向无风险区逃走的原则；

（3）逃生时应尽量避免穿越高风险区域；

（4）逃生时应充分考虑季节风向，遵循从下风向区域向上风向或侧风向区域进生的原则；

（5）遵循从低洼处向地势高处逃生的原则；

（6）特殊情况下应根据现场的实际情况选择逃生路线。

第七节（*MK-A8-7*） 日常检查与维护

一、日常检查

（1）在每天开始工作之前，应由指定的井场监督实行日常检查。应包括但不限于下述检查项目：

①已经或可能出现硫化氢的工作场地；

②风向标；

③硫化氢监测设备及警报（功能试验）；

④人员呼吸保护设备的安置；

⑤消防设备的布置；

⑥急救药箱和氧气瓶。

（2）进入含硫化氢油气层后，每天白班开始工作前应检查下述项目：

①紧急集合点及安全区；

②固定式和便携式硫化氢检测报警仪；

③正压空气呼吸器及充气泵；

④消防设备的数量、性能、配置；

⑤急救药箱和医用氧气瓶（袋）。

（3）钻开油气层前检查验收以下内容：

①在钻开含硫化氢油气层前，施工单位和建设方应分别对施工前的准备工作进行检查和验收；

②检查验收情况记录于"钻开油气层检查验收书"中，如存在隐患应当场下达"隐患整改通知书"，钻井队按"隐患整改通知书"限期整改，检查合格并经检查人员在检查验收书上签字，由双方二级单位主管生产技术的领导或其委托人签发"钻开油气层批准书"后，方可钻开油气层。

（4）施工过程中，作业队伍的上级主管部门和技术部门领导和技术人员进行指导和监督。

二、维护

1. 监测仪器和设备的维护

（1）应按照制造厂商的说明指定专人对硫化氢监测仪器和设备进行维护。

（2）监测设备应由有资质的机构定期进行检定，固定式硫化氢监测仪及传感器探头每年检定一次。进入含硫化氢油气层后固定式硫化氢传感器1个月注样测试一次。

（3）检查、检定和测试应做好记录，并妥善保存，保存期至少1年。

（4）设备警报的功能测试至少每天一次。

2. 呼吸保护设备

（1）应对正压式空气呼吸器加以维护并存放在清洁、卫生的地方，以避免损坏和污染，每次使用后都应进行清洁和消毒。

（2）需要修理的正压式空气呼吸器，应做好明显标识并将其从设备仓库中移出，直至磨损或损坏的部件已经被及时修理和替换为止。

（3）对所有正压式空气呼吸器应每月至少检查一次，并且在每次使用前后都应进行检查，以保证其维持正常的状态。月度检查记录（包括检查日期和发现的问题）应至少保留12个月。

（4）所有使用的空气压缩机应满足下述要求：

①避免污染的空气进入空气供应系统。当毒性或易燃气体可能污染进气口时，应对压缩机的进口空气进行监测；

②减少水分含量，以使压缩空气在一个大气压下的露点低于周围温度 $5 \sim 60℃$；

③依照制造商的维护说明定期更新吸附层和过滤器。压缩机上应保留有资质人员签字的检查标签；

④对于不是使用机油润滑的压缩机，应保证在呼吸空气中的一氧化碳值不超过 $12.5mg/m^3$（10ppm）；对于机油润滑的压缩机，应使用高温警报或一氧化碳警报，或两者皆备，以监测一氧化碳浓度。如果只使用高温警报，则应加强入口空气的监测，以防止在呼吸空气中的一氧化碳超过 $12.5mg/m^3$（10ppm）。

第九章（*MK-A9*）
井下作业硫化氢防护

第一节 （*MK-A9-1*） 井下作业流程

一、井下作业

井下作业是指对油气层进行油气勘探和对油气水井进行修理、增产或报废前善后工作等一切施工作业。

二、井下作业流程

根据井下施工所涉及的作业范围不同，可以分为试油（试气）作业和油气水井维修作业。

1. 试油（试气）作业

试油（试气）作业是指利用专用的设备和方法，对通过地震勘探、钻井录井、测井等手段初步测定的可能油气层位进行直接的测试，并取得目的层的产能、压力、温度、油气水性质等资料的工艺过程。

（1）试油工艺流程

试油工艺流程如图 9 – 1 所示。

（2）试气工艺流程

一般工序同试油。

2. 油气水井维修作业

油气水井维修作业是指对油气水井进行维护管理，使其恢复产能的一切施工。主要包括换井口装置、井筒准备、油井检泵、注水井作业、找窜漏与封窜漏、注塞与钻塞、堵水调剖、防砂、酸化、压裂、油井防蜡与清蜡、热采井作业、打捞与解卡、套管损坏修复、报废井处置等。

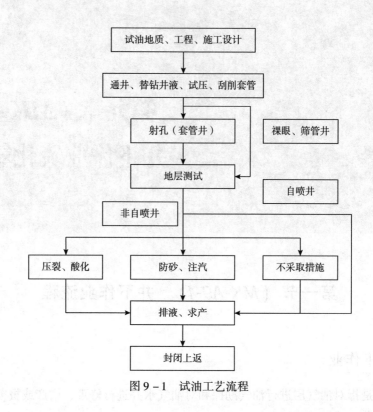

图 9 – 1　试油工艺流程

第二节（*MK-A9-2*）　资质人员管理要求

一、资质要求

（1）拥有石油天然气井的生产经营单位应建立作业队伍的选用制度。

（3）承担硫化氢环境中油气井施工的作业队伍应具有相应的施工能力或经验。

（3）主要设计人员应具有三年以上现场工作经验和相应高级专业技术职称。

（4）设计审核人应具有相应专业高级或教授级技术职称。

二、人员要求

硫化氢环境中人员应按照 SY/T 7356 的规定，接受培训，经考核合格后持证上岗。

三、管理要求

（1）作业队伍应建立并实施安全管理体系，依法取得安全生产标准化达标等级和安全生产许可证。

（2）作业队伍应制定硫化氢防护管理制度，内容应至少包括：

①人员培训或教育管理；

②人身防护用品管理；

③硫化氢浓度检测规定；

④作业过程中硫化氢防护措施；

⑤交叉作业安全规定；

⑥应急管理规定。

（3）现场应至少建立以下资料：

①人员持证或教育登记档案；

②人身防护用品统计表；

③人身防护用品检查表；

④硫化氢浓度检测记录；

⑤硫化氢防护措施落实检查记录；

⑥交叉作业实施方案；

⑦现场处置方案演练记录。

第三节（MK-A9-3） 地质工程施工设计要求

一、地质设计要求

地质设计应至少包括以下内容：

（1）施工井的地质、钻井及完井基本数据，包括井身结构、钻开油气层的钻井液性能、漏失、井涌、硫化氢浓度等钻井显示、取心以及完井液性能、固井质量、水泥返高、套管头、套管规格、井身质量、测井、录井、中途测试等资料；

（2）区域探井硫化氢预测含量；

（3）区域地质资料、邻井的试油（气）作业资料及本井已取得的温度、压力，产量及流体特性等资料，并应明确硫化氢的含量、分压和地层压力、地层压力系数或预测地层压力系数。分压的计算见SY/T 6610—2017附录A；

（4）井下作业场所地下管线及电缆分布等情况；

（5）绘制井场周围500m以内的居民住宅、学校、厂矿等分布资料图；对地层气体介质硫化氢含量大于或等于30g/m³（20000ppm）的油气井应提供1000m以内的资料；

（6）应根据地质资料进行风险评估并编制安全提示。

二、工程设计要求

（1）应根据地质设计编制工程设计，并按程序进行审批。

（2）根据地质设计提供的地层压力，预测井口最高关井压力。

（3）设施设备选择和配备应符合以下规定：

①设施设备选材应符合设施设备配置及材质（SY/T 6610—2017 6.1）的要求；

②施工所需要的井控装置压力等级和组合形式示意图，应提出采油（气）井口装置以

及地面流程的配置及试压要求等；

③采油（气）树、井控装置（除自封防喷器外）、变径法兰、高压防喷管的压力等级应与油气层最高地层压力相匹配，按压力等级试压合格；

④储层改造作业，选择井控装置压力等级和制定压井方案时，应充分考虑大量作业液体进入地层而导致地层压力异常升高的因素；

⑤地层气体介质硫化氢含量大于或等于 $30g/m^3$（20000ppm）的油气井应采用配有液压（或气动）控制的采油（气）树及地面控制管汇；

⑥对含硫化氢气井井口装置应进行等压气密检验；

（4）修井液应符合以下要求：

①修井液安全附加密度在规定的范围内（油井为 $0.05 \sim 0.10g/cm^3$，气井为 $0.07 \sim 0.15g/cm^3$），或附加井底压力在规定的范围内（油井为 $1.5 \sim 3.5MPa$，气井为 $3 \sim 5MPa$），在保证不压漏的情况下，地层气体介质硫化氢含量大于或等于 $30g/m^3$（20000ppm）的油气井取上限，井深小于或等于4000m的井应附加压力，井深大于4000m的井应附加密度；

②应具有的类型、性能、参数；

③应满足不低于井筒容积的2倍要求；

④pH 值应大于或等于9.5。

（5）压井液应符合以下要求：

①应具有的类型、性能、密度、数量；

②备用压井液和加重材料应共同满足不低于井筒容积的1.2倍要求；

③pH 值应大于或等于9.5；

④按现场压井液量的2%～10%储备除硫剂，含硫化氢探井应取上限值。

（6）应针对含硫化氢井的射孔掏空深度提出要求。

（7）含硫化氢井应使用油管输送射孔。

（8）应有针对含硫化氢井相应的求产方式、措施。

（9）应制定针对硫化氢层位的封层设计。

（10）应制定针对可能存在异常情况的处置方法。

三、施工设计要求

（1）应根据工程设计编制施工设计，并根据地质设计中的安全提示及工程设计中采用的工艺技术制定相应的安全措施。

（2）按照工程设计，结合现场实际，分施工工序制定防硫化氢防护措施。

（3）在预测含有、已知含有硫化氢的施工井，应具有以下内容：

①绘制地面流程管线、主要设备设施的安装位置示意图；

②现场使用的采油（气）树、防喷器、节流管汇、压井管汇、作业油管钻杆、入井工具、内防喷工具的防硫材料级别和压力级别；

③试油（气）放喷排液过程中，硫化氢检测范围和应急疏散范围、特殊情况处理；

④现场修井液、压井液、加重材料、除硫剂的有效储备数量、规格、性能。

第四节（*MK-A9-4*） 井下作业井场布置

井场的布置应符合 SY/T 5727—2014 的要求，预测含有、已知含有硫化氢的油气井井场布置应满足 SY/T 6610—2017 的规定要求。

一、作业井场布置

1. 小修井场布置

BJ–18m 井架安装平面分布如图 9–2 所示。井架与地锚桩距离如表 9–1 所示。

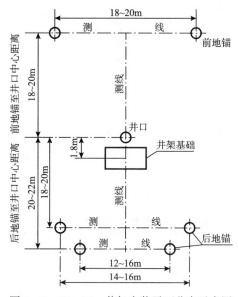

图 9–2　BJ–18m 井架安装平面分布示意图

表 9–1　井架与地锚桩距离

井架高度/m	前绷绳地锚桩		内（外）绷绳之间距离/m	后绷绳地锚桩		内（外）绷绳之间距离/m
	距井口中心距离/m			内（外）绷绳之间距离/m		
	外绷绳	内绷绳		外绷绳	内绷绳	
18	22	20	14～16	24	22	14～16
24	26	24	20～24	28	26	20～24
29	29	26	26～30	29	26	22～28

2. 大修井场布置

（1）修井机井场安装平面示意图

XJ60F 修井机的井场安装平面分布示意图如图 9–3 所示。修井机井架与地锚桩距离如表 9–2 所示。

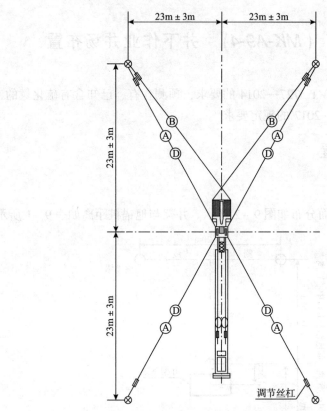

图 9 – 3　修井机井场安装平面分布示意图

表 9 – 2　修井机井架与地锚桩距离

井架高度 H/m		16, 17, 18, 21	29, 31, 33, 35	36, 38
井架倾角		5° ~ 5°30″	3°30 ~ 3°50″	3° ~ 3°30″
场地绷绳 地锚坑位置 尺寸/m	L_1	15 ± 1.5	25 ± 3	27 ± 3
	L_2	15（10）± 1.5	25（15）± 3	27（20）± 3
	b_1	15 ± 1.5	25 ± 3	27 ± 3
	B_2	15（10）± 1.5	25（15）± 3	27（20）± 3

注：括号内尺寸为场地受限制允许的最小尺寸。

（2）修井作业井场布置平面示意图，如图 9 – 4 所示。

（3）维修检泵作业井场布置平面示意图，如图 9 – 5 所示。

3. 设备设施布置

预测含有、已知含有硫化氢的油气井井场布置应满足以下规定。

（1）陆上作业

①井场施工用的锅炉房、发电房、值班房与井口、油池和储油罐的距离宜大于 30m，锅炉房处于盛行风向的上风侧。

②分离器距井口应大于 30m；分离器距油水计量罐应不小于 15m。

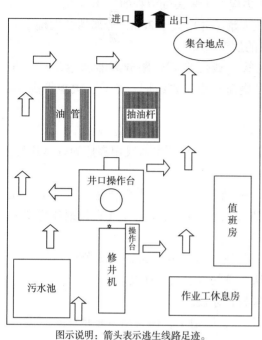

图示说明：箭头表示逃生线路足迹。

图 9-4 修井作业井场布置平面示意图

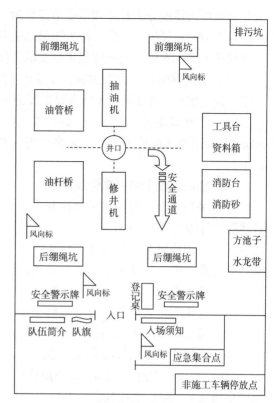

图 9-5 维修检泵作业井场布置平面示意图

③排液用储液罐应放置距井口 25m 以外。

④职工生活区距离井口应不小于 100m，应位于季节最大频率风向的上风侧。

⑤含硫化氢天然气井公众安全防护距离符合 AQ 2018—2008 的要求。

⑥放喷管线出口应接至距井口 30m 以外安全地带，地层气体介质硫化氢含量大于或等于 $30g/m^3$（20000ppm）的油气井，出口应接至距井口 75m 以外的安全地带。

⑦井场受限应制定防范措施。

（2）海上作业

平台的生活区应位于季节最大频率风向的上风侧。

（3）管道

井场在地下油气管道线路中心线两侧各 5m 地域范围内，不应进行挖掘、取土、用火、排放腐蚀性物质和放置作业设施设备。

（4）警示标志

在硫化氢环境的工作场所入口处应设置白天和夜晚都能看清的硫化氢警告标志，警告标志配备应符合 SY/T 6277 的规定。

二、作业流程布置

1. 试油（试气）测试流程布置

（1）根据地层压力和产能选择分离器、地面流程设备的型号和性能参数；分离器应能满足对地层流体的分离处理和承受节流后的工作压力，采油（气）树、紧急关闭阀、油嘴节流管汇的耐压等级应一致，应大于最高关井井口压力，热交换器上流盘管工作压力是进口流体压力的1.5倍以上，数据采集头的工作压力应大于采集处流程的工作压力。

（2）分离器距井口大于30m，计量池、储液大罐距井口大于30m，分离器、大罐摆放水平，倾斜度小于0.1%；大罐内要焊接进出口的加温盘管。

（3）测气口距分离器大于20m。放空点火管（或燃烧筒）距分离器和距井口大于50m，且位于常风向的下风侧，并将火炬（或燃烧筒）出口管线固定牢靠，火炬管高3m以上。

（4）地面流程全部用硬管线连接。

（5）采用采油（气）树节流控制生产，采油（气）树至分离器采用高压硬管线连接，管线耐压等级不小于35MPa。

（6）采用地面油嘴节流管汇节流控制生产，采油（气）树至节流管汇、分离器采用高压硬管线连接，采油（气）树至节流管汇的管线耐压等级与采油（气）树耐压等级一致。节流管汇至分离器的管线耐压等级不小于35MPa。

（7）分离器至火炬管（或燃烧筒）和分离器至测气口采用 $\phi73mm$ 无缝钢管连接。

（8）分离器至大罐之间采用 $\phi101.6mm$ 带法兰盘的普通钢管连接。

（9）大罐之间出口管线采用 $\phi101.6mm$ 钢丝软管连接。

（10）泵组距大罐4~8m，装油鹤管尽量安装在公路边上，鹤管出口距地面4m以上，出口套挂 $\phi101.6mm$ 胶皮软管，其长1~1.5m。

（11）流程应安装扫线头，井口到大罐、泵组到大罐、装油鹤管到大罐均能扫线。

（12）大罐、分离器的底部须装排污阀门。

（13）流程所有管线、阀门、活接头、法兰、螺纹部分严密不漏，并进行除锈防腐。

（14）井场流程用电应符合安全用电规定；泵组电源线采用耐油的电缆线，采用防爆电源开关。

（15）冬季施工要用蒸汽锅炉或热交换器对地层液体升温和保温。

（16）采用蒸汽锅炉保温，井口油嘴套至分离器、装油鹤管出口之间的流程管线全部敷上 $\phi19.05mm$ 蒸汽管线，用毛毡包好。

（17）采用热交换器加热地层流体，控制好出口温度，确保原油在整个地面流程中流动良好。

（18）地面流程各部分分别按自身压力等级进行清水试压30min，压降小于0.5MPa为合格。

（19）分离器、地面设备、管汇、管线通畅，阀门灵活可靠，扫线干净；停用时应放掉分离器和流程内的液体，清水扫线干净后，再用空气把水排干净。

自喷井试油流程机构示意图，如图9-6所示。

气井试气流程机构示意图，如图9-7所示。

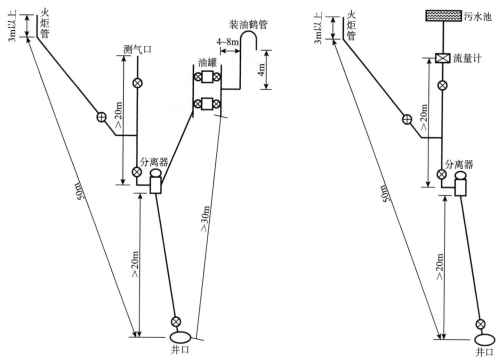

图9-6 自喷井试油流程机构示意图　　　　图9-7 气井试气流程机构示意图

高压、高产气井试气流程机构示意图，如图9-8所示。

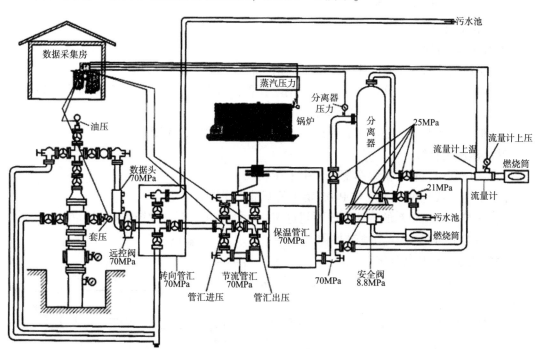

图9-8 高压、高产气井试气流程机构示意图

高压、高产油井试油流程机构示意图，如图9-9所示。

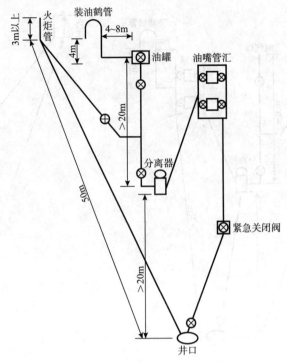

图 9-9　高压、高产油井试油流程机构示意图

2. 酸化压裂施工流程布置

（1）酸化施工

①低压施工管线

a）顶替液池与泵车之间用 ϕ101.6mm 钢丝胶管，由壬连接，距离不超过 3m。

b）酸液池与泵车之间用 ϕ101.6mm 钢丝胶管，由壬连接（直接用酸液罐车对接泵车时用 ϕ76.2mm 钢丝胶管），距离不超过 5m。

c）低压管线及连接处不得有滴漏现象。钢丝胶管通畅，无变形。

②高压施工管线

a）高压管线、管汇由泵车配备，由壬连接。

b）高压管线也可用 N80 或 P105 钢级的新油管连接。

c）连接井口至泵车的管线一般不超过 50m。每隔 10m 有一地锚固定。

d）井口用 4 道绷绳，地锚加固。不得用井架底座或通井机代替地锚。

e）高压管线接好后，用 1.5 倍的施工泵压试压，3min 内不刺不漏为合格。

f）冬季施工时，做好顶替液池、酸液池、管线、井口的保温工作。

酸化地面流程安装示意图，如图 9-10 所示。

（2）压裂施工

①低压流程

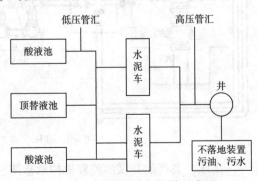

图 9-10　酸化地面流程安装示意图

a）由压裂液储罐、低压管汇及连接管线组成。

b）压裂液的储罐：采用 25m³ 立式压裂专用罐，罐支架承重大于 30t。

c）直径 152.4～254mm，承压值大于 0.4MPa，接口采用 ϕ101.6mm 快速接头，接口多用于压裂储罐个数 3～4 个，阀门手柄齐全，开关灵活。

d）连接管线：采用 ϕ101.6mm 耐油、耐酸钢丝胶管，胶管承压大于 0.4MPa，无破损。混砂车吸入端距管汇距离不大于 9m，进液口 2～4 个。

e）压裂液储罐、低压管汇、连接管线及密封件无污染物。

f）压裂液储罐与低压流程之间连接管线由由壬或快速接头连接。

g）各连接部位连接牢固、可靠，储罐盛满压裂液时各连接部位不滴漏。

h）每组流程压裂储罐至少有 2 套扶梯。

i）冬季施工：用锅炉车对流程进行保温。

②高压流程

a）由高压管汇、高压管线、活动弯头等高压管件组成。

b）高压管汇中的管线、活动弯头、单流阀、旋塞阀、大小头及其他管件均应采用压裂专用管件。

c）高压管汇接头个数应满足压裂施工时压裂泵车的要求，密封件洁净、可靠，活动弯头灵活。

d）高压管汇至井口的管线内径大于 62mm。

③摆放与安装

a）高压管汇应垂直于混砂车走向。

b）高压管汇距混砂车距离不大于 9m。

c）高压管汇距井口装置距离大于 9m，小于 50m。

d）高压管件、大小头之间均由由壬连接。

e）压裂泵车与管汇之间由单流阀或旋塞阀连接。

f）压裂主管线连接时如走向发生变化，应连接活动弯头，管线不准悬空。

g）与井口装置大小头连接的压裂管线，应与主管线成 90°角。

h）高压管汇至井口的连接管线每隔 10m 用地锚固定。

i）混砂车出液口 2～4 个。

j）试压：高压流程安装完毕，施工前用 1.2～1.5 倍最高施工泵压试压 3min，压降小于 0.5MPa 为合格。

压裂施工单排摆放示意图，如图 9-11 所示。

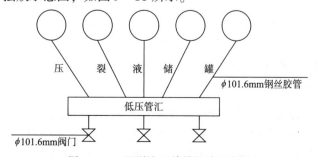

图 9-11　压裂施工单排摆放示意图

压裂施工集中摆放示意图，如图9-12所示。

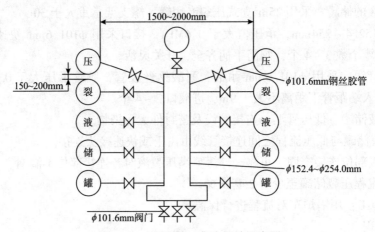

图9-12 压裂施工集中摆放示意图

压裂施工车辆、流程摆放示意图，如图9-13所示。

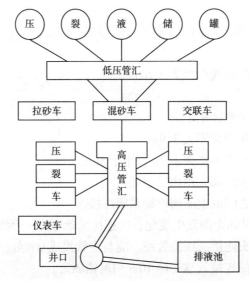

图9-13 压裂施工车辆、流程摆放示意图

（3）安全要求

①施工车辆应摆放整齐、紧凑，便于管线连接、施工操作和指挥。

②井场条件允许时，车辆应背向井口，车辆和大罐（或酸池）应相互不为上风口。

③下封隔器井若需打平衡，应在套管—翼接一部平衡泵车。

④地面施工管线应尽可能短、直，减少弯头个数。

⑤高压管线出口与采油（气）树应以活动弯头连接。

3. 注汽施工流程布置

（1）注汽井口及管线的固定螺栓抗拉强度大于32MPa，耐温高于400℃。

（2）注汽管线与注汽井口、注汽管线与发生器出口两处均须打地锚进行固定。

（3）进行管线和井口试压时，试验压力15MPa±1MPa，稳压5min，压降为0。

（4）发生器与原油罐间距大于 20m，与注汽井口间距大于 50m。

三、设施设备配置及材质要求

（1）当天然气、凝析油或酸性原油系统中气体总压大于或等于 0.4MPa，且该气体中的硫化氢分压大于 0.3kPa 时，以下设施设备材料应符合 GB/T 20972.3 的要求：

①放喷管线；

②油管、钻杆；

③封隔器和其他井下装置；

④阀门和节流阀部件；

⑤井口和采油（气）树部件；

⑥气举设备。

（2）当天然气、凝析油或酸性原油系统中气体总压大于或等于 0.4MPa，且该气体中的硫化氢分压大于 0.3kPa 时，使用的设施设备应符合以下要求：

①井口和采油（气）树符合 GB/T 22513 的规定；

②防喷装置符合 SY/T 5053.2 和 SY/T 7010 的规定；

③节流管汇的选用、安装和测试应符合 SY/T 5323 的规定；

④应配置液压防喷器。

（3）放空设施

①点火装置应符合以下要求：

a）放空设施应配备点火装置；

b）至少有两种点火方式。

②放空设施应经有资质的单位进行设计、建造和检验。

③含硫化氢气体放空应符合以下要求：

a）放空设施，应经放空扩散分析计算，确定放空设施的位置、高度及不同风速下的允许排放量；

b）放空量符合环境保护和安全防火要求。

④设置放空竖管的设施，放空竖管应符合下列规定：

a）应设置在不致发生火灾危险和危害居民健康的地方，其高度应比附近建（构）筑物高出 2m 以上，且总高度不应小于 10m；

b）放空竖管直径应满足最大的放空量要求；

c）放空竖管底部弯管和相连接的水平放空引出管必须埋地，弯管前的水平埋设直管段必须进行锚固；

d）放空竖管应有稳管加固措施；

e）严禁在放空竖管顶端装设弯管。

⑤火炬应符合以下要求：

a）分离器火炬应距离井口、建筑物及森林 50m 以外，含硫化氢天然气井火炬距离井口 100m 以外，且位于井场主导风向的两侧；

b）海上井下作业设施应至少在两个方向设置放喷火炬。

⑥陆上井下可用接有燃烧筒的放喷管线进行硫化氢放空。

⑦应对硫化氢放空设施定期检查和维护。

⑧分离器安全阀泄压管线出口应距离井口50m以外，含硫化氢天然气井泄压管线出口应距离井口100m以外，排气管线内径一致，尽量减少弯头，管线长期处于畅通状态。

第五节（MK-A9-5） 井下作业过程中硫化氢的预防

一、起下钻作业

（1）在射开含硫化氢油气层后，起钻前应先进行短程起下钻。短程起下钻后的循环观察时间不得少于一周半，进出口压井液密度差不超过0.02g/cm³；短程起下钻应测油气上窜速度，满足安全起下钻作业要求。

（2）射开含硫化氢油气层后，每次起钻前洗井循环的时间不得少于一周半。

（3）井下工具在含硫化氢油气层中和油气层顶部以上300m长的井段内起钻速度应控制在0.5m/s以内。

（4）起钻中每起出5～10根油管或钻杆补注一次压井液，下钻中每下5～10根油管或钻杆（或15min）应及时计量返液量，同时监测进出口硫化氢浓度，并做好记录，发现异常情况及时汇报。

二、射孔作业

（1）在预测含有、已知含有硫化氢井进行射孔作业时，应制定出射孔作业方案，待批准后方可进行射孔作业。方案应包括但不限于下述项目：

①参加射孔作业人员的防硫化氢培训持证情况；

②防硫化氢设备的配置情况；

③与作业现场协作单位接口的现场处置方案编制及演练情况；

④风险识别与评价，包括射孔作业打开高压地层时引发井喷的可能性、井口硫化氢浓度以及井场地貌、风力、风向等。

（2）作业前的准备工作：

①召开相关方会议，向相关方人员进行射孔技术交底，与相关方人员就硫化氢风险情况（包括曾经发生过硫化氢泄漏的区域）、井控设备、防硫设施、风向标、井场的紧急集合点、逃生路线等方面进行信息沟通，确认与相关方的应急协作方式和途径；

②召开班前会议，通报硫化氢风险情况（包括曾经发生过硫化氢泄漏的区域），落实风险控制措施和应急措施；

③隔离射孔枪装配作业区域，明确人员活动范围。

（3）对地层气体介质硫化氢含量大于或等于30g/m³（20000ppm）的油气井射孔前应对周边居民进行预防性疏散。

（4）射孔后，对井口出液或出气进行硫化氢浓度加密监测，并建立监测记录。

三、钻塞作业

（1）钻塞施工所有压井液性能要与封闭地层前所用压井液性能一致。

（2）在预测含有、已知含有硫化氢井进行钻塞作业时，应制定出钻塞作业方案，待批准后方可进行钻塞作业。方案应包括但不限于下述项目：

①参加钻塞作业人员的防硫化氢培训持证情况；

②防硫化氢设备的配置情况；

③与作业现场协作单位接口的现场处置方案编制及演练情况；

④风险识别与评价，包括钻塞作业时由于异常高压，引发井喷的可能性、井口硫化氢浓度以及井场地貌、风力、风向等。

（3）作业前的准备工作

①召开相关方会议，向相关方人员进行钻塞技术交底，与相关方人员就硫化氢风险情况（包括曾经发生过硫化氢泄漏的区域）、井控设备、防硫设施、风向标、井场的紧急集合点、逃生路线等方面进行信息沟通，确认与相关方的应急协作方式和途径。

②召开班前会议，通报硫化氢风险情况（包括曾经发生过硫化氢泄漏的区域），落实风险控制措施和应急措施。

四、洗井、压井作业

（1）施工前应进行入井液化学反应评估，特别是入井液中的材料，确定其入井后是否产生硫化氢等有毒有害物质；若产生有毒有害物质，而又无法替代入井材料，应做好有毒有害物质的防护。

（2）在修井液循环过程中，一旦有硫化氢气体在地面逸出，返出液应通过分离器分离直到硫化氢浓度降至安全标准，必要时，可对井液加除硫剂处理以除去硫化氢。

（3）裂缝发育、酸压、压裂层等预计可能漏失严重的井，井下管柱上应连接循环孔能与地层连通，应在井口有采油（气）树时打开循环孔，进行压井堵漏。

（4）在循环加重压井中，应逐步提高压井液密度，防止压漏地层造成严重漏失。

（5）压井结束时，压井液进出口性能应达到一致，油套压为零；压井后应进行静止观察或短起下观察，循环压井液测气体上窜速度，控制气体上窜速度在安全范围内、不超过30m/h；高压、高产井的观察时间应大于预计作业时间，即安全起下钻时间。

（6）当井下管柱刺漏、断裂，无法建立循环或循环深度较浅，不能满足压井深度需要的情况下，在油管、套管安全强度内，采取置换法，挤入法，短循环置换法，正、反交替节流循环，控制泄压等方式压井，尽快建立井筒内液柱，做到井筒内液柱压力与地层压力平衡。

五、放喷与测试作业

（1）放喷期间，燃烧筒处应有长明火。

（2）放喷、测试初期应安排在白天进行，试气期间井场除必要设备需供电外其他设备应断电。若遇6级以上大风或能见度小于30m的雾天或暴雨天，导致点火困难时，在安全无保障的情况下，暂停放喷。

（3）含硫化氢井，出口不能完全燃烧掉硫化氢（如酸压后放喷初期、气水同出井水中溶解的硫化氢、二氧化硫），应向放喷流程注入除硫剂、碱，中和硫化氢、二氧化硫，注入量根据硫化氢、二氧化硫含量确定。

（4）酸压后，排放残酸前，应提前向放喷池内放入烧碱或石灰，或向放喷流程注入碱，中和残酸和硫化氢。

（5）含硫化氢层放喷前应书面告知周围 500m 以内的居民，放喷期间的安全注意事项，遇突发情况的应急疏散、扩大疏散等事宜；重点做好硫化氢与一般残酸等刺激性气味区别的宣传、教育工作等。

（6）含硫化氢气体的取样和运输都应采取适当防护措施。取样瓶宜选用抗硫化氢腐蚀材料，外包装上宜标识警示标签。

六、测井作业

（1）测井车应位于井口上风方向，与井口距离应大于 25m。

（2）应安装防硫化氢材质的井口装置和防喷管。

（3）电缆或钢丝应适合含硫化氢作业环境，选择抗硫化物腐蚀的材料；电缆或钢丝入井前，应对绳索进行检查，使用缓蚀剂对其进行预处理。

七、诱喷作业

（1）诱喷设备应位于井口的上风方向。

（2）诱喷设备井口选择防硫化氢材质的井口装置和防喷管。

（3）诱喷应用氮气、二氧化碳进行气举或混气水，禁用空气。

八、连续油管作业

（1）根据主导风向和井场条件，连续油管装置应位于上风方向。

（2）滚筒及其传送设备应固定牢固，避免意外移动。

九、焊接作业

耐蚀合金和其他合金材料的设施，进行焊接前，应按照 GB/T 20972.3 的要求进行焊接工艺评定，达不到工艺要求，不允许进行焊接。

十、交叉作业

与协作单位、承包商签订交叉作业协议，内容至少包括：

（1）安全环保主体确定；

（2）现场处置方案衔接；

（3）交叉环节任务划分；

（4）现场硫化氢风险提示。

十一、油气井废弃

1. 陆上作业

（1）临时弃井

①施工结束后，先将井压稳，在射孔套管的上一根套管打易钻桥塞（先期完井的油气井应在套管球座附件或筛管悬挂器以上第 2 根套管打易钻桥塞）或在产层以上 50m 打水泥塞，水泥塞厚度大于 100m。

②在桥塞或第一个水泥塞上面，打第二个连续水泥塞，厚度应大于 200m。

③井浅则在桥塞或第一个水泥塞上面，直接打水泥塞至井口以下 150m。

④下入光油管到水泥塞以上 200～300m，用封闭层的压井液密度压井。

⑤井口装井口帽并加盖井口房，进行标注（井号、封井日期、硫化氢含量等）。

⑥井口装置、井口房应完善，并定期进行压力观察。

（2）永久弃井

①全井作业施工结束后，先将井压稳，从最上层产层底部以下 20～50m 至顶部（该产层射孔井段）全段注水泥，水泥浆在套管内应返至产层顶以上 100～200m，其中先期完井的井应返至套管鞋以上 100～200m，同时向产层挤入水泥浆封堵气层，封堵半径应超过钻井井眼半径的 3 倍。

②在完井的第一个水泥塞上面，打第二个连续水泥塞，厚度为 100～200m，高压井、含硫化氢井的第二个水泥塞厚度为 150～300m。

③在井筒内的套管尾管悬挂器、回接筒位置打水泥塞。水泥塞顶界在尾管悬挂器、回接筒以上 50～150m；水泥塞底界在尾管悬挂器、回接筒以下 50～150m，水泥塞厚度大于 100～300m。

④井浅和重要（特殊）的废弃井全井注水泥封闭。

⑤井筒内的压井液密度大于已射孔产层的最高压井液密度。

⑥井口装井口帽并加盖井口房，进行标注（井号、封井日期、硫化氢含量等）。井口装置应安装盖板法兰、闸阀、泄压通道，并按要求试压合格。

⑦永久弃井结束后，应根据政府主管部门的要求提交资料备案。

⑧已完成封堵的废弃井每年至少巡检 1 次，并记录巡井资料；地层气体介质硫化氢含量大于或等于 $30g/m^3$（20000ppm）的油气井封堵废弃后应加密巡检。

2. 海上作业

（1）临时弃井

临时弃井作业应符合下列要求：

①在最深层套管柱的底部至少打 50m 水泥塞；

②在海底泥面以下 4m 的套管柱内至少打 30m 水泥塞。

（2）永久性弃井

永久性弃井作业应符合下列要求：

①在裸露井眼井段，对油、气、水等渗透层进行全封，在其上部打至少 50m 水泥塞，以封隔油、气、水等渗透层，防止互窜或者流出海底，裸眼井段无油、气、水时，在最后

一层套管的套管鞋以下和以上各打至少30m水泥塞；

②已下尾管的，在尾管顶部上下30m的井段各打至少30m水泥塞；

③已在套管或者尾管内进行了射孔试油作业的，对射孔层进行全封，在其上部打至少50m的水泥塞；

④已切割的每层套管内，保证切割处上下各有至少20m的水泥塞；

⑤表层套管内水泥塞长度至少有45m，且水泥塞顶面位于海底泥面下4~30m之间；

⑥永久弃井时，所有套管、井口装置或者桩应实施清除作业，对保留在海底的水下井口装置或者井口帽，应向海油安办有关分部进行报告。

（3）弃井实施备案

作业者或者承包者在进行弃井作业或者清除井口遗留物30d前，应向海油安办有关分部报送下列材料：

①弃井作业或者清除井口遗留物安全风险评价报告；

②弃井或者清除井口遗留物施工方案、作业程序、时间安排、井液性能等。

（4）资料提交

施工作业完成后15d内，作业者或者承包者应向海油安办有关分部提交下列资料：

①弃井或者清除井口遗留物作业完工图；

②弃井作业最终报告表。

第六节（*MK-A9-6*） 硫化氢防护设施设备及配置

依据SY/T 6277—2017、SY/T 5727—2014、SY/T 6610—2017规定井下作业硫化氢防护设备设施的配备应包括但不仅限于以下要求。

一、警告标志

在硫化氢环境的工作场所入口处应设置白天和夜晚都能看清的硫化氢警告标志。

（1）硫化氢警告标志的要求：

①空气中硫化氢浓度小于阈限值（10ppm）时，白天挂标有硫化氢字样的绿牌、夜晚亮绿灯；

②空气中硫化氢浓度超过阈限值（10ppm）且小于安全临界浓度（20ppm）时，白天挂标有硫化氢字样的黄牌，夜晚亮黄灯；

③空气中硫化氢浓度超过安全临界浓度（20ppm）且小于危险临界浓度（100ppm）时，白天挂标有硫化氢字样的红牌，夜晚亮红灯；

④空气中硫化氢浓度超过危险临界浓度（100ppm）时，白天挂标有硫化氢字样的蓝牌，夜晚亮蓝灯。

（2）硫化氢警告标志牌

"硫化氢工作场所，当心中毒"。

（3）大门入口处，至少有一个1.2m×1.2m大小的入口警告牌。

警告指示牌的含义：

①红色，表示对生命健康有威胁，极度危险；

②黄色，表示对生命健康有影响，严重警告；

③绿色，表示处于受控状态，有潜在或可能危险。

（4）大门入口处，至少有一个 1.2m×1.2m 大小的入口提示牌：

①"硫化氢"红色，注明"危险状态（≥20ppm）"；

②"硫化氢"黄色，注明"危险状态（10～20ppm）"；

③"硫化氢"绿色，注明"危险状态（<10ppm）"；

④"硫化氢"白色，注明"危险状态（无）"。

（5）至少一个"非经培训者/未经许可人员请勿进入"警示牌。

（6）"警告：硫化氢有毒气体"。

（7）"此处严禁烟火"。

（8）两块（黑暗中能发光）"第×号急救站"标牌

（9）张贴"医疗急救程序"和"紧急电话号码"于下述位置：

①安全拖车（急救站）；

②作业工值班房；

③甲方监督、值班经理办公室。

（10）如有必要"只准出去"标志设置于第二条逃生道路的入口。

注意：应对安全警示标志进行日常检查，并及时维护。

二、风向标

安装风向标的可能位置是：绷绳、工作现场周围的立柱、临时安全区、道路入口处、井架上、气放喷材室等，风向标应挂在有光照的地方。

（1）在硫化氢环境的工作场所应设置白天和夜晚都能看清风向的风向标，风向标的设置应符合以下要求：

①风斗（风向袋）或其他适用的彩带、旗帜；

②根据工作场所的大小设置一个或多个风向标；

③安装在不会影响风向指示且易于看到的地方。

（2）风向指示器应在这些地方指示方向：

①作业工值班房的房顶；

②高于钻台或操作台，钻台或操作台以外的位置；

③与第一个指示器成直角的位置；

④微风情况下即可引起人们的注意。

三、固定式硫化氢检测系统

（1）固定式硫化氢检测系统包括探头、信号传输、显示报警装置等，显示装置应具有显示、声光报警功能。

（2）在硫化氢环境的陆上井下作业设施至少在以下位置安装固定式硫化氢探头：

①方井;

②钻台或操作台;

③循环池;

④测试管汇区;

⑤分离器。

（3）在硫化氢环境的海上井下作业设施至少在以下位置安装固定式硫化氢探头：

①井口区甲板上;

②钻台上;

③污液舱或污液池顶部;

④生活区;

⑤发电机及配电房进风口。

（4）固定式硫化氢探头应安装在距离测量目标水平面以上 0.3～0.6m 处，且探头向下。

①显示装置安装在有人值守的值班室;

②声光报警器安装位置应满足现场的人员都能听到或看到报警信号。

（5）报警值的设定应符合下列要求：

①当空气中硫化氢含量超过阈限值时 [15mg/m³（10ppm）]，监测仪应能自动报警;

②第一级报警值应设置在阈限值 [硫化氢含量为 15mg/m³（10ppm）];

③第二级报警值应设置在安全临界浓度 [硫化氢含量为 30mg/m³（20ppm）];

④第三级报警值应设置在危险临界浓度 [硫化氢含量为 150mg/m³（100ppm）]。

（6）检查应符合下列要求：

①每天都应对硫化氢检测系统进行一次功能检查，每次检查应有记录，记录至少保持 1 年。

②固定硫化氢检测系统检查应至少包括以下内容：

a）设备警报功能测试;

b）探头及报警装置的外观。

（7）检测检验应符合下列要求：

①固定式硫化氢检测系统的检验应由企业认可的有检验能力的机构进行;

②固定式硫化氢检测系统每年至少检验一次;

③在超过满量程浓度的环境使用后应重新校验。

四、空气压缩机

在已知含有硫化氢的工作场所应至少配备一台空气压缩机，其输出空气压力应满足正压式空气呼吸器气瓶充气要求。没有配备空气压缩机的工作场所应有可靠的气源。

（1）空气压缩机的进气质量应符合以下要求：

①氧气含量 19.5%～23.5%;

②空气中凝析烃的含量小于或等于 5×10^{-6}（体积分数）;

③一氧化碳的含量小于或等于 12.5mg/m³（10ppm）;

④二氧化碳的含量小于或等于 $1960mg/m^3$（1000ppm）；

⑤压缩空气在一个大气压下的水露点低于周围温度 5~6℃；

⑥没有明显的异味；

⑦避免污染的空气进入空气供应系统。当毒性或易燃气体可能污染进入气的情况发生时，应对压缩机的进口空气进行监测。

（2）空气压缩机应布置在安全区域内。

（3）充气过程中每 10~15min 左右打开排污阀排污一次。

（4）空气压缩机操作人员应按说明书要求进行安全操作、维护和保养。

（5）气体充装人员资格应符合政府有关规定。

五、正压式空气呼吸器

1. 技术性能

正压式空气呼吸器的技术性能应符合 GA 124 的规定。

2. 配备

正压式空气呼吸器及备用气瓶的配备按 SY/T 6277—2017 5.1 的要求执行，参见本书第六章第三节第五条。

六、可燃气体监测报警仪

可燃气体报警器检测到可燃性气体浓度达到报警器设置的报警值时，可燃气体报警器就会发出声、光报警信号，以提醒采取人员疏散、强制排风、关停设备等安全措施。

低级警报应为视觉警报，视觉与听觉警报一起出现时成为高级报警。

硫化氢的警报位置应可见和可听到：

司钻操作台（声响、灯光）

动力间（声响、灯光）

泥浆房（声响）

生活区（每一层的声响）

每个建筑层的中心区（声响、灯光）

控制间

注：高音量贯穿井场，区别于其他声光源。

七、便携式硫化氢监测报警仪

井下作业现场应配备固定式硫化氢监测仪和携带式硫化氢监测仪。便携式硫化氢监测报警仪的配备按 SY/T 6277—2017 5.1 的规定执行，参见本书第六章第二节第六条。

八、机械通风设施

机械通风有助于降低工作区域硫化氢的浓度，宜考虑在钻台或操作台、井架基础四周、液罐和其他硫化氢或二氧化硫可能聚集地低洼区域使用这些通风设施。

九、消防器材的配备与管理

应符合 SY/T 5225—2012 中 8.4 的规定，作业、试油现场至少配备 35kg 干粉灭火器 2 具、8kg 干粉灭火器 4 具、消防锹 3 把、消防砂 2m³。在野营房区按 40m² 不少于 1 具 4kg 干粉灭火器配备。

十、逃生设施

（1）硫化氢环境的工作场所应设置至少两条通往安全区的逃生通道。

（2）逃生通道的设置应符合以下要求：

①净宽度不小于 1m，净空高度不小于 2.2m；

②便于通过且没有障碍；

③设有足够数量的白天和夜晚都能看见的逃离方向的警示标志；

④逃生梯道净宽度不小于 0.8m，斜度不大于 50°，两侧应设有扶手栏杆，踏步应为防滑型。

（3）修井井架的逃生装置应符合 SY/T 7028 的规定。

十一、急救设备药品

（1）硫化氢环境的陆上工作场所，应配备具有医生执业资格的专职或兼职医务人员，或依托可靠的医疗机构。定员超过 15 人的海上石油设施上，应配备具有医生执业资格的专职或兼职医务人员。

（2）硫化氢环境的工作场所应配备以下医疗设备和药品：

①具有基础医疗抢救条件的医务室；

②氧气瓶、担架等；

③硫化氢中毒的常用药品，如二甲基氨基酚溶液、亚硝酸钠注射液硫代硫酸钠、维生素 C、葡萄糖等。

（3）应定期检查医疗设备的完好性和药品的有效期。

第七节（*MK-A9-7*） 日常检查与维护

一、检查

（1）进场前应检查井场布局及异常情况，检查内容应至少包括：主导风向、风向障碍物、低洼区域、循环罐位置、放喷池位置、放喷管线位置、井场通道等，检测是否存在硫化氢及设备设施摆放对硫化氢防护是否有利等。

（2）每天开始工作之前，应安排专人实施日常检查，应至少包括以下检查项目：

①已经或可能出现硫化氢的工作场所；

②风向标；

③硫化氢监测设备及警报（功能试验）；

④人员保护呼吸设备的安置；

⑤消防设备的布置；

⑥急救药箱和氧气瓶。

（3）在含有硫化氢和预测含有硫化氢的施工井，每0.5h对出口液、气体进行硫化氢气体检测，并建立检查记录。

（4）在射开含硫化氢油气层前，施工单位和建设方应分别对施工前和准备工作进行检查和验收；施工过程中，作业队伍的上级主管部门和技术部门领导和技术人员进行指导和监督。

二、维护

接触硫化氢气体的设备设施在使用后，及时用清水冲洗，有条件使用气源吹干。

三、检验

（1）重复使用的井口装置、防喷装置、紧急关闭阀、液动平板阀、地面高压流程管线和阀门、弯头，应定期检验合格。

（2）采油（气）树（包括油管头）在送井前，由具有检验资质的单位进行等压气密封和水密封试压检验，有合格的检验报告。

（3）在含硫化氢环境使用的井控装置应每口井送检一次。

（4）锅炉、分离器、热交换器等压力容器的检验符合《特种设备安全监察条例》的规定，并建立特种设备安全技术档案。

第十章（*MK-A10*）
原油采集与处理作业硫化氢防护

第一节（*MK-A10-1*） 原油采集与处理作业流程

一、原油采集与处理作业的定义

原油采集与处理作业是指通过抽油机等机械设备（或依靠油层本身的能量）将井下油井产物举升到地面，进行收集、处理、运输的全过程作业活动。其主要任务：将井下油井产物举升至地面进行收集，再通过单井管线或分队计量管线送至集中处理站（联合站）内，进行油、气、水分离，完成原油脱水、稳定、储存、外输等。

二、原油采集与处理生产过程

原油集输生产过程如图 10 – 1 所示。

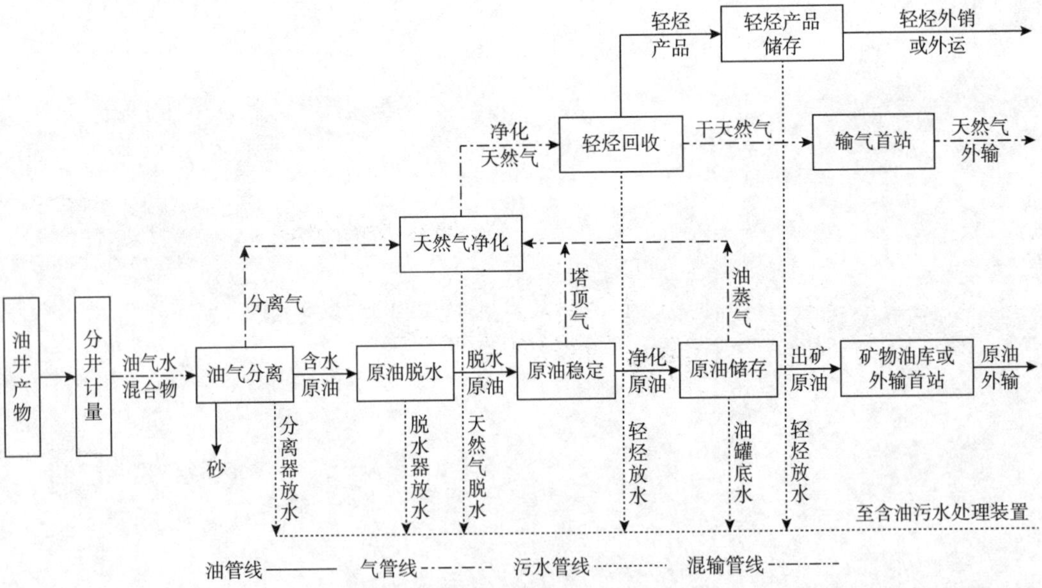

图 10 – 1 原油集输生产过程示意图

三、原油采集与处理工艺流程图

原油采集与处理工艺流程如图 10 – 2 所示。

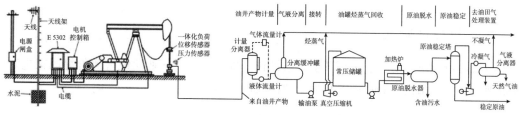

图 10 – 2　原油采集与处理工艺流程图

第二节（*MK-A10-2*）　资质人员管理要求

一、资质要求

从事硫化氢环境原油采集与处理工程建设项目的设计、施工建造和生产运行全过程的各单位应持有国家法律法规要求的资质证书。

二、人员要求

从事含硫化氢原油采集与处理作业人员的基本条件应按照 SY/T 7356 的规定，接受培训，经考核合格后持证上岗。

三、管理要求

（1）生产经营单位应对开发井钻完井工程施工质量进行验收。

（2）生产经营单位应制定硫化氢防护管理制度，内容应至少包括但不限于：

①人员培训或教育管理；

②人身防护用品管理；

③硫化氢浓度检测规定；

④作业过程中硫化氢防护措施；

⑤交叉作业安全规定；

⑥应急管理规定。

（3）生产经营单位硫化氢环境中有关人员的防护要求应符合 SY/T 6277—2017 的要求，人员培训的管理应符合 SY/T 7356—2017 的要求，应急救援管理应符合 SY/T 7357—2017 的要求。

第三节（*MK-A10-3*） 设计与建造要求

一、可行性研究

项目可行性研究阶段应进行环境影响评价、安全评价、职业病危害评价等国家规定的评价项目，评价结论应满足国家相应法律法规的要求。

二、原油站场（库）布置

1. 采油井井场布置

油井井场应在满足修井施工和油井安全生产需求的前提下，尽可能少占用耕地，因此要科学合理地布置井场。油气井、计量站的防火间距、平面布置应符合 GB 50183《石油天然气工程设计防火规范》的规定。

（1）单井抽油的采油井口、加热炉和储油罐宜角形布置，加热炉应布置在当地最小频率风向的上风侧。抽油机在 2m 以下外露的旋转部位应安装防护装置。当机械采油井场采用非防爆启动器时，与井口的水平距离不应小于 5m。

（2）自喷油井、气井至各级石油天然气站场的防火间距，应考虑油井管理、生产操作、道路通行及火灾事故发生时的消防操作等因素设置。根据 GB 50183 的要求，站场内储罐、容器的防火距离均为 40m，油井应置于站场的围墙以外，避免互相干扰和发生火灾。通常油气井与周围建（构）筑物、设施的防火间距参照表 10 – 1 执行。

表 10 – 1 油气井与周围建（构）筑物、设施的防火间距

建（构）筑物设施名称		与自喷油井、气井和注气井的间距/m	与机械采油井的间距/m
一、二、三、四级石油天然气站场出口及甲、乙类容器		40	20
100 人以上的居住区、村镇、公共福利设施		45	25
相邻厂矿企业		40	20
铁路	国家铁路	40	20
	工业企业铁路	30	15
公路	高速公路	30	20
	其他公路	15	10
架空通信线	国家一、二级	40	20
	其他通信线	15	10
35kV 及以上独立变电所		40	20

（3）无自喷能力且井场没有储罐和工艺容器的油井火灾危险性较小，防火间距可按修井作业所需间距确定。

①当气井关井压力或注气井注气压力超过 25MPa 时，与 100 人以上的居住区、村镇、公共福利设施及相邻厂矿企业的防火间距，应按表 10 - 1 中规定增加 50%。

②无自喷能力且井场没有储罐和工艺容器的油井按上表执行有困难时，防火间距可适当缩小，但应满足修井作业要求。

2. 原油集输站场布置

陆上原油集输站场的布置应符合《油田油气集输设计规范》（GB 50350—2015）的规定，做到布置紧凑，物料流向合理，生产管理方便，散发有害气体和易燃、易爆气体的生产设施布置在生活基地或明火区的全年最小频率风向的上风侧，各建（构）筑物、生产设施的间距执行《石油天然气工程设计防火规范》（GB 50183—2004）等现行国家标准的相关规定。原油集输站场与周围居住区、相邻厂矿企业、交通线等的防火间距、不应小于表 10 - 2 的规定。

表 10 - 2　原油集输站场区域布置防火间距（节选）　　　　　　　　　　　　　m

项目	储量≥100000m³	30000m³≤储量<100000m³	4000m³<储量<30000m³	500m³<储量≤4000m³
100 人以上的居住区	100	80	60	40
100 人以下的散居房屋	75	60	45	35
相邻厂矿企业	70	60	50	40
国家铁路线	50	45	40	35
工业企业铁路线	40	35	30	25
高速公路	35	30	25	20
其他公路	25	20	15	15
35kV 及以上独立变电所	60	50	40	40
35kV 及以上架空电力线路	1.5 倍杆高且不小于 30			
35kV 及以下架空电力线路	1.5 倍杆高			
国家一、二级架空通信线路	40			1.5 倍杆高
其他架空通信线路	1.5 倍杆高			
爆炸作业场地（如采石场）	300			

原油集输站场内平面布置防火间距不应小于表 10 - 3 ~ 表 10 - 7 的规定。

表 10 - 3　一至四级原油集输站（库）平面布置防火间距（节选1）　　　　　m

项目	>10000m³ 固定顶油罐	≤10000m³ 固定顶油罐	≤1000m³ 固定顶油罐	≤500m³ 固定顶油罐
密闭工艺装置（设备）	25	20	15	15
加热炉或其他有明火设备	40	35	30	25
≤30m³ 的敞口容器	28	24	20	16
>30m³ 的敞口容器	35	30	25	20

续表

项目	>10000m³ 固定顶油罐	≤10000m³ 固定顶油罐	≤1000m³ 固定顶油罐	≤500m³ 固定顶油罐
全厂性重要设施	40	35	30	25
辅助生产设施	30	25	20	15
10kV 及以下户外变压器	30	25	20	15
高架火炬	90	90	90	90

表 10-4　一至四级原油集输站（库）平面布置防火间距（节选 2）　　　　　m

项目	≥50000m³ 浮顶油罐	<50000m³ 浮顶油罐	≤10000m³ 浮顶油罐	≤1000m³ 浮顶油罐
密闭工艺装置（设备）	25	20	15	15
加热炉或其他有明火设备	35	30	26	22
≤30m³ 的敞口容器	24	20	18	16
>30m³ 的敞口容器	30	26	22	20
全厂性重要设施	35	30	26	22
辅助生产设施	30	26	22	18
10kV 及以下户外变压器	30	26	22	18
高架火炬	90	90	90	90

表 10-5　一至四级原油集输站（库）平面布置防火间距（节选 3）　　　　　m

项目	全厂性重要设施	辅助生产设施	10kV 及以下户外变压器	丙类物品
≤30m³ 的敞口容器	25	20	25	15
>30m³ 的敞口容器	30	20	25	20
高架火炬	90	90	90	90
汽车装卸鹤管	20	—	—	—
其他甲、乙类物品	25	20	25	—

表 10-6　五级原油集输站场平面布置防火间距（节选）　　　　　m

项目	水套加热炉	辅助设施	油气井	≤500m³ 油罐
露天密闭设备及阀组	5	12	5	10
>30m³ 隔油池、污油罐	22.5	22.5	—	15
计量仪表间	10	—	9	15
污水池	5	10	5	5
硫黄库房	15	15	15	15
≤500m³ 油罐	15	—	15	—
天然气凝液储罐	40			30

表 10 - 7 原油储罐之间的防护间距（节选）

m

项目	固定顶油罐	浮顶油罐	卧式油罐
>1000m³ 油罐甲、乙类	0.6D	0.4D	0.8
≤1000m³ 油罐甲、乙类	0.6D（固定式消防）	0.4D	0.8
≤1000m³ 油罐甲、乙类	0.75D（移动式消防）	0.4D	0.8
储存丙类 A 原油储罐	0.4D	—	0.8
储存丙类 B 原油 >1000m³ 储罐	5	—	0.8
储存丙类 B 原油 ≤1000m³ 储罐	2	—	0.8

三、设计

（1）原油采集与处理工程的防火设计应符合 GB 50183 的规定，油气集输工程的设计应符合 GB 50350 的规定。

（2）用于硫化氢条件下使用的金属材料的选择和制造应满足 GB/T 20972 和 SY/T 0599 的要求，在设计和设备作业时应考虑其他形式的腐蚀和破坏（如坑蚀、氢诱发裂纹和氯化物引起的断裂），并采用化学保护、材料选择和环境控制等方法加以控制。

（3）经认证和实验测试合格的材料，在提供材料的性能说明书和实验结果后，也可用于硫化氢环境中。

（4）硫化氢环境油水输送管道，宜采用非金属管材、非金属复合管材或耐蚀合金复合管材。储罐采用抗硫化氢等介质腐蚀性能的内涂层。

（5）含硫化氢井宜在井口和井口分离器后的采、集管道上加注缓蚀剂进行腐蚀控制。宜对释放的套管气进行脱硫处理。

（6）工作场所有可能导致劳动者发生急性职业中毒，应设立硫化氢气体检测报警点。硫化氢气体检测报警系统的选用和设置应符合 GB 50493 和 GBZ/T 223 的规定，至少宜在以下场所安装硫化氢气体检测报警器：

①原油中转站以上的油泵房、计量间、含油污水泵房、脱水器操作间、反应器操作间；

②输送天然气的压缩机房、计量间、阀组间和收发球间；

③与硫化氢气体释放源场所相关联并有人员活动的沟道、排污口以及易聚集有毒气体的死角、坑道。

四、建造施工

（1）设计文件、施工组织设计、施工现场 HSE 作业指导书应有硫化氢环境原油采集与处理场所的相关施工规定。

（2）硫化氢环境的焊接材料应进行焊接工艺评定，焊缝应经抗硫化物应力开裂（SSC）和氢致开裂（HIC）实验评定合格。

（3）在焊接连接管线和系统部件时，应使用其组成和尺寸都适合于推荐温度下的焊条。预热、后加热、应力解除和硬度控制的要求要与焊接程序规范一致。选择符合 SY/T

0599 要求的螺栓和垫圈，所有的管线排列应合理，所有的系统部件应有正确的支撑以减轻应力。

五、生产试运行

（1）试运前应编制试运方案和应急预案，审批合格后实施。

（2）投产试运（投料试车）前应完成施工交接，并完成投产试运条件的检查确认。

（3）应建立统一的投产试运（投料试车）指挥机构，负责组织指挥试运工作。

（4）投产人员应进行硫化氢安全培训，持证上岗。

（5）投产试运前应对位于集油站、集输管道等应急撤离区内的企事业单位、学校和居民进行安全教育和风险告知。

（6）投产试运前应按照应急预案落实抢修队伍和应急救援人员，配备救援装备。具体要求详见 SY/T 7357。

六、竣工验收

（1）新改扩建项目应执行安全设施"三同时"制度，安全预评价、安全设施设计审查和竣工验收应符合相应的法律法规和标准规范的要求。按照可行性研究报告对工程项目周围的环境进行核实，若不符合可行性报告结论要求应不予验收。

（2）工程交工验收时确因客观条件限制未能全部完工的工程，在不影响安全试运行的条件下，经建设单位同意，已完工的工程可办理工程交工验收手续，但遗留工程应详细说明不能验收的原因，并提出整改意见、整改时间及对复验的建议。

（3）当检验和验收中发现存在结构安全缺陷、质量隐患、重要使用功能不能满足设计要求时，未经整改合格，不应办理交工验收手续，不应投入试运行。

第四节（*MK-A10-4*）　生产运行过程中硫化氢的预防

一、一般要求

（1）硫化氢原油采集与处理过程中的基本安全要求执行 AQ 2012、SY/T 5225、SY/T 6320 的规定。

（2）生产单位应对本单位工作场所硫化氢分布及可能泄漏或逸出情况进行充分辨识和分析，应按照 GBZ/T 229.2 的要求，确定硫化氢重点防护区域及重点防护作业环节并采取相应的预防措施。

（3）应建立硫化氢工作场所日常检测、监测制度，发现硫化氢浓度超标及时进行公众告知和作业人员告知，查找原因，进行整改，并做动态监测。

（4）应做好检测报警系统的运行记录，包括检测报警运行是否正常，维修日期和内容等。

（5）应定期对井口采油树、管汇、工艺管道、容器、储油舱、生产污水舱等进行腐蚀监测、检测和评估，并根据结果调整防护措施。

（6）作业人员进入硫化氢浓度超过安全临界浓度或存在硫化氢浓度不详的区域进行检查、作业或救援前，应佩戴正压式空气呼吸器和便携式硫化氢监测仪，直到该区域已安全或作业人员返回到安全区域。

（7）硫化氢气体的一次最大排放限值及无组织排放源（没有排气筒或排气筒高度低于15m的排放源）的厂界浓度限值应符合GB 14554的规定。

（8）井（站）场内产生的污泥和含有毒有害物质，应统一规划、集中进行无害化处理。

二、采油

（1）采油井口装置应定期进行腐蚀状况、配件完整性及灵活性、密封性等专项检查和维修保养，并做好记录。

（2）定期测试单井产出液中硫化氢气体的含量，根据测试结果提出调整措施。

（3）井口释放套管气的管线应采用硬质金属管线连接并固定，宜对释放的套管气进行脱硫处理，应定期检测释放气体中硫化氢的含量。

（4）井口装置及其他设备应完好不漏，发现地面油气泄漏，视泄漏位置采取关闭油嘴管汇、紧急切断阀或采油树生产阀门等措施。

三、集油

（1）原油集输、原油装卸基本安全要求按照SY/T 5225的规定执行。

（2）井口到分离器出口的设备、地面流程、管线压力等级应符合设计要求，并抗硫化氢、二氧化碳腐蚀。

（3）应定期对管线巡回检查。记录压力和温度，发现异常情况应及时采取处理措施。

（4）宜每月至少1次检测储油罐中硫化氢气体的浓度，记录检测结果。

（5）装卸含硫化氢原油必须先检测后装卸，装卸人员应根据硫化氢含量采取相应的防护措施。

（6）含硫化氢储油罐的原油应密闭拉运。驾驶员需进行硫化氢知识培训，经考试合格后方可上岗。

（7）含硫化氢气体应通过燃烧后放空，含高浓度硫化氢的气体（如酸性气体等）必须进行有效处理，达到GB 16297的排放标准后方可排放。

四、联合站处理

（1）原油站（库）的运行管理基本要求执行SY/T 5920的规定，防火、防爆安全要求执行SY/T 5225的规定。

（2）因原料组分、工艺流程、装置改造或操作条件发生变化可能导致硫化氢浓度超过允许含量时，应及时告知岗位员工并落实防护措施。

（3）在进行含硫样品采样时，要在取样点设置明显、清晰的硫化氢警告标志，采用隔离操作或戴防毒面具操作，分析人员严格按操作规程要求进行取样操作。取样完成时，取样设备应标识硫化氢警示标签。

（4）取样或计量时，应测试罐内、呼吸区硫化氢气体的浓度。若超出人员和设备的保护级别，需通过过程控制、管理程序和个人呼吸装备来保证取样人员的安全。

（5）含硫化氢气体应通过燃烧后放空，含高浓度硫化氢的气体（如酸性气体等）必须进行有效处理，达到 GB 16297 的排放标准后方可排放。

（6）污水锅炉回用质量应达到 GB/T 1576 的规定，污水外排质量应达到 GB 8978 的规定。含硫污水应密闭送入污水处理装置，处理合格后方可与其他废水混合排放或处理，禁止排入生活污水系统。酸液、碱液等可能生成硫化氢废液不得混合直接向污水系统排放。

五、油田内输送

（1）依据输油管道《中华人民共和国石油天然气管道保护法》和《危险化学品输送管道安全管理规定》等有关管道的法律、法规实施管理。

（2）原油管道运行的技术要求应执行 SY/T 5536 的规定。

（3）输油管道的检查与维护、维修与抢修、封存或报废管段的处理应执行 SY/T 5536 的规定。

（4）应制定管道重点部位、重点管段的应急预案，重点穿跨越管段宜设守卫人员。重点部位、重点管段主要包括：

①管道大型穿、跨越段；

②管道经过的水源地及环境敏感区段；

③地震活动频繁段及老矿井塌陷段；

④易发生滑坡、泥石流段。

（5）油田钢质管道应按 GB/T 21447 的有关规定投运阴极保护，中断运行和停止使用的管道，在未明确报废（或拆除）前，阴极保护应保持连续投运。

六、原油储存

（1）钢质原油储罐的运行安全应执行 SY/T 6306 的规定。

（2）定期检查产出液体储存罐以确定是否需要修理或维护。对罐顶取样器出口密封、检查和清洗板密封、排出管线回压阀等进行定期维护或更换。

（3）原油储存的操作、检查和检测的安全要求应执行 SY/T 5225 的规定。

七、脱硫装置安全要求

（1）应定期对脱硫装置进口及出口气体组分进行检测。

（2）应定期检查缓蚀剂加注装置和缓蚀剂保护效果，根据检查结果优化缓蚀剂的加注周期和选择缓蚀剂。

（3）氧化铁干法脱硫化氢装置，取出脱硫剂前应充分湿润，以免自燃。

（4）失效的脱硫剂应装入密封容器内，并由具有无害化处理能力的专业队伍处理。

（5）长期停运脱硫化氢装置取出脱硫剂后应充氮密封，关闭进出口阀门并上锁挂牌。

（6）脱硫塔应根据天然气含液情况定期排除底部积液，积液应排至指定的可密闭容器内，将盛装液体的容器放到指定位置。

第五节 （*MK-A10-5*） 硫化氢防护设施设备的配置

原油采集与处理作业站场硫化氢防护设施、设备的配置应执行 GBZ/T 259—2014 和 SY/T 6277—2017 规定，符合 SY/T 7358—2017 相关条款要求，应包括但不限于以下内容：

（1）正压式空气呼吸器；

（2）空气压缩机；

（3）便携式硫化氢检测报警仪；

（4）固定式硫化氢检测及报警装置；

（5）通风排气装置；

（6）泄压排放装置；

（7）火炬点火装置；

（8）警报器；

（9）风向标；

（10）洗眼器；

（11）消防器具；

（12）安全警示标志；

（13）有毒物品作业岗位职业病危害告知卡；

（14）应急疏散逃生通道、路线图、紧急集合点；

（15）急救药箱。

第六节 （*MK-A10-6*） 日常检查与设备检修维护

一、日常检查

1. 一般要求

（1）应进行各层级的定期和不定期安全检查，所有检查应保存记录。

（2）应对安全、防护设施进行经常性检查、维护、保养，定期检测并做记录。

（3）应根据工艺特点建立巡回检查制，确定巡回检查点、巡回检查内容和巡回检查周期。

（4）进入含硫化氢重点监测区作业的人员，应佩戴硫化氢检测仪和正压式空气呼吸器；至少两人同行，一人作业，一人监护。

（5）日常检查应包括但不限于下述检查项目：

①已经或可能出现硫化氢的工作场地；

②风向标、警示标志；

③硫化氢监测设备及警报（功能试验）；

④探头及报警装置的外观；

⑤人员呼吸防护用品；

⑥通风装置；

⑦急救药箱；

⑧脱硫装置。

（6）正压式空气呼吸器和便携式硫化氢检测仪的日常检查按照 SY/T 6277 中的规定执行。

（7）固定硫化氢检测系统应每周对报警器自检系统试验一次，检查指示系统运行状况，每两周进行一次外观检查，检查项目包括：

①连接部位、可动部件、显示部位和控制旋钮；

②故障灯；

③检测器防爆密封件和紧固件；

④检测器部件是否堵塞；

⑤检测器防水罩；

⑥现场报警器。

2. 井场及计量站

（1）含有硫化氢的油井和计量站的安全警示标志设置明显。

（2）硫化氢气体检测系统运行正常，通风设备性能良好，人员防护装备、检测仪性能良好并在有效期。

（3）安全阀、压力表、液位计等安全附件齐全并在有效期。

（4）周围环境硫化氢含量正常，井口装置和计量站设备无泄漏。

（5）每月至少检测一次单井储油罐中硫化氢气体的浓度并记录检测结果。

（6）单井储油罐含硫化氢原油拉运检查主要包括：

①装油前检测储油罐及车辆周围环境硫化氢含量，人员是否采取相应的呼吸防护；

②驾驶员、押运员、装卸员及槽车证、照齐全、有效；

③装卸台、车辆有醒目的安全警示标志；

④车辆配备的两具灭火器和导静电橡胶拖地带符合安全要求；

⑤车体接地点无油污、无锈蚀，接触良好；静电接地活动导线与车辆的连接紧固；

⑥车辆防火罩完好，安装紧固并关闭。

3. 集输管道

（1）集输管道无超温、超压运行，无憋压、冻凝现象。

（2）停运的管道和阀门，有防止憋压、冻凝措施。

（3）各类安全保护设施完好，泄压装置在检验期。

（4）脱硫装置运行正常，定期检测脱硫装置进口及出口气体组分。

（5）阴极保护运行正常，阴极保护的主要控制指标符合 GB/T 21448 的有关规定。

（6）专人定期对管道及其附属设施进行徒步巡查，巡查内容执行 SY/T 5536 的规定。

4. 原油、污水处理

（1）含硫原油、污水处理装置作业区域及硫化氢易泄漏区域，安全警示标志设置明显。

（2）新投产原油处理站，原油进装置时，人员应佩戴正压式空气呼吸器和检测仪，做好来油硫化氢含量监测。

（3）定期检测硫化氢危险点源，硫化氢超过安全临界浓度及浓度出现异常波动时，应将危险源信息及时公告。

（4）硫化氢气体检测系统运行正常，通风设备性能良好，人员防护装备、检测仪性能良好并在有效期。

（5）应经常检查阀门、法兰、连接件、测量仪表和其他部件，及时发现需要检测、修理和维护的部件。

（6）应定期进行自动控制系统检查，调校和检验。

（7）应定期对火炬点火装置进行检查和维护。

（8）应定期对原油、污水处理装置的腐蚀进行监测和控制。

（9）电脱水器投产前应按规定做强度试验、气密试验及连锁自动断电试验。电脱水器高压部分应每年检修一次，及时更换极板。

二、维护

1. 作业要求

（1）建立设备设施管理定期维护保养制度，并建立信息档案。

（2）根据事故预案配备维（抢）修设备和器材，设置维（抢）修机构。

（3）进入检修（维护）工地人员的着装和安全用品配备应遵守进入含硫化氢环境人员着装和安全用品配备的特殊要求。

（4）检修维护期间对含有硫化亚铁部位挂警示牌，采用增湿措施防止硫化亚铁自燃。

（5）在进入密闭、受限的含硫容器作业前，先应考虑防毒、通风，并对硫化氢气体及氧气含量进行实时检测。当硫化氢含量超过或氧气低于安全临界浓度时，应佩戴正压式空气呼吸器，提前准备救援措施及工具。

2. 工艺处置要求

（1）进行集输管道检修时，应编制检修方案，报上级主管部门批准后实施。检修方案应有相应的安全措施和应急预案。

（2）对含硫化氢原油处理站和污水处理站进行检修维护，检修前应制定检修方案，检修方案中应有 HSE 要求，并应制定应急预案。

（3）原油处理站检修前后的气体置换作业应按检修方案中制定的安全操作步骤执行。发现异常情况，应及时查明原因和排除不安全因素；情况紧急时，应启动应急预案。

（4）工艺装置中有硫化亚铁存在的情况下，在设备、容器开启前，应考虑防止硫化亚铁自燃的措施。

（5）检修污水及其他固体危险废弃物都有散发硫化氢的可能，作业中应采取防护措施。

（6）对输送高含硫油品管线改造、维修动火前要彻底吹扫，注意低点排凝，防止残油及剩余油气的存在。设置吹扫装置或排放装置，定期排放盲法兰、接头等构成的死端中积聚的元素硫。

（7）含硫化氢的管道、容器在检修后投用前应用氮气进行置换。

（8）定期对设备、管线采取防腐措施，降低硫化亚铁自燃可能性。对长期停用设备应做防腐保护，防止硫化亚铁形成。

3. 检验

（1）检验机构

检验机构应严格按照核准的检验范围从事压力容器的定期检验工作，检验检测人员应取得相应的特种设备检验检测人员证书，并且按照规定进行注册。检验机构应接受质量技术监督部门的监督，并且对压力容器定期检验结论的真实性、准确性、有效性负责。

（2）含硫化氢容器检验

①压力容器的检验按 TSG 21 的要求。

②新建含硫原油储油罐投产后 5 年内，至少进行一次初次检测，以后视油罐运行安全状况确定其检测周期，但最长不能超过 5 年。储罐检测执行 SY/T 6620 的规定。

③对含硫原油储油罐和含硫污水处理罐进行定期检测，检测内容主要包括罐基础、焊缝、罐体椭圆度、抗风圈、保温层、罐体腐蚀，以及浮顶油罐的中央排水管、刮蜡板、导向管、支柱等附件的运行状况。

（3）含硫化氢管道检验

①管道应按 GB/T 20801.5、SY/T 6553 的要求进行检验、修理和改造。

②含硫化氢管道检验周期应根据采用的检验方法、管道的安全状况和上次检验结果确定。新建管道投运后的首次一般性检验，应在半年内进行；完工交接前已完成的检验项目，首次一般性检验可不再进行；进行全面检验的年度可以不进行一般性检验。含硫化氢管道大修理后的首次全面检验应在管道投产后 1 年内进行。

③对含硫化氢管道除进行常规一般性检查外，还应定期进行全面检测。有下列情况之一的管道，全面检验周期可以缩短：

a）多次发生事故；

b）防腐层损坏较严重；

c）修理、修复和改造后；

d）受自然灾害破坏；

e）投用超过 15 年。

④含硫化氢介质的管道停用 1 年后再启用，应进行全面检验及评价。

第七节（*MK-A10-7*） 废弃处置

一、一般规定

（1）废弃作业施工前应进行风险和危害识别，制定废弃方案和应急预案。

（2）废弃作业工艺、施工作业记录等应及时存档，并永久保存，管理单位同时承担相应的责任。

二、含硫油井

（1）无法满足正常生产而采取长期（1年以上）关停和永久弃置处理的含硫油井应由地质管理部门批准后由生产经营单位进行关停或废弃作业。

（2）废弃作业应按 SY/T 6646 和 SY/T 6610 的要求执行。

（3）生产经营单位应对永久废弃井进行 GPS 重新定位。长停井和永久废弃井井口位置应做警示标志，指明风险，并用围栏圈闭，严禁在上面建立任何建筑物，并且要求周边建筑物必须有一定的安全距离。

（4）生产经营单位应建立相应的关停井监控制度。井场检查记录、压力数据、机械完整性测试数据等应归档保存。

三、地面设备装置

（1）地面工艺装置停用或预计停用 1 年以上的，应按封存处理。废弃后暂不拆除的，也应视同为封存。

（2）封存的工艺设备应在醒目位置和管道封堵点设置封存标识和安全警示标识，封存期间应制定日常管理要求，并定期检测设备及周围环境硫化氢浓度。

（3）当地面工艺装置无法满足现有运行参数且没有维修价值时，使用单位提出申请，经业务主管部门评估审核后，由上级机关审批后进行废弃处理。

（4）压力容器（如分离罐、污水罐等）报废后应向原使用登记的安全监察机构办理设备的报废注销手续，而新设施应重新申报。压力容器在拆除前应用惰性气体或蒸汽对其彻底吹扫，确保达到有害程度的硫化氢不会遗留在设备设施里，并应采取相应的废弃物措施使其丧失本质功能。

（5）废弃设施拆除后应回收进行统一处理，产生的废弃物应进行妥善的处置，危险废弃物的处置与拉运必须符合国家和当地政府的有关要求。

四、集输管道

（1）当含硫化氢原油集输管道无法满足现有运行参数且没有维修价值或因工艺变更而长期停用时，应由上级部门审批后进行废弃处理。

（2）含硫化氢原油集输管道废弃处理前应采用惰性气体进行彻底吹扫，并用盲板进行封堵。

（3）废弃的管道应拆除沿线的阀室（井）。

（4）废弃管道地面上应设标志，并仍应用特殊标记在相关平面图上标识，同时管理单位应向附近居民告知。

（5）含硫化氢原油集输管道停用 1 年及以上后需再次启用，应进行全面检验及评价，全面检验项目按 SY/T 6186 的规定执行。

五、验收

（1）封存与拆除施工完成后应组织验收，验收内容应包括封存与废弃后对相关人员及周边环境影响的评估。

（2）封存与废弃的方案、审批文件、施工及验收资料、评估报告及其他相关资料应集中归档或备案。

（3）生产经营单位应及时更新设备台账，对于废弃设施应保证其失去本质功能，不可再被使用和转卖。

第一节（*MK-A11-1*）　天然气采集与处理作业流程

一、天然气采集与处理

天然气采集与处理是指通过一定的技术手段和措施对气井地层的天然气进行开采，使其经井筒流至井口，再由地面流程进行处理，汇入集气管线的整个过程。

二、采、集气地面流程

把从气井采出的含有液杂质的高压天然气处理变成适合矿场输送的合格天然气的地面各种设备设施及连线管线的组合，称之为采、集气地面流程。

几种常见的采、集气地面流程如下。

1. 低压气井地面流程

低压单井采气地面流程就是在单个采气井井场，安装一套天然气加热、调压、分离、计量和放空等设备，图 11 - 1 所示为某低压气井采气流程图。

低压单井采气流程中的主要设备有节流阀、水套加热炉、分离器、调压阀，避免安全阀、节流装置、计量仪表和放空管线等。

2. 高压气井地面流程

与低压气井的采气流程相比，由于高压气井井口压力较高，生产时要采用多级节流降压，同时为了保证流程安全，在井口装置到管汇台之间安装了一套井口安全系统，图 11 - 2 所示为川东北某高压气井采气流程图。

高压气井流程除具有低压气井具有的节流阀、水套加热炉、分离器、调压阀、地面安全阀、节流装置、计量仪表和放空管线外，还有井安系统及管汇台等。井安系统是指在流程出现突发事故后，能紧急切断井口和流程的连通，防止气流继续流动的装置，目前普遍使用的有井口安全系统以及安全截断阀；管汇台是由若干个承受压力较高的阀门组成的一组阀门组，用来进行流程倒换，便于清洗、更换和维护保养下游设备。

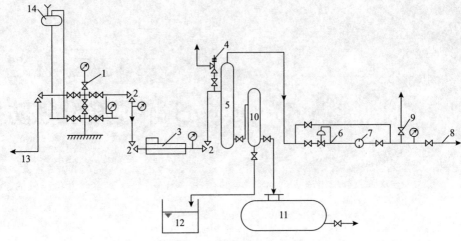

图 11 - 1　某低压气井采气流程图

1—采气井口；2—针型阀；3—保温套；4—安全阀；5—分离器；6—温度计；7—节流装置；

8　集气管线；9—放空阀；10—计量罐；11—油罐；12—水池；13—井口放空管线；14—缓蚀剂罐

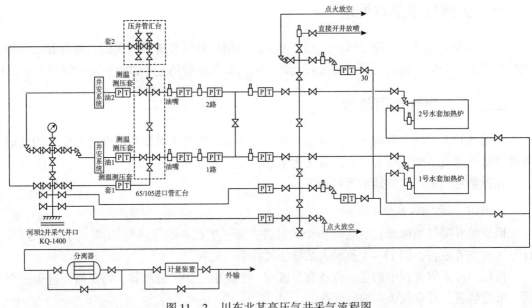

图 11 - 2　川东北某高压气井采气流程图

3. 含硫气井地面流程

对于含硫天然气井的采气流程，与普通气井采气流程相比，增加了脱硫装置部分。目前含硫气井脱硫方式主要分为天然气集中起来的脱硫厂脱硫和针对单井的单井脱硫。单井脱硫使用较多的是脱硫塔脱硫，脱硫塔就是用于盛装脱硫剂的容器。当天然气流经该容器时，天然气中的硫与脱硫剂反应，生成硫化物，从而除去了天然气中的硫。

4. 凝析油气井地面流程

在标准状况下，天然气中凝析油质量浓度大于 $50g/m^3$ 的气井称为凝析油气井。凝析油气井流程的特点是充分利用高压气节流制冷，大幅度降低天然气温度，以回收凝析油。为了防止生成水和物，节流前应注入防冻剂，图 11-3 所示为凝析油气井采气流程图。

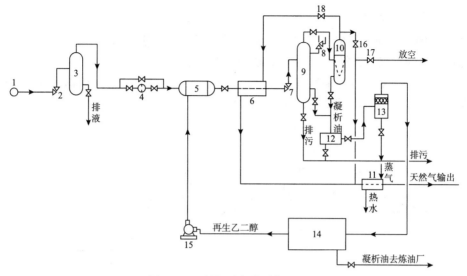

图 11-3　凝析油气井采气流程图

1—气井；2，7—针型阀；3—重力式分离器；4—节流装置；5—乙二醇混合室；

6—换冷器；8—安全阀；9—低温重力分离器；10—低温旋风分离器；11—蒸气换热器；

12—集液器；13—过滤器；14—凝析油稳定装置；15—乙二醇泵；16~18—闸阀

凝析油气井的采气流程设备与一般气井相似，不同的是设置了乙二醇混合室、换冷器、过滤器及凝析油稳定装置等，天然气在流程中进行了多级分离处理。

5. 集输站地面流程

集输站是实现天然气的分离、计量、气量调配与监管等功能的场站，典型的集输站地面流程图如图 11-4 所示。

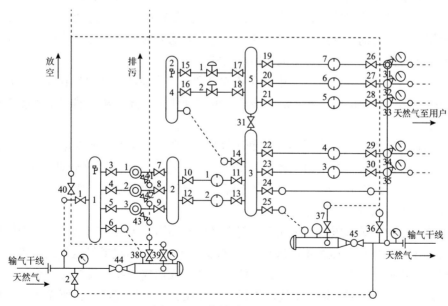

图 11-4　集输站地面流程图

三、采、集气系统中主要站场

1. 天然气集输场站

（1）井场：井场主要是由气井及其附属场地组成。个别气井还设有加热炉、分离器等，气井采出的天然气，经气井输气管线直接输送到集气站。

（2）集气站：对各气井来气进行加温、调压节流、分离计量后集中输入输气管道的场站。常温分离多井集气站原理，如图11-5所示。

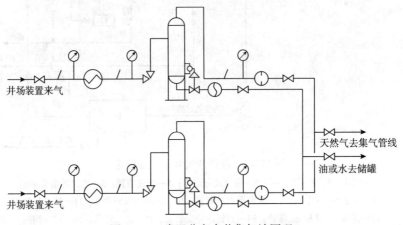

图11-5 常温分离多井集气站原理

（3）采气站：一般在气井所在地设井场，将各气井输来的天然气进行节流调压后，分离天然气中的液态水和凝析油，并对天然气量、产水量和凝析油产量进行计量后输入集气管线。

（4）调压计量站（配气站）：调压计量站设于输气干线或输气支线的起点和终点，必要时管线中间也需设中间调压计量站，其任务是接收输气管线来气，进站进行除尘，分配气量、调压、计量后将气体直接送给用户，或者通过城市配气系统送到用户。

一般将两口以上的气井用管道接至气站，将上游输来的天然气分离除尘，调压计量后输往下站，同时按用户要求，平稳地为用户供气。

（5）天然气净化厂：将天然气中的含硫成分和气态水脱离，使之达到天然气管输气质要求，减缓天然气中含硫成分和水对管线设备的腐蚀作用，同时从天然气中回收硫黄，供工农业使用。

（6）增压站：在气田开发后期（或低压气田），当气层压力不能满足生产输送所要求的压力时，就得设置采气增压站，将气体增压，然后再输送到天然气处理厂或输气干线。此外，天然气在干线中流动时，压力不断下降，这样就必须在输气干线上一定位置设置增压站，将气体压缩到所需的压力。

增压站可分为矿场增压站、输气干线起点增压站和输气干线中间增压站。当气田开采后期（或低压气田）地层压力不能满足生产和输送要求时，需设矿场压气站，将低压天然气增压至工艺要求的压力，然后输送到天然气处理厂或输气干线。天然气在输气干线中流动时，压力不断下降，需在输气干线沿途设置增压站，将天然气增压到所需压力。增压站设置在输气干线的起点则称为起点增压站，增压站设置在输气干线中间的某个位置则称为中间增压站。增压站单元组成如图 11-6 所示，往复压缩机站工艺流程如图 11-7 所示。

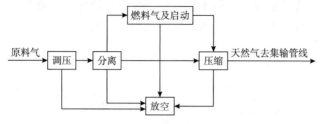

图 11-6　增压站单元组成

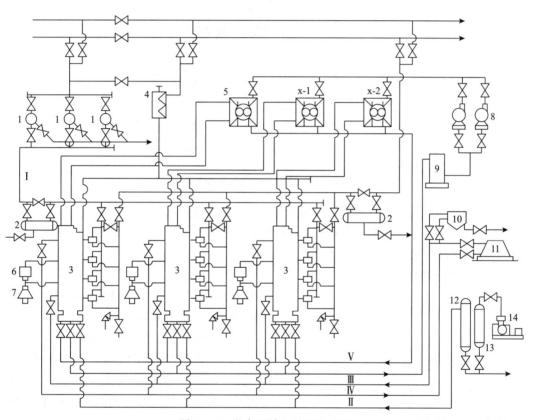

图 11-7　往复压缩机站工艺流程

1—除尘器；2—油捕集器；3—往复式压缩机；4—燃料气调节点；5—风机；6—排气消声器；

7—空气滤清器；8—离心泵；9—"热循环"水散热器；10—油罐；11—润滑油净化机；

12——启动空气瓶；13—分水器；14—空气压缩机；x-1—润滑油空气冷却器；x-2—"热循环"水空气冷却器；

Ⅰ—天然气；Ⅱ—启动空气；Ⅲ—净油；Ⅳ—"热循环"水

（7）天然气处理厂（站）：当天然气中的硫化氢、二氧化碳、凝析油等含量和含水量超过管输标准时，则需设置天然气处理厂进行脱酸（包括硫化氢和二氧化碳等酸性气体）、脱凝析油、脱水处理，使气体质量达到管输标准。

（8）清管站：是向下游输气干线内发送清管器，或接受上游输气干线推动清除管内积水污物而进入本站的清管器，从而通过发送接收清管器的清管作业，清除管内积水污物，提高输气干线的输气能力。

为清除管线内铁锈、灰尘、油水等污物以提高管线输送能力，常在集气干线和输气干线设置清管站，通常清管站与计量调压站设在一起便于管理。清管器发送装置流程图，如图 11 - 8 所示。清管器接收装置流程图，如图 11 - 9 所示。

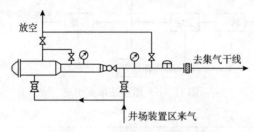

图 11 - 8　清管器发送装置流程图

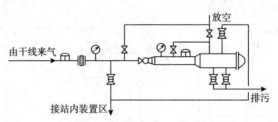

图 11 - 9　清管器接收装置流程图

（9）防腐站：是对输气管线进行阴极保护和向输气管内定期注入缓蚀剂，从而防止或延缓埋在土壤内的输气管线外壁遭土壤的电化学腐蚀以及免遭天然气中的少量酸性气体成分和水的结合物对输气管线内壁的腐蚀。

（10）阴极保护站：为防止和延缓埋地管线的电化学腐蚀，在输气干线每隔一定距离设置的用以提供阴极电流的保护站，主要设备有恒电位仪和阳极地床等。

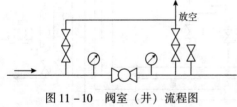

图 11 - 10　阀室（井）流程图

（11）阀室：为方便管线检修或紧急处理管道故障，减少放空损失，最大限度地降低管线发生事故后的危害，在集输气管线上，每隔一定的距离要设置线路截断阀室。阀室（井）流程如图 11 - 10 所示。

2. 天然气管输系统

天然气管道输送系统由油气田集输管网、气体净化与加工装置、输气干线、输气支线、配气管网、储气系统和各种用途的站场组成，包括采气、净化、输气、储气和供气五大环节，它们紧密联系、相互制约、互相影响，是一个统一的、密闭的水动力系统。其中从井口到输气首站属于矿场集输管道系统，从首站到末站属于长输管道系统，从末站到用户属于配气管道系统。

（1）天然气矿场集输管道系统

天然气矿场集输管道系统负责收集从井口开采出来的天然气，然后通过分离、计量、净化、配气、增压等一整套单元的配合和安排，输送到用户或长输管道首站。其组成包括井场、集气管网、集气站、天然气处理场（厂）、总站或增压站等。

（2）天然气长输管道系统

天然气长输管道系统是连接气田天然气、油田伴生气或 LNG 终端与城市门站之间的管线，由输气站、阀室及管道三大部分组成。

输气管道起点站也称首站，负责收集集输管道系统的来气，通过除尘、调压、计量后输往输气干线。输气首站工艺流程如图 11 - 11 所示。

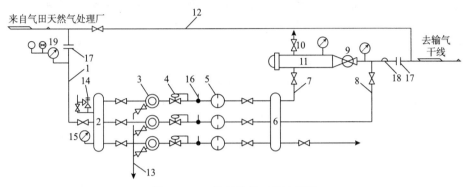

图 11 - 11　输气首站工艺流程图

1—进气管；2，6—汇气管；3—分离器；4—压力调节器；5—孔板计量装置；

7—清管用旁通阀；8—外输气管线；9—球阀；10—放空管；11—清管球发送装置；

12—越站旁通管；13—分离器排污总管；14—安全阀；15—压力表；16—温度计；

17—绝缘法兰；18—清管球通过指示器；19—电接点压力表（带声光信号）

输气中间站的任务是接收上游来气，一般经过除尘调压、分流至下游或用户。在设计中间站时，往往和清管站、阴极保护站等合并设计。中间站也可以接收不同的气源。输气中间站工艺流程如图 11 - 12 所示。

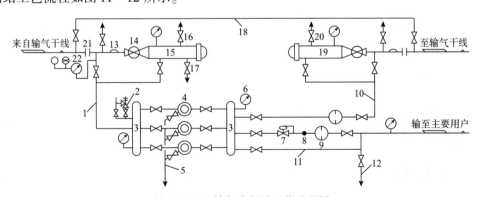

图 11 - 12　输气中间站工艺流程图

1—进气管；2—安全阀；3—汇气管；4—分离器；5—分离器排污总管；6—压力表；

7—压力调节器；8—温度计；9—节流装置；10—外输气管线；11—用户旁通管；

12—用户支线放空管；13—清管球通过指示器；14—球阀；15—清管球接收装置；

16，20—放空管；17—排污管；18—越站旁通管；19—清管球发送装置；21—绝缘法兰；22—电接点压力表

输气终点站又称末站，其任务是接收来气，通过计量、调压后将天然气分配给不同的用户。在管道沿线还可能需要接收其他气源来气或需要向不同用户供气，因此，在沿线各站或中间阀室可能有集气点或分输点。输气末站工艺流程如图 11 - 13 所示。

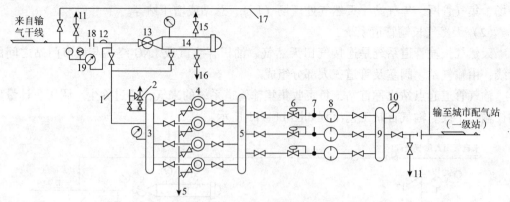

图 11－13　输气末站工艺流程图

1—进气管；2—安全阀；3，9—汇气管；4—除尘器；5—除尘器排污管；6—压力调节器；

7—温度计；8—节流装置；10—压力表；11—干线放空管；12—清管球通过指示器；13—球阀；

14—清管球接收装置；15—放空管；16—排污管；17—越站旁通管；18—绝缘法兰；19—电接点压力表

（3）配气管道系统

配气管道系统的任务是接收输气管道来的天然气，进行除尘、计量、调压，把天然气送入各级配气管网，同时保持管网所需的压力，并将天然气分配给各用户单位。

第二节（*MK-A11-2*）　资质人员管理要求

一、资质要求

从事硫化氢环境天然气工程建设项目的设计、施工建造和生产运行全过程的各单位应持有国家法律法规要求的资质证书。

二、人员要求

从事含硫化氢原油采集与处理作业人员的基本条件应按照 SY/T 7356 的规定，接受培训，经考核合格后持证上岗。

三、管理要求

（1）生产经营单位应对开发井钻完井工程施工质量进行验收。

（2）生产经营单位制定的硫化氢防护管理制度和规定应包括但不限于：

①人员培训或教育管理；

②硫化氢报警设备、应急设备、人身防护设备的管理、使用及维护保养、设备更新等制度；

③硫化氢浓度检测规定；

④交叉作业安全规定；

⑤巡回检查制度；

⑥设备、管线腐蚀监测管理制度；

⑦应急管理规定。

第三节 （MK-A11-3） 设计与制造要求

一、可行性研究

项目可行性研究阶段应进行环境影响评价、安全评价、职业病危害评价等国家规定的评价项目，评价结论应满足国家相应法律法规的要求。

二、设计

1. 一般规定

（1）硫化氢环境天然气采集与处理的管道、场站、处理厂、海上天然气生产设施设计应遵循国家法律法规、标准的要求。

（2）集气站、处理厂选址应位于地势较高处，避开人口密集区。生产设施安放地点的选择应考虑主导风向、气候条件、地形、运输路线及可能的人口稠密地区和公共地区，并确保进口和出口路线无障碍物遮挡，使受限空间区域最小。

（3）硫化氢平均含量大于或等于5%（体积分数）的场站的宿舍、值班室宜选址于场站外地势较高处，且位于场站的全年最小频率风向的下风侧。

（4）硫化氢环境天然气场站、海上天然气生产设施的井口区和工艺区，净化厂的工艺区，以及在人员进出频繁的位置，或长时间设置密闭装置的位置应设置固定式硫化氢监测系统，该系统应带有报警功能。

（5）当场站、处理厂、海上天然气生产设施和管道输送介质中硫化氢气体分压大于或等于0.0003MPa时，材料应考虑抗硫化物应力开裂和氢致开裂等硫化氢导致的开裂。材料选择和制造应满足GB/T 20972和SY/T 0599的要求。未在硫化氢平均含量大于或等于5%（体积分数）的气田成功应用过的材料，应进行实验室模拟工况的测试。

（6）硫化氢环境天然气中存在CO_2时，应考虑CO_2的腐蚀防护。

（7）硫化氢环境天然气生产宜采用加注缓蚀剂、脱水等腐蚀控制方法进行防护。腐蚀严重的环境应采用耐蚀合金材料。

（8）场站、处理厂、海上天然气生产设施和管道应配置防雷防静电设施，应急照明设施。应急照明设施应按规范要求采取防爆措施。

2. 集输管道及阀室

（1）新建采气、集气管道路由选择应避开人口稠密的地区、风景名胜区及不良地质地段等敏感区域。

（2）新建集气干线的设计应能满足智能清管的要求。清管设施的结构形式应满足清管及批量加注缓蚀剂的要求。

（3）采气、集气管道安全系统应包含安全截断装置、安全泄放装置、安全报警装置。

（4）采气、集气管道安全措施应包含自然灾害防护措施、安全保护措施、安全预评价和环境预评价中提出的风险削减措施。新建集气干线应埋设警示带、里程桩、转角桩、警示牌。

（5）采用干气输送的管道在投产前应对管道内表面进行干燥处理。

（6）阀室的设置应根据管道中潜在硫化氢释放量来确定相邻两个截断阀间的距离。

（7）气田水输送管道宜采用非金属管。下列情况下，经现场试验确定后可采用耐腐蚀合金钢质管道或内衬耐腐蚀合金双金属管道：

①当气田水温度大于70℃时；

②大、中型穿、跨越等特殊地段或特殊要求时；

③地形复杂，易滑坡地段；

④人口密集且管道遭受第三方破坏频繁的地段。

（8）气田水处置装置或单元排出的天然气应优先重复利用，不能利用时应进行无害化处置。

（9）气田水处理和回注站原水及处理后水管道宜设置腐蚀监测设施。

（10）气田水输送管线宜在水平转角处、道路、河流穿越和每1000m处设置标志桩。标志桩应包括"含硫化氢"或"有毒"的字样或标识、生产单位名称及可与其联系的电话号码。

3. 场站

（1）集气站应设置三级安全系统，即系统安全报警、系统安全截断和系统安全泄放；硫化氢平均含量大于或等于5%（体积分数）的集气站应设置硫化氢有毒气体泄漏监测系统、视频监控系统、火灾报警系统、应急广播系统；气田水处理及回注场站宜设置视频监控系统。

（2）硫化氢环境集气场站应设置置换口，宜可分区、分段设置。气田水处理装置上宜预留氮气置换、吹扫的接口。

（3）集气场站如采用缓蚀剂防腐，应设置缓蚀剂注入口、腐蚀监测点，配置腐蚀监测设备，定期进行腐蚀监测结果评价。

（4）集气场站应设置值班人员应急疏散通道和安全门。

（5）硫化氢平均含量大于或等于5%（体积分数）的天然气井，其井口方井池内宜设置固定式硫化氢检测仪器。

（6）气田水处理场站的所有机泵、阀门、仪表等过流部件应选用耐腐蚀材料，或其表面经过耐腐蚀材料处理。储水罐及管线宜选用耐腐蚀、成熟可靠的非金属材料，当采用碳钢材料时，必须采取可靠的防腐蚀措施。

4. 天然气处理厂

（1）天然气处理厂厂址应选址于地势较高处，且尽可能靠近气田，并应与净化天然气管道走向一致。

（2）天然气处理厂综合办公楼宜布置于厂区内地势较高处，并宜位于工艺装置区全年最小频率风向的下风侧。

（3）天然气处理厂除厂区主要出入口外的三侧围墙，应在厂区外地势较高处、全年最小风频的下风侧至少设置一个安全出入口，并宜在厂区每个出入口附近设置风向标。

（4）天然气处理厂总平面布置应设置足够的硫黄库房或堆场空间，其装卸区应靠近厂区边缘布置，独立成区，并宜设置单独的出入口。

（5）天然气处理厂应设置紧急停车系统（ESD）和气体泄漏及火灾检测系统（FGS）、扩音报警系统。ESD 和 FGS 系统应与全厂控制系统有效连接，统一监控。

（6）硫化氢平均含量大于或等于 5%（体积分数）的天然气处理厂内，在有毒可燃气体可能泄漏并可能达到最高允许浓度的场所，应设置固定式硫化氢监测系统。处理厂内应设置配套的安全防护设施，如气防站、庇护所，详见 SY/T 6277。

（7）天然气处理厂火炬高度应经辐射热计算确定，确保火炬下部及周围人员和设备的安全。

5. 放空设施

硫化氢环境天然气生产、处理场所应设立紧急火炬放空系统，含硫化氢气体应燃烧后放空。

6. 海上生产设施

（1）海上天然气生产设施中控室、生活楼宜位于工艺装置区全年最小频率风向的下风侧。全年最小风频的下风侧至少设置一个安全出入口，且宜通往救生艇。

（2）海上天然气生产设施直升机甲板宜设置于平台较高处，且位于工艺装置区全年最小频率风向的下风侧。

（3）守护船应在平台的上风方向停泊。

（4）硫化氢平均含量大于或等于 5%（体积分数）的海上天然气生产设施宜设置大型防爆风机和应急避难所，大型防爆风机应设置于硫化氢易聚集场所；避难所要有正压防护，且气源独立，不被平台硫化氢环境污染，避难所安全配置见 SY/T 6277。

三、天然气采集与处理站场（厂）布置

1. 站场（厂）的总体布置

（1）站场（厂）的选址

①根据气田地面建设总体规划及所在地区的城建规划兼顾集输管网走向。

②场站面积应满足总平面布置的需要，并节约用地；应根据建站的要求留出必要的发展用地，在山地、丘陵地区采用开山填沟营造人工场地时，应注意避开山洪流经的沟谷，防止回填土石方塌方、流失，确保填挖方地段的稳定性。

③尽量靠近公路，交通便利，尽量具有可靠的供水、排水、供电及通信等条件。

④由于天然气场站在生产运行过程中常有易燃易爆、有毒物质溢出，对场站周围环境存在着一定安全隐患，要考虑到场站地段其他企业、建筑物、居民区的安全间距。

⑤各类站场不应在下列区域内选址：

a）发震断层和基本烈度高于9度的地震区；

b）较厚的自重湿陷性黄土、新近堆积黄土、一级膨胀土等工程地质恶劣地区；

c）有泥石流、滑坡、流沙、溶洞等直接危害的地段；

d）重要的供水水源卫生保护区；

e）国家级自然保护区；

f）对飞机起落、电台通信、电视转播、雷达导航、天文观察等设施有影响的地区；

g）重要军事设施的防护区；

h）历史文物、名胜古迹保护区。

（2）站场（厂）的平面布置

①采气站场平面布置的防火间距应符合现行国家标准 GB 50183—2004 的规定。

②天然气站场总平面布置应根据其生产工艺特点、火灾危险性等级、功能要求，结合地形、风向等条件，经技术经济比较确定。

③可能散发可燃气体的场所和设施，宜布置在人员集中场所及明火或散发火花地点的全年最小频率风向的上风侧。

④天然气站场内的锅炉房、35kV 及以上的变（配）电所、加热炉、水套炉等有明火或散发火花的地点或设施，宜布置在站场及油气生产区边缘。

⑤采气站场平面布置应与工艺流程相适应，便于生产管理，方便维护。宜根据不同生产功能和特点分别集中布置，功能分区明确，形成不同的生产区和辅助生产区。

（3）生产设施的布置

①油气生产设施宜布置在人员相对集中和有明火产生场所的全年最小频率风向的上风侧，并且宜布置在储油罐区、油品装卸区的全年最小频率风向的下风侧。

②加热炉宜布置在场区边缘，并应位于散发油气的设备、容器、储油罐的全年最小频率风向的上风侧。

③进出站场的油气管线阀组应靠近站界。

④大型油气站场的中心控制室在总平面布置中应符合下列规定：

a）应靠近主要油气生产工艺装置的操作区，并应符合国家现行有关爆炸危险场所划分标准和防火规范的要求；

b）应布置在油气生产工艺装置、储油罐区和油品装卸区全年最小频率风向的下风侧；

c）周围不应有造成地面产生振幅为 0.1mm，频率为 25Hz 以上的连续性振源；

d）不宜靠近主干道，如不能避免，控制室外墙距主干道边缘不应小于 10m。

⑤控制室不应与高压配电室、压缩机室、鼓风机室和化学药品库毗邻布置。

⑥控制室与化验室等设在同一栋综合建筑物内时，它们宜成为该综合建筑物中相对独立的单元。

2. 场站流程布置

（1）采气场站流程布置

①功能分区

采气场站内按各类设施和工艺装置进行功能分区，一般分为生产区和生活区。生产区一般分为高压区、工艺设备区、值班控制室等。高压区包括采气井口、节流管汇台和采气管线、超压截断阀等装置，高压区所有设备设计压力应大于或等于气藏最高压力。工艺设备区包括保温设备、节流降压设备、分离设备、计量设备、安全泄压设备、凝析液回收设备、点火放空设备、安全监护设备设施和值班控制室。生活区包括供水、供电、后勤保障，一般布置在全年最小频率风向的下风侧。

②采气场站内部主要设备、建（构）筑的安全间距要求

按 GB 50183—2004 规定执行，现以五级站为例，其相关要求是：采气井口距节流管汇台不小于5m，距水套炉不小于9m，距值班控制室不小于3m，距生活区不小于20m，距含油污水罐不小于20m，距配电房不小于15m。水套炉距含油污水罐不小于30m，距仪表间值班控制室不小于10m。火炬和放空管宜布置在站场外地势较高处，距石油天然气站场的间距为 10~40m。火炬或放空管距明火点不小于25m。

③采气场站内的设备、管线及仪表的安装规定

管道布局应按走向集中布置成管带，平行于建筑、道路；管道可采取架空安装，管底距地面不小于2.2m，使用管墩敷设时管底距地面不小于0.3m，管线埋地敷设时，管道交叉垂直净空不小于0.15m，电力电缆净空不小于0.5m，直埋通信电缆不小于0.5m，套管通信电缆不小于0.15m，多条管线同沟敷设时，平面间距不得小于1倍管线直径，且不小于0.15m。管线不得穿越采气作业无关建筑物，其他距离符合 GB 50350—2005《油田油气集输设计规范》，水套炉、分离器等设备基础墩，每台设备不能超过2个。

采气场站根据周围环境，在保证安全生产，便于管理的前提下，一般应设置围墙，围墙采用耐火材料修建，高度一般为2.2m，可视环境情况增加或降低高度，在围墙上设置一个主要进出口，在全年最小频率风向下风侧设置最少一个紧急出口通向场站外面地势较高处，以防止天然气泄漏时对人员造成伤害。

采气场站要考虑到防洪、排涝、防雷电的设施（尤其是山区井站）。

（2）集输场站流程布置

集输场站设施在采气场站的基础上，还包括压力调配装置、清管装置、阴极保护装置等，其布置及安装除了执行采气场站中的相关规定之外，还应注意以下几点。

①压力调配。来自多个采气场站的天然气，由于各井压力、产量不同和输气管线压力流量不同，在集输站内应设置压力调配系统，以满足各输气管线或下游净化厂对压力的要求。

②清管装置。为提高输气干线管输效率，应定期清除干线中的杂质（水合物、凝液和其他机械杂质），因此在输气场站内应设置清管装置。清管工艺应采取不停气密闭清管流程。清管器收发筒上的快速开关盲板不应正对间距小于等于60m的居住区或建（构）筑物区。清管装置的安装必须有完整的收发装置且用地锚固定牢固，防止伤人，球阀应灵活，能全开全关且无内漏现象，有完善的旁通和放空排污系统，在发球端旁通有完善的计量装置。

③集输场站一般要配用阴极保护装置，采用外加电源阴极保护时需保证有不间断供电的电源，阴极保护装置一般建在防火区以外。

阴极保护准则：

a）施加阴极保护后，使用铜—饱和硫酸铜参比电极（以下简称 CSE 参比电极）测得

的极化电位至少达到 −850mV 或更负，为避免被保护体防腐层产生阴极剥离，阴极保护的极化电位不应过负，推荐阴极保护的极化电位为 −1200 ～ −850mV；

b）阴极保护参数的测试应符合现行国家标准。

（3）增压场站流程布置

天然气增压场站选址应注意噪音、振动对环境造成的影响，结合生产实际情况、经济指标核算合理选择。增压场站布置时主要注意以下几方面。

①压缩机房设计相关规定

压缩机房建筑平面、空间布置要满足工艺流程设备布置、设备安装和维修的要求。

a）厂房高度保证起吊物最低点距离固定部件 0.5m。

b）压缩机房应设置起重设备。

c）压缩机房一般温度较高，易聚集废气和可燃气体，因此必须设置通风装置，通风设计应符合下列规定：

（a）对散发有害物质或有爆炸危险气体的部位，应采取局部通风措施，使建筑物内的有害物质浓度符合现行国家标准，并应使气体浓度不高于其爆炸下限浓度的 20%；

（b）对建筑物内大量散发热量的设备，应设置隔热设施；

（c）对同时散发有害物质、气体和热量的部位应全面通风；

（d）对可能有气体积聚的地下、半地下建（构）筑物内，应设置固定的或移动的机械排风设施。

②压缩机组的安全保护规定

a）压缩机出口与第一个截断阀之间应装设安全阀和放空阀，安全阀的泄放能力应不小于压缩机的最大排量。

b）每台压缩机组应设置下列安全保护装置：

（a）压缩机气体进口应设置压力高限、低限报警和低限越限停机装置；

（b）压缩机气体出口应设置压力高限、低限报警和低限越限停机装置；

（c）压缩机的原动机（除电动机外）应设置转速高限报警和超限停机装置；

（d）启动气和燃料气管线应设置限流及超压保护设施。燃料气管线应设置停机或故障时的自动切断气源及排空设施；

（e）压缩机组润滑系统应有报警和停机装置；

（f）压缩机组应设置振动监控装置及振动高限报警、超限自动停机装置；

（g）压缩机组应设置轴承温度及燃气轮机透平进口气体温度监控装置，温度高限报警、超限自动停机装置；

（h）离心式压缩机应设置喘振检测及控制设施；

（i）压缩机组的冷却系统应设置振动检测及超限自动停车装置；

（j）机组应设置轴位移检测、报警及超限自动停机装置；

（k）压缩机的干气密封系统应有泄放超限报警装置。

③增压站工艺及辅助系统的设计要求

在增压站天然气进口段应设置分离过滤设备，如分离器、聚集器等，处理后的天然气气质满足压缩机对气质的要求；场站内各环节应合理布置，尽量减少场站内压力损失，总压降不得大于 0.25MPa；压缩机组出口气体温度较高，一般设置冷却器，冷却方式可选用风冷式或水冷式，选择水冷式时，需要足够的冷却循环水和补充水源。采用燃气机为动力的压缩机组，燃料气应从压缩机进口截断阀前总管中取出，并应设置减压和计量设备，进入压缩机房和各机组前应设置截断阀，原料气供应满足燃气机对气质的要求。以燃气为动力的压缩机组的进气应设置空气过滤系统，废气排放口应高于新鲜空气进气口，宜位于当地最小频率风向的上风侧，进气口和排放口应有足够距离，避免废气重新吸入进气口。

④增压场站内管线的安装要求

站内管线安装设计应采取采用减小振动和热应力的措施，压缩机进、出口的配管对压缩机连接法兰所产生的应力应小于压缩机技术条件的允许值，管线的连接方式除因安装需要采用螺纹或法兰连接外均应采用焊接。

增压场站排出的废水、废气及废渣等物质，应进行无害化处理或处置，并应符合下列要求：

a）污水外排时应符合现行国家标准 GB 8978《污水综合排放标准》的要求；

b）废气外排时，应符合现行国家标准 GB 16297《大气污染物综合排放标准》的有关规定；

c）有害废弃物（渣、液）应经过妥善的预处理后进行填埋处理；

d）输气站噪声的防治应符合现行国家标准 GB 12348《工业企业厂界环境噪声排放标准》的有关规定。

四、建造与施工要求

（1）应建立设备、物资采购的市场准入和验收制度，设备采购、工程监理和设备监造应符合国家建设工程监理规范的有关要求。

（2）硫化氢环境的焊接材料应进行焊接工艺评定，焊缝应经抗硫化物应力开裂（SSC）和氢致开裂（HIC）实验评定合格。

（3）硫化氢环境天然气采集与处理场所现场焊接应满足 GB/T 20972 和 SY/T 0599 的要求，所有设备和管件应整体进行消除应力热处理。

（4）硫化氢环境天然气采集与处理场所的施工应符合设计文件、施工组织设计、施工现场 HSE 作业指导书的规定。

（5）硫化氢环境天然气采集与处理场所的建造和施工过程应委托建设监理和质量监督。

（6）天然气管道进行气压试验时，试压设备和试压段管线两侧 50m 以内为试压区域，试压期间试压区域内严禁有非试压人员。试压巡检人员应与管线保持 6m 以上的距离。

（7）集输管道、集气站内工艺管道试压应遵循 GB 50540 的要求；天然气处理厂的工艺管道试压应遵循 GB 50235 的要求。海上天然气生产设施工艺管道试压遵循《海上固定平台安全规则》的要求。

（8）试压（运）中如有泄漏，不得带压修补，缺陷修补合格后，应重新试压（运）。

试压结束后应做好清理工作。

五、生产试运行

1. 项目投产试运应达到的条件

（1）试运前应编制试运方案和应急预案，审批合格后实施。

（2）投产试运（投料试车）前应完成施工交接，并完成投产试运条件的检查确认。

（3）应建立统一的投产试运（投料试车）指挥机构，负责组织指挥试运工作。

（4）投产试运前应对位于集气站、集输管道应急撤离区内的企事业单位、学校和居民进行安全教育和风险告知。

（5）投产试运前应按照应急预案落实抢修队伍和应急救援人员，配备抢修设备及安全防护设施，具体要求详见 SY/T 7357。

2. 置换要求

（1）管道置换空气时，应采用氮气或其他惰性气体，且其隔离长度应保证到达置换管线末端内空气与天然气不混合。

（2）置换过程中管道内气体流速不宜大于 5m/s。无关人员不能进入管道两侧 50m。

（3）置换过程中混合气体应通过放空系统放空，并应设置放空隔离区，且放空隔离区内不允许产生烟火和静电火花。

（4）宜利用干线置换时的惰性气体进行站内置换。

（5）置换管道末端应配备气体含量检测设备，当管道末端放空管口气体含氧量不大于 2% 时即可认为置换合格。天然气置换惰性气体时，当甲烷含量达到 80%，连续监测三次，甲烷含量有增无减，则认为天然气置换合格。

3. 腐蚀防护要求

（1）在有条件的情况下，集输管道宜在投产前进行管道智能检测，并建立管道原始数据档案。

（2）采用缓蚀剂防腐时，应在投产试运前对采气、集气管线进行缓蚀剂涂膜处理。

4. 其他要求

（1）应建立试运行各阶段（单机试车、吹扫、气密、置换、联动试运、投产试运）的所有原始数据、问题记录档案，并在试运结束后形成试运行总结报告。

（2）管道投产试运后应对管线进行热应力变形检查，及时调整管线支撑。

（3）加强管道穿（跨）越点、地质敏感点、人口聚居点巡检。

5. 竣工验收

工程建设项目验收应遵循法律法规和相关标准规定的要求。

第四节（*MK-A11-4*） 生产运行过程中硫化氢的预防

一、一般要求

硫化氢环境下的取样或计量应采取过程控制、管理要求或佩戴个人防护装备等安全预防措施以保证人员安全。

（1）当检维修、生产和建造作业中有两个或以上在同时进行时，应加强各单位之间的协调配合。

（2）应指定专人负责同步的操作，指令传达到所有的作业人员。

（3）当含有硫化氢等有毒气体的天然气放空时，应将其引入火炬系统，并做到先点火后放空，燃烧排放。放空分液罐（凝液分离器）应保持低液位，防止放空气体携液扑灭火炬。

二、采气井口

（1）井口监测装置范围应包括以下几项：

①含硫化氢、二氧化碳采气井各层套管的环空应安装压力检测装置，硫化氢平均含量大于或等于 5%（体积分数）的气井套管环空含有硫化氢时宜安装压力远传仪表实时监控；

②监测仪表应采用法兰式或螺纹式连接；

③监测设备的安全系数和相关参数应高于设备本体的安全系数和参数。

（2）应通过操作关闭机构来测试井下安全阀的渗流率，并应至少每 6 个月进行一次试验。操作和维护应按 GB/T 22342 的要求执行。

（3）井口安全阀应每半年开关动作一次，使其处于正常工作状态。

（4）井控装置应定期进行腐蚀状况、配件完整性及灵活性、密封性等专项检查和维修保养，并做好记录。

（5）气井正常生产期间，井下安全阀、井口安全阀应保持全开；应打开的采气树闸阀保持全开状态，控制系统应不渗不漏。

三、集气站

（1）系统安全维护要求应包括但不限于下述条款：

①不应擅自停用、取消或更改安全联锁保护回路中的设施和设定值以及可燃、有毒、火灾声光报警系统；

②对无人值守场站仪表自动化设备应每日在远程终端上进行检查。

（2）硫化氢平均含量大于或等于 5%（体积分数）的场站、处理厂巡检时应佩戴正压式空气呼吸器，采用双人巡检，一人操作，一人监护。

（3）场站紧急停车系统（ESD）在阀门关闭后，再次启动前应现场人工复位。

（4）在流程易冲蚀部位应设置壁厚定期监测点，定期监测记录壁厚数据、分析风险。

四、集输管道

1. 一般要求

（1）应建立管道技术档案，管道技术档案包括：

①管道使用登记表；

②管道设计技术文件；

③管道竣工资料；

④管道检验报告；

⑤阴极保护运行记录；

⑥管道维修改造竣工资料；

⑦管道安全设施定期校验、修理、更换记录；

⑧有关事故的记录资料和处理报告；

⑨硫化氢防护技术培训和考核报告的技术档案；

⑩安全防护用品管理、使用记录；

⑪管道完整性评价技术档案。

（2）应定期对管道及其附属设施进行安全检查。

（3）应定期对阀室阀门进行维护保养。

（4）管道地面敷设时，应在人员活动较多和易遭车辆、外来物撞击的地段，定期检查维护所采取的保护措施。

（5）阀室应设置明显的防火防爆、防中毒等警示标识，并进行封闭管理。

2. 运行要求

（1）硫化氢平均含量大于或等于5%（体积分数）的集气管线投产前应将产出原料气封闭于管线内48~72h检查管道是否存在抗硫化氢应力开裂。

（2）防止天然气形成水合物可采用注入抑制剂或加热天然气等措施，应保证天然气集输温度高于水合物形成温度3℃以上。

（3）硫化氢环境湿气管道管内气体的流速宜控制在3~6m/s。

（4）管线紧急停车系统（ESD）截断阀触发关闭后，再次启动前应现场人工复位或远程复位。

（5）清管作业清除的含硫污物及生产过程中产生的含硫污水应进行密闭收集、输送并进行脱除硫化氢处理工艺进行处理。

3. 巡检要求

（1）应根据管道沿线情况对管道进行定期巡检，对管线沿线路面、桁架、跨越、隧道、阀室、涵洞和河道穿越等地段进行巡检，及早发现如由于挖掘、建筑、侵入或表面侵蚀造成的管线的故障。硫化氢平均含量大于或等于5%（体积分数）的集输管道高后果区、高风险段应每周巡检至少一次。

（2）巡检人员应佩戴便携式硫化氢气体检测仪。

4. 腐蚀防护要求

（1）应实时监控管道腐蚀情况。采用在线腐蚀监测或取样和化学分析的方法进行腐蚀控制效果评定，宜对硫化氢平均含量大于或等于5%（体积分数）的集输管道开展管道智能检测，以便对管道的变化进行检测和对比。投入运行后应执行设计确定的腐蚀控制方法和内腐蚀控制技术，并定期进行腐蚀检测和腐蚀调查，通过腐蚀检测数据评价腐蚀控制效果，根据控制结果调整防腐方案。

（2）应定期进行管道清管、缓蚀剂涂膜。管道清管周期应依据管道输送效率、输送压差、缓蚀剂保护膜有效保护时间确定；清管、缓蚀剂涂膜作业应制定作业方案；清管后应进行缓蚀剂涂膜作业；在打开收发球筒前，应对收发球筒喷水保湿，防止硫化亚铁自燃。

（3）管道阴极保护率100%，开机率大于98%，阴极保护电位应控制在 -0.85 ~ -1.25V之间。场站绝缘、阴极电位、沿线保护电位应每月检测一次。

五、陆上、海上天然气处理

1. 安全防护

（1）按 SY/T 6277 的规定配置安全设备和人身安全防护用品。
（2）安全设备和人身安全防护用品应指定专人管理，定期检验，并做记录。

2. 生产管理

（1）对使用直流电供电的检测仪电池定期进行检查，并按照规定定期更换。
（2）应定期维护腐蚀监测系统，利用监测数据定期评估硫化氢腐蚀状况。
（3）进入受限空间应执行作业许可管理。
（4）应做好设备、管线防腐，降低硫化亚铁自燃可能性；对存在硫化亚铁的设备、管道、排污口应设置喷水冷却设施。

第五节（*MK-A11-5*） 硫化氢防护设施设备的配置

天然气采集与处理作业站场硫化氢防护设施、设备的配置应执行 GBZ/T 259—2014 和 SY/T 6277—2017 规定，符合 SY/T 6137—2017 和 SY/T 6779—2010 相关条款要求，应包括但不限于以下内容：
（1）正压式空气呼吸器；
（2）空气压缩机；
（3）便携式硫化氢检测报警仪；
（4）固定式硫化氢检测报警装置；
（5）通风排风装置；

（6）安全截断装置；

（7）安全泄放装置；

（8）安全报警装置；

（9）防爆应急照明设施；

（10）有毒气体泄漏及火灾监测报警系统（FGS）；

（11）紧急停车系统（ESD）；

（12）安全仪表系统（SIS）；

（13）紧急火炬放空系统及点火装置；

（14）应急避难所；

（15）消防设施；

（16）洗眼器；

（17）风向标；

（18）标志桩；

（19）安全警示标志；

（20）有毒物品作业岗位职业病危害告知卡；

（21）应急疏散逃生通道、路线图、紧急集合点；

（22）急救药箱。

第六节（MK-A11-6）　日常检查与设备检修维护

一、日常检查

（1）消防设施应专人管理，定期检查、保养，并建档记录。

（2）阀门、法兰、连接件、测量仪表和安全设施、安全附件等应进行经常性检查、维护、保养，并定期检测，做好维护、保养、检测记录。

（3）安全阀应定期校验，合格后铅封，起跳后应再次校验，每次校检都应做记录。泄放的可燃、有毒气体应密闭排放至火炬。

（4）调压阀、高低压限位阀、紧急放空阀、紧急停车系统（ESD）、脱硫溶液液位监测设备等安全保护设施及声光报警、视频监视设备应定期检查和测试。

（5）应定期对原料气、净化气的气相组分进行测试以检测其中的硫化氢浓度。按照已制定的检测规程，对硫化氢检测和监测设备、报警装置、强制排空系统及其他安全装置进行定期性能检测，记录检测结果。

（6）容器、管道防雷、防静电接地装置及电气仪表系统等应定期安全检查，并应符合 SY/T 5984 的要求。防雷装置每年应进行两次检测（其中在雨季前检测一次）。

（7）放空火炬系统的点火装置应进行检查和维护，确保其处于正常状态。

（8）每年应对安全仪表系统（SIS）进行一次实际或模拟功能测试。

（9）集气站紧急停车系统（ESD）阀执行机构、集输管道线路截断阀执行机构应每半年维护检查一次。

（10）应按规定进行腐蚀检测、监测，并根据检测和监测结果调整腐蚀防护措施。

（11）应遵循建立的事故隐患排查治理制度，定期组织系统排查本单位的事故隐患，对排查出的事故隐患，应按照事故隐患的等级进行登记，建立事故隐患信息档案，并实施监控治理。

（12）采气、集气管道维护应满足以下要求：

①在穿越道路、公路、铁路及跨越河流处，凡有必要标明管线通过的地方，应检查标记的完好性；

②对采气、集气管道沿线的护坡、堡坎、道路等应随时进行维护；

③及时更换不能正常工作的仪表、阀门和腐蚀严重的管线；

④对防护用品和通信工具等应定期检查，确保完好无损。

二、检修

1. 一般要求

（1）管道和装置检修时应编制检修方案，检修方案中应包含安全专篇和应急预案，报上级主管部门批准后实施。

（2）应根据应急预案配备维（抢）修设备和器材，设置维（抢）修机构。

（3）建设单位应组织设计、施工单位进行安全、技术交底，并应对施工单位编制的硫化氢环境作业方案组织审批。

（4）检修前应对检修人员进行安全培训和安全技术交底，并应对检修作业条件进行确认。

（5）检修前应进行物理隔离、能量隔离；检修完毕后，应组织现场验收和投产安全条件确认。

（6）检修仪表应在泄压后进行；在爆炸危险区域内检修仪表和其他电器设施时，应先切断相应的控制电源。

（7）管道阀室、受限空间，以及存在天然气泄漏，硫化氢易集聚的低洼区域应先通风或置换，再检测硫化氢浓度，最后再检修或进入。

（8）检修更换的仪器仪表、阀门、管线材质应与原设计保持一致，并遵循设备变更制度。

（9）集输管道检修、改造焊接应遵循原焊接工艺规程规定；天然气硫化氢体积分数大于或等于5%的集输管道检修施工前应进行焊接工艺评定，评定内容应包括硫化物应力开裂（SSC）和抗氢致开裂（HIC）试验。

2. 检维修安全管理要求

（1）检维修过程中应对所用危险能量和物料进行隔离，采取上锁挂标签等措施。

（2）对储存过含硫化氢气体的容器、设备进行检维修作业，应实行作业审批许可制度，应办理《作业许可证》。

（3）生产经营单位应遵循硫化氢环境的作业管理制度，明确作业许可的申请、批准、实施、时限、变更及保存程序。

（4）硫化氢环境作业同时涉及用火作业、临时用电作业、进入受限空间、高处作业、起重作业等直接作业活动时，应办理相应的作业许可证，并现场确认安全措施。

（5）硫化氢环境作业实施现场监护制度，生产单位和承包商均应指定作业监护人，负责现场的协调和管理，并检查和确认安全措施的落实。

（6）在超过或可能超过硫化氢安全临界浓度［30mg/m³（20ppm）］环境下进行的作业，人员应佩戴使用正压式空气呼吸器和便携式硫化氢气体检测仪。

3. 检修工艺处置要求

（1）打开盛装过含硫化氢天然气的容器、工艺管道应采取防中毒、防火灾爆炸、防硫化亚铁自燃的处置措施。

（2）应采取截断、放空、置换措施消除作业部位存在的硫化氢气体。人员进入受限空间时应采取隔离措施，并应遵循受限空间作业安全管理要求。

（3）气体检测应在作业前30min内进行；中断作业后应重新进行检测；硫化氢气体置换合格标准为小于30mg/m³（20ppm）。

三、检测

1. 压力容器的检测

（1）年度检查。年度检验也称为在线检验，每年至少一次，可由压力容器使用单位的专业人员进行，在线检验后应填写年度（在线）检验报告，做出检验结论。检查内容按TSG 21 的要求进行。

（2）全面检验。压力容器应于投用满三年时进行首次全面检验，下次的全面检验周期，由检验机构根据压力容器的安全状况等级确定；检验内容按照 TSG 21 的要求进行。全面检验应由有检测资质的单位进行，并出具检测报告，企业应建立完整的档案。

2. 采气、集气管道的定期检测

（1）年度检验。年度检验也称为在线检验，每年至少一次，是在运行条件下对在用管道进行的检验，检验工作由使用单位进行。在线检验后应填写年度（在线）检验报告，做出检验结论；检查项目按 TSG D0001 的要求执行。

（2）全面检验。输送硫化氢平均含量大于或等于5%（体积分数）的天然气（湿气）的集输管道应每3年一次；管道停用1年后再次启用时，应进行全面检验及评价。其他压力管道及检验项目按 TSG D0001 相关要求执行，由质量主管部门认可的专业检验单位承担。有下列情况之一的管道，全面检验周期可以缩短。

①多次发生事故；

②防腐层损坏较严重；

③修理、修复和改造后；

④受自然灾害破坏；

⑤湿含硫化氢天然气管道超过 8 年，其他管道投运超过 15 年。

3. 固定式可燃、有毒气体检测仪的检测

（1）检定：

①可燃气体检测仪、硫化氢气体检测仪应经检定合格，并出具检验合格证书；

②固定式可燃气体检测仪的检定应根据 JJG 693 中的规定项目和步骤进行，仪表应每季度进行一次检定；

③固定式硫化氢气体检测仪应根据 JJG 695 中的规定项目和步骤进行，仪表的检定周期不超过 1 年。

（2）维护：传感器应根据使用寿命及时更换。

第七节（*MK-A11-7*） 废弃处置

一、一般规定

（1）废弃作业前应进行风险和危害识别工作，制定废弃方案，如技术方案和 HSE 方案，并制定应急预案。

（2）废弃作业区域应设置安全警示标志，严禁无关人员进入。

（3）废弃作业完成后应清扫场地，不留污物。所占用土地宜尽可能恢复原土地利用状况。

（4）弃井作业工艺、施工作业记录等应及时存档。管理单位应永久保存这些弃井作业记录文件，同时承担相应的责任。

二、天然气井

（1）无法满足正常生产而采取长期（1 年以上）关停和永久弃置处理的含硫气井应由主管部门批准后由生产经营单位进行关停或废弃作业。

（2）含硫化氢气井进行计划或永久性废弃时，宜根据井的条件采取合适的废弃方法及可靠的井控措施，推荐用水泥封隔已知或可能产生达到硫化氢危险浓度的地层。

（3）生产经营单位应永久保留废弃井井口坐标。废弃井井口位置应做警示标志，指明存在风险。

（4）生产经营单位应建立相应的关停井监控制度。井场检查记录、压力数据、机械完整性测试数据等应归档保存。

三、海上天然气井

（1）含硫化氢天然气井的弃置应由海油安办批准备案后方可进行作业。

（2）含硫化氢气井进行临时或永久性弃井，应遵循法律法规、标准规范的要求。

四、场站设施

（1）地面工艺装置无法满足现有运行参数且没有维修价值时，使用单位提出申请，经业务主管部门评估审核后，由上级机关审批后进行资产核销，废弃处理。

（2）地面设施在废弃之前，应使用正确的安全处理程序。地面流程管道废弃时应经过置换、封堵。容器要用清水冲洗、吹扫并排干，敞开在大气中，并应采取预防措施防止硫化铁燃烧。

（3）封存的工艺设备应在醒目的位置和管道封堵点设置封存标志，封存期间应指定日常管理要求，并定期检测设备及周围环境硫化氢浓度。

（4）场站内压力容器报废后应向原登记的安全监察部门办理设备的报废注销手续。

（5）废弃设施拆除后应回收进行统一处理，产生的废弃物应进行妥善处置，危险废弃物的处置与拉运应符合国家和当地政府规章制度。

五、集输管道

（1）含硫原料气输送管道无法满足现有运行工况且没有维修价值或因工艺变更而长期停用时，应由上级部门审批后进行废弃处理。

（2）长期停运的湿气集输管线应采取防腐保护措施，依据腐蚀控制要求采取清管、缓蚀剂涂膜、硫化氢气体置换、惰性气体保护等措施。

（3）废弃的集输管道应采用惰性气体进行吹扫、置换，并用盲板进行封堵。封堵后的焊接质量应由中介机构进行检验。

（4）废弃的原料气输送管道应拆除沿线的阀室（井）。

（5）废弃管道地面上应设标志，并仍应用特殊标记在相关平面图上标识，同时管理单位应向附近居民告知。

（6）集输管道停用 1 年及以上后再次启用时，应进行全面检验及评价。全面检验项目包括：

①外部检查的全部项目；

②管道内检测；

③管道壁厚和从外部对管壁内腐蚀进行有效监测；

④无损检测盒理化检测；

⑤土壤腐蚀性参数测试；

⑥杂散电流测试；

⑦管道监控系统检查；

⑧管内腐蚀介质测试和挂片腐蚀情况检验；

⑨耐压试验。

六、验收

（1）封存与拆除施工完成后应组织验收，验收内容应包括封存与废弃后对相关人员及周边环境影响的评估。

（2）封存与废弃的方案、审批文件、施工及验收资料、评估报告及其他相关资料应集中归档或备案。

（3）生产经营单位应及时更新设备台账。

七、海上天然气生产设施

（1）海上天然气生产设施的废弃处置，应符合国家海洋主管部门的相关规定和要求。

（2）海上油气田实施废弃处置作业前，作业者应根据国家海洋主管部门批准文件的要求编制设施废弃处置实施方案，并报国家能源主管部门备案。

（3）海上油气田终止生产后，如果没有新的用途或者其他正当理由，作业者应自终止生产之日起1年内开始废弃作业。

第十二章（*MK-A12*）
受限空间作业安全

第一节（*MK-A12-1*） 受限空间的定义及分类

一、受限空间的定义

（1）根据《化学品生产单位受限空间作业安全规范》（AQ/T 3028—2008），受限空间是指化学品生产单位的各类塔、釜、槽、罐、炉膛、锅筒、管道、容器以及地下室、窖井、坑（池）、下水道或其他封闭、半封闭场所。

（2）根据《化学品生产单位特殊作业安全规范》（GB 30871—2014），受限空间是指进出口受限，通风不良，可能存在易燃易爆、有毒有害物质或缺氧，对进入人员的身体健康和生命安全构成威胁的封闭、半封闭设施及场所，如反应器、塔、釜、槽、罐、炉膛、锅筒、管道以及地下室、窖井、坑（池）、下水道或其他封闭、半封闭场所。

二、受限空间与有限空间、密闭空间的区别与关系

1. 有关定义的区别

美国、英国和澳大利亚等国家的相关法规，统一将"受限空间、有限空间和密闭空间"命名为 Confined Space，但我国目前有三个名称，除上文的受限空间术语外，还有有限空间和密闭空间的表述：

（1）有限空间

国家安监总局 59 号令《工贸企业有限空间作业安全管理与监督暂行规定》和《涂装作业安全规程 有限空间作业安全技术要求》（GB 12942—2006）中均采用了有限空间的术语。

国家安监总局 59 号令《工贸企业有限空间作业安全管理与监督暂行规定》中的有限空间定义：指封闭或者部分封闭，与外界相对隔离，出入口较为狭窄，作业人员不能长时间在内工作，自然通风不良，易造成有毒有害、易燃易爆物质积聚或者氧含量不足的空间。

《涂装作业安全规程　有限空间作业安全技术要求》（GB 12942—2006）的有限空间定义：指仅有 1～2 个人孔，即进出口受限制的密闭、狭窄、通风不良的分隔间，或深度大于 1.2m 封闭和敞口的只允许单人进出的围截的通风不良空间。

（2）密闭空间

《密闭空间作业职业危害防护规范》（GBZ/T 205—2007）和香港特区政府《工厂及工业经营（密闭空间）规例》中均采用了密闭空间的术语。

《密闭空间作业职业危害防护规范》（GBZ/T 205—2007）中的密闭空间定义：指与外界相对隔离，进出口受限，自然通风不良，足够容纳一人进入并从事非常规、非连续作业的有限空间（如炉、塔、釜、罐、槽车以及管道、烟道、下水道、沟、坑、井、池、涵洞、船舱、地下仓库、储藏室、地窖、谷仓等）。

香港特区政府《工厂及工业经营（密闭空间）规例》中的密闭空间定义：指任何被围封的地方，而基于其被围封的性质，会产生可合理预见的指明危险，在不局限上文的一般性的原则下，"密闭空间"包括任何会产生该等危险的密室、贮槽、下桶、坑槽、井、污水渠、隧道、喉管、烟道、锅炉、压力受器、舱口、沉箱、竖井或筒仓。

（3）Confined Space（受限空间、有限空间和密闭空间）

受限空间、有限空间和密闭空间的英文表述均为 Confined Space，美国职业安全健康管理署（OSHA）29CFR 1910. 146 中 Confined Space 的定义如下：

①空间足够大，并能容纳一个人在里面从事指定的工作；

②进出受到限制；

③设计不是为人员长时间停留。

假如以上的 Confined Space 有潜在的危害，则 OSHA 把这样 Confined Space 定义为需要许可证的 Confined Space。否则不需要许可证。OSHA 法规列举了如下 4 种潜在危险：

①可能含有有害气体；

②含有可能吞没人员的物料；

③空间结构复杂，可能会把人员卡住；

④其他危害人员安全与健康的危害。

2. 相关术语的关系

比较了 Confined Space 的名称与定义，发现我们国家的名称和定义比较乱，可从以下几个方面理解和认知。

（1）我国的受限空间、有限空间和密闭空间的原意和美国 OSHA 的需要许可证的 Confined Space 一样。

（2）对比我国与美国 OSHA 的受限空间的法规、标准以及欧美大型公司的优秀做法，统一定义名称为"受限空间"更为准确。

（3）密闭空间（英文：Confined Space）是一个工业安全术语，是指一个密封及闭塞的环境，例如沙井、坑道及泵房等。因为进出场地受到限制，加上密闭空间通常室内充满污染空气；从消防角度去做出风险评估，密闭空间存在巨大的危险性，包括容易引起回燃及闪燃等致命性的现象。密闭空间强调与外界的完全隔断开；有限空间意在强调空间的范围，没有和外界隔断的意思。

密闭设备：如船舱、贮罐、车载槽罐、反应塔（釜）、冷藏箱、压力容器、管道、烟道、锅炉等。

（4）有限空间需同时满足以下三个条件，缺一不可：体积足够大，人能够完全进入；进出口有限或者受到限制；不是设计为长时间占用空间。其主要特点包括：通风不良，容易造成有毒、易燃气体的积聚和缺氧等；此特点是造成有限空间死亡事故的主要原因，有毒有害气体中又以硫化氢为常见；所以在进入有限空间前首先必须保证该空间内有足够的无害的空气。对于某些有限空间，内部构造的复杂也是导致事故的原因之一。

三、受限空间的物理条件和危险特征

1. 受限空间的物理条件

物理条件（同时符合以下3条）：

（1）有足够的空间，让员工可以进入并进行指定的工作；

（2）进入和撤离受到限制，不能自如进出；

（3）并非设计用来给员工长时间在内工作的。

2. 受限空间的危险特征（符合任一项或以上）

（1）存在或可能产生有毒有害气体。

（2）存在或可能产生掩埋进入者的物料。

（3）内部结构可能将进入者困在其中（如，内有固定设备或四壁向内倾斜收拢）。

（4）存在已识别出的健康、安全风险。

总之，一切通风不良、容易造成有毒有害气体积聚和缺氧的设备、设施和场所都叫受限空间（作业受到限制的空间），在受限空间的作业都称为受限空间作业。

四、受限空间的分类

（1）密闭设备：如船舱、储罐、车载槽罐、反应塔（釜）、冷藏箱、压力容器、管道、烟道、锅炉等。

（2）地下受限空间：如地下管道、地下室、地下仓库、地下工程、暗沟、隧道、涵洞、地坑、废井、地窖、污水池（井）、沼气池、化粪池、下水道等。

（3）地上受限空间：如储藏室、酒糟池、发酵池、垃圾站、温室、冷库、粮仓、料仓等。

（4）冶金企业非标设备：高炉、转炉、电炉、矿热炉、电渣炉、中频炉、混铁炉、煤气柜、重力除尘器、电除尘器、排水器、煤气水封等。

五、受限空间作业中的主要事故类型

受限空间作业的事故类型包括窒息、中毒、爆炸、火灾、坍塌、淹溺、触电等，其中以中毒和窒息为主。

1. 中毒事故

毒物侵入机体引起全身性疾病称为中毒。受限空间内产生或积聚的一定浓度的有毒有害物质的浓度超过作业场所职业病危害因素接触限值，被作业人员吸入后会引起人体中毒事故。常见的有毒气体有氯气、光气、硫化氢、氨气、氮氧化物、氟化氢、氰化氢、二氧化硫、煤气（主要有毒成分为一氧化碳）、甲醛气体等，这些气体被吸入后会引起人体急性中毒。

如硫化氢（H_2S）是无色气体，有特殊的臭味（臭鸡蛋味），易溶于水；比重比空气大，易积聚在通风不良的城市污水管道、窨井、化粪池、污水池、纸浆池以及其他各类发酵池和蔬菜腌制池等低洼处（含氮化合物例如蛋白质腐败分解产生）。硫化氢属窒息性气体，是一种强烈的神经毒物。硫化氢浓度在 $0.4mg/m^3$ 时，人能明显嗅到硫化氢的臭味；$70 \sim 150mg/m^3$ 时，吸入数分钟即发生嗅觉疲劳而闻不到臭味，浓度越高嗅觉疲劳越快，越容易使人丧失警惕；超过 $760mg/m^3$ 时，短时间内即可发生肺水肿、支气管炎、肺炎，可能造成生命危险；超过 $1000mg/m^3$，可致人发生电击样死亡。

2. 窒息事故

受限空间中氧浓度过低会引起缺氧，引起人体组织处于缺氧状态的过程称为窒息。受限空间里氧浓度应保持在 19.5% ~ 23.5% 之间。当氧浓度低于 19.5% 时，缺氧环境的潜在危险会对生命构成威胁，严重时会导致窒息死亡。受限空间通风不良、燃烧或者氧化导致消耗氧气，泄漏的气体或蒸气会使氧气含量下降或被其他可燃物及惰性气（如氮气）置换等都会引起缺氧。

可导致人体产生窒息的气体称为窒息性气体。窒息性气体一般分为两大类。

第一类为单纯窒息性气体，如氮气、二氧化碳、甲烷、乙烷、水蒸气等。这类气体的本身毒性很小或无毒，但因它们在空气中含量高，使氧的相对含量大大降低，吸入这类气体会造成作业人员动脉血氧分压下降，导致机体缺氧而窒息。

第二类为化学窒息性气体，如一氧化碳、氰化氢、硫化氢等。这类气体能使氧在人的机体内运送和机体组织利用氧的功能发生障碍，造成全身组织缺氧。

窒息性气体中毒表现为中枢神经系统缺氧的一系列症状，如头晕，头痛，烦躁不安，定向力障碍，呕吐，嗜睡，昏迷，抽搐等。

3. 火灾与爆炸

受限空间中存在易燃、易爆物质，浓度过高遇火会引起爆炸。爆炸事故具有很大的破坏作用，爆炸的冲击波容易造成重大伤亡。爆炸和火灾一旦发生，瞬间或很快就会耗尽受限空间里的氧气，并产生大量的有毒有害气体，造成严重后果。

在密闭空间中遇到的可燃气体和蒸气可能来自几个方面。地下管道间泄漏（电缆管道和城市煤气管道间）、容器内部残存、细菌分解、工作产物等等。常见的可燃气体包括：甲烷、天然气、氢气、挥发性有机化合物等等。

可燃气体的泄漏、可燃液体的挥发和可燃固体产生的粉尘等与空气混合后，遇到电弧、电火花、电热、设备漏电、静电、闪电等点火能源后，高于爆炸上限时会引起火灾，在受限空间内可燃性气体容易积聚达到爆炸极限，遇到点火源则造成爆炸，对受限空间内作业人员及附近人员造成严重的伤害。在密闭空间中的火源可能包括：产生热量的工作活动、打火工具、光源、电动工具、电子仪器甚至静电。

受限空间内的空气中存在的危害因素——富氧。当氧浓度高于23.5%时，产生的富氧环境就会增加燃烧的可能性，从而引发火灾、爆炸事故。受限空间富氧环境的形成一般与氧焊、切割作业有关，如：氧气管破裂及氧气瓶置于受限空间内发生的氧气泄漏、用纯净氧气吹洗密闭空间吹洗氧气管道方法不当等。

4. 坍塌掩埋

受限空间作业位置附近建筑物的坍塌或其他流动性固体（如泥沙等）的流动，容易引起作业人员被掩埋。

5. 淹溺

受限空间内有积水、积液，或因作业位置附近的暗流或其他液体渗透或突然涌入，导致作业空间内液体水平面升高，引起正在受限空间内作业的人员淹溺。

6. 其他（触电、机械损伤等）

除上述几种事故外，受限空间作业事故还包括高温作业引起中暑，触电伤害，灼伤与腐蚀，尖锐锋利物体引起的物理伤害和其他机械伤害等。

第二节（*MK-A12-2*） 受限空间作业安全要求

一、进入受限空间作业的原则

（1）所有人员在进入受限空间前，必须制定和实施书面受限空间进入计划。

（2）所有进入受限空间的作业必须持有有效的进入许可证。

（3）只有在没有其他切实可行的方法能完成工作任务时，才考虑进入受限空间。

（4）进入受限空间作业前，必须进行危害识别，列出危害因素清单，危害因素应包括但不限于以下方面：

①气体危害；

②窒息危害；

③有毒有害气体；

④可燃气体和爆炸性气体；

⑤被淹没/埋没；

⑥机械危害；

⑦其他，如电击、温度、辐射、噪声等。

（5）进入受限空间作业前，必须采取以下危害预防行动：

①评估进入之前和进入期间潜在的危害的程度；

②制定措施消除、控制或隔离在进入之前和进入期间的危害；

③在进入之前和进入期间检测受限空间中的气体环境；

④保持安全进入的条件，出入口内外不得有障碍物，保证其畅通无阻；

⑤预测在受限空间里的活动以及可能产生的危害；

⑥预测空间外活动对受限空间内条件的潜在影响；

⑦制定应急预案，其内容包括作业人员紧急状况下的逃生路线和救护方法，监护人与作业人员约定的联络信号，现场应配备的救生设施和消防器材等。作业人员应熟知其内容。

二、受限空间作业安全要求

1. 安全隔绝

（1）受限空间与其他系统连通的可能危及安全作业的管道应采取有效隔离措施。

（2）管道安全隔绝可采用插入盲板或拆除一段管道进行隔绝，不能用水封或关闭阀门等代替盲板或拆除管道。盲板处应挂标志牌。

（3）与受限空间相连通的可能危及安全作业的孔、洞应进行严密地封堵。

（4）受限空间带有搅拌器等用电设备时，应在停机后切断电源，上锁并加挂警示牌。

2. 清洗或置换

受限空间作业前，应根据受限空间盛装（过）的物料的特性，对受限空间进行清洗或置换，并达到下列要求：

（1）氧含量一般为 19.5%~23.5%，在富氧环境下不得大于 23.5%；

（2）有毒气体（物质）浓度应符合 GBZ 2 的规定，H_2S 最高浓度不得大于 $10mg/m^3$；

（3）可燃气体浓度：当被测气体或蒸气的爆炸下限大于等于 4% 时，其被测浓度不大于 0.5%（体积分数），当被测气体或蒸气的爆炸下限小于 4% 时，其被测浓度不大于 0.2%（体积分数）。

3. 通风

应采取措施，保持受限空间空气良好流通。打开人孔、手孔、料孔、风门、烟门等与大气相通的设施进行自然通风。必要时，可采取强制通风。采用管道送风时，送风前应对管道内介质和风源进行分析确认。禁止向受限空间充氧气或富氧空气。

4. 监测

（1）作业前 30min 内，应对受限空间进行气体采样分析，分析合格后方可进入。分析结果报出后，样品至少保留 4h。

（2）分析仪器应在校验有效期内，使用前应保证其处于正常工作状态。

（3）采样点应有代表性，容积较大的受限空间，应采取上、中、下各部位取样，以保证受限空间内部任何部位的可燃气体浓度和氧含量合格，有毒有害物质不超过规定指标。

（4）作业中应定时监测，至少每 2h 监测一次，如监测分析结果有明显变化，则应加大监测频率；作业中断超过 30min（中石化规定中不能超过 60min）应重新进行监测分析，对可能释放有害物质的受限空间，应连续监测。情况异常时应立即停止作业，撤离人员，经对现场处理，并取样分析合格后方可恢复作业。

5. 个体防护措施

受限空间经清洗或置换不能达到要求时，应采取相应的防护措施方可作业。

（1）在缺氧或有毒的受限空间作业时，应佩戴隔离式防护面具，必要时作业人员应拴带救生绳；

（2）在易燃易爆的受限空间作业时，应穿防静电工作服、工作鞋，使用防爆型低压灯具及不发生火花的工具；

（3）在有酸碱等腐蚀性介质的受限空间作业时，应穿戴好防酸碱工作服、工作鞋、手套等护品；

（4）在产生噪声的受限空间作业时，应佩戴耳塞或耳罩等防噪声护具。

6. 照明及用电安全

（1）受限空间照明电压应小于等于36V，进入金属容器（炉、塔、釜、罐）和特别潮湿、工作空间狭小的非金属容器内作业电压应小于等于12V。

（2）使用超过安全电压的手持电动工具作业或进行电焊作业时，应配备漏电保护器。在潮湿容器中，作业人员应站在绝缘板上，同时保证金属容器接地可靠，其接线箱（板）严禁带入容器内使用。作业环境原来盛装爆炸性液体、气体等介质的应使用防爆电筒或电压不大于12V的防爆安全行灯，行灯变压器不得放在容器内或容器上。作业人员应穿戴防静电服装，使用防爆工具，严禁手机等非防爆通信工具和其他非防爆器材的携带。

（3）临时用电应办理用电手续，按GB/T 13869规定架设和拆除。

7. 监护

（1）受限空间作业，在受限空间外应设有专人监护。

（2）进入受限空间前，监护人应会同作业人员检查安全措施，统一联系信号。

（3）在风险较大的受限空间作业，应增设监护人员，并随时保持与受限空间作业人员的联络。

（4）监护人员不得脱离岗位，并应掌握受限空间作业人员的人数和身份，对人员和工器具进行清点。

8. 其他安全要求

（1）在受限空间作业时应在受限空间外设置安全警示标志；受限空间出入口应保持畅通。

（2）多工种、多层交叉作业应采取互相之间避免伤害的措施。

（3）作业人员不得携带与作业无关的物品进入受限空间，作业中不得抛掷材料、工器具等物品。

（4）受限空间外应备有空气呼吸器（氧气呼吸器）、消防器材和清水等相应的应急用品。严禁作业人员在有毒、窒息环境下摘下防毒面具。

（5）发生人员中毒、窒息的紧急情况，抢救人员必须佩戴隔离式防护面具进入受限空间，并至少有1人在受限空间外部负责联络工作。

（6）难度大、劳动强度大、时间长的受限空间作业应采取轮换作业。

（7）在受限空间进行高处作业应按AQ 3026《化学品生产单位高处作业安全规范》的规定进行，应搭设安全梯或安全平台。

（8）在受限空间进行动火作业应按AQ 3022《化学品生产单位动火作业安全规范》的规定进行。

（9）作业前后应清点作业人员和作业工器具。作业人员离开受限空间作业点时，应将作业工器具带出。

（10）作业停工期间，应在受限空间的入口处设置"危险！严禁入内！"警告牌或采取其他封闭措施，防止人员误进。作业结束后，由受限空间所在单位和作业单位共同检查受限空间内外，确认无问题后方可封闭受限空间。

（11）进入受限空间作业，实行许可证管理。许可证有效期为24h。当作业中断1h以上再次作业前，应重新对环境条件和安全措施进行确认；当作业内容和环境条件变更必须重新办理许可证。

第十三章（*MK-A13*）
铁的硫化物——硫化亚铁

含硫油品在集输、储存和净化生产过程中，硫元素与设备装置器壁上的铁元素长期相互作用，将会有硫化亚铁生成。由于硫化亚铁着火点低很容易自燃，引发火灾和爆炸，对石油化工企业安全生产带来重大威胁。

第一节（*MK-A13-1*）　硫化亚铁的物化性质和自燃机理

一、硫化亚铁的物化性质

1. 形状

深棕色或黑色固体，纯品应为无色六方形结晶，一般商品为暗褐色或灰黑色片状或粒状物。

2. 化学式

FeS（含硫量：36%）；相对分子质量：87.91。

3. 密度

密度（25/4℃）：4.74g/cm^3。

4. 熔点

熔点：1193～1199℃。

5. 溶解性：难溶于水

（1）可溶于酸的水溶液，放出硫化氢或二氧化硫气体。

反应方程式：

$$FeS + 2HCl \longrightarrow FeCl_2 + H_2S \uparrow$$
$$H_2SO_4 + FeS \longrightarrow FeSO_4 + H_2S \uparrow （实验室制取硫化氢）$$

（2）在空气中有微量水分存在下，硫化亚铁逐渐氧化成硫和四氧化三铁。

反应方程式：
$$3FeS + 2O_2 \Longrightarrow 3S + Fe_3O_4$$

6. 合成方法

（1）将纯的还原铁粉和升华的硫黄粉按比例混合，放入高真空封闭的石英管中。在1000℃加热，反应完毕后，得到性脆的灰色闪光纯品硫化亚铁。

（2）取铁与硫黄按等摩尔比混合，在真空下封入石英管，于600℃放置两个月后，按一日降温10℃的速度，冷却至室温，则得 FeS。

（3）往亚铁盐水溶液中加入硫化铵可制得 FeS。

（4）由铁和硫黄在高真空石英封管内共熔（1000℃）而得。$Fe + S \rightleftharpoons FeS\downarrow$（加热）

二、硫化亚铁的自燃机理

1. 硫化亚铁的自燃机理

（1）硫化亚铁及铁的其他硫化物在空气中受热或光照时，会发生如下反应：

$$FeS + \tfrac{3}{2}O_2 \rightleftharpoons FeO + SO_2 + 49kJ$$

$$2FeO + \tfrac{1}{2}O_2 \rightleftharpoons Fe_2O_3 + 271kJ$$

$$FeS_2 + O_2 \rightleftharpoons FeS + SO_2 + 222kJ$$

$$Fe_2S_3 + \tfrac{3}{2}O_2 \rightleftharpoons Fe_2O_3 + 3S + 586kJ$$

（2）硫化亚铁自燃产生白色的 SO_2 气体，常被误认为水蒸气，伴有刺激性气味；同时放出大量的热。当周围有其他可燃物（如油品）存在时，会冒出浓烟，并引发火灾和爆炸。

2. 硫化亚铁自燃的部分实验结论

根据实验资料，硫化亚铁自燃受到以下因素影响。

（1）水和水蒸气：干燥硫化亚铁样品中加入 10% 的水，硫化亚铁自燃温度从 120 ~ 256℃降至 30 ~ 40℃；空气中的湿度增大时，硫化亚铁的自燃性能逐渐增强。因此一定量的水或水蒸气可加速硫化亚铁在空气中的氧化反应，导致温度快速升高，进一步加快氧化反应。

（2）空气流量影响：随着空气流量的增大，也就能够提供足够的氧与硫化亚铁接触并反应，从而使得其自热和自燃特性表现得越强。

（3）油垢与硫化亚铁的混合物自燃特性强于各自的自燃特性，增加了安全隐患，含有硫化氢油垢的自燃危险性更大。

（4）储罐腐蚀产物氢氧化铁、三氧化二铁和四氧化三铁在无氧条件下与硫化氢气体反应生成硫化亚铁，放出热量，室温下硫化亚铁与空气中的氧气会迅速发生氧化反应，放出热量，具有较高的自燃性。

第二节（*MK-A13-2*）　石油化工典型装置硫化亚铁产生原因及预防

含硫油品设备腐蚀自燃事故是对炼油企业安全生产的重大威胁，而油品中的硫大致分成活性硫和非活性硫两大类。

活性硫包括单质活性硫（S）、硫化氢（H_2S）、硫醇（RSH）。其特点是可以和金属直接反应生成金属硫化物。在 200℃ 以上，硫化氢可和铁发生直接反应生成 FeS。360 ~ 390℃，生成率最大，至 450℃ 左右减缓而变得不明显。350 ~ 400℃，单质硫很容易与铁直接化合生成 FeS。在这个温度下，H_2S 可发生分解：$H_2S \longrightarrow S + H_2$。分解出的活性硫和铁的作用极强烈。在 200℃ 以上，硫醇也可以和铁直接反应：$RCH_2CH_2SH + Fe = RCHCH_2 + FeS + H_2 \uparrow$。

非活性硫包括硫醚、二硫醚、环硫醚、噻吩、多硫化物等。其特点是不能直接和铁发生反应，而是受热后发生分解，生成活性硫，这些活性硫按上述规律和铁发生反应。不同温度下不同硫化物的分解，产生不同程度的硫腐蚀。

复杂的硫化物在 115 ~ 120℃ 开始分解，生成 H_2S，120 ~ 210℃ 比较强烈，350 ~ 400℃ 达到最强烈的程度，480℃ 基本完全分解。

一、炼油装置硫化亚铁产生原因及预防

1. 硫化亚铁的产生原因

（1）电化学腐蚀反应生成硫化亚铁

原油中 80% 以上的硫集中在常压渣油中，这些硫化物的结构比较复杂，在高温条件极易分解生成硫化氢和较小分子硫醇。当有水存在时，这些硫化氢和硫醇对铁质设备具有明显的腐蚀作用，反应过程为：

$$H_2S \Longrightarrow H^+ + HS^- \qquad HS^- \Longrightarrow H^+ + S^{2-}$$

这是一种电化学腐蚀过程：

$$阳极反应：Fe \longrightarrow Fe^{2+} + 2e$$
$$阴极反应：2H^+ + 2e \longrightarrow H_2$$

Fe^{2+} 与 S^{2-} 及 HS^- 反应：

$$Fe^{2+} + S^{2-} \Longrightarrow FeS \downarrow$$
$$Fe^{2+} + HS^- \Longrightarrow FeS + H^+$$

另外，硫与铁可直接作用生成硫化亚铁：$Fe + S \Longrightarrow FeS \downarrow$。生成的硫化亚铁结构比较疏松，均匀地附着在设备及管道内壁。

（2）大气腐蚀反应生成硫化亚铁

装置由于长期停工，设备内构件长时间暴露在空气中，造成大气腐蚀，而生成铁锈。铁锈由于不易彻底清除，在生产过程中就会与硫化氢作用生成硫化亚铁。

反应式如下：

$$Fe + O_2 + H_2O \longrightarrow Fe_2O_3 \cdot H_2O$$
$$Fe_2O_3 \cdot H_2O + H_2S \longrightarrow FeS \downarrow + H_2O$$

此反应较易进行，由于长期停工，防腐不善的装置具有产生硫化亚铁的趋势。

（3）高温硫腐蚀

硫腐蚀反应为化学腐蚀反应，温度升高可加快反应速度。因此，对于温度较高的地点、部位比较容易发生高温硫腐蚀。

（4）水及 Cl^- 存在可促进设备硫腐蚀

从硫化亚铁生成反应机理可知有水存在可促进化学腐蚀的进行，而当有 Cl^- 存在即使温度较低时也会发生如下反应：

$$Fe + 2HCl \Longrightarrow FeCl_2 + H_2 \uparrow$$
$$FeCl_2 + H_2S \Longrightarrow FeS \downarrow + 2HCl$$
$$Fe + H_2S \Longrightarrow FeS \downarrow + H_2 \uparrow$$
$$FeS + 2HCl \Longrightarrow FeCl_2 + H_2S$$

对于常压塔顶冷凝系统，即塔顶、油气挥发线、水冷器及回流罐等部位，易发生低温腐蚀。

2. 影响硫化亚铁生成速度的因素

从硫化亚铁的生成机理可以看出，在日常生产中，硫化亚铁的生成过程就是铁在活性硫化物作用下而进行的化学腐蚀反应过程。

含硫油品的含硫量、温度、水及 Cl^- 的存在等综合因素影响着其电化学腐蚀反应。含硫量高的部位是最易发生腐蚀的地点。

原油经常压蒸馏后 85% 的硫都集中在 350℃ 以上的馏分即常压渣油中，因此常压渣油流经的设备受硫腐蚀的倾向较大，在实际生产中，减压塔塔内构件及减压单元换热器是硫化亚铁最易生成的部位。

约 70% 的硫随反应油气进入分馏、吸收稳定系统；近 30% 的硫存在于焦炭中随再生烟气排掉。因此，分馏塔顶冷凝系统、吸收稳定系统的凝缩油罐及再沸器、柴油抽出系统是硫化亚铁易产生的部位。

硫含量较高的酸性水处理系统及酸性水流经的设备也是易发生硫腐蚀的地点。温度较高的常压塔底及常温换热单元、减压单元系统就比较容易发生高温硫腐蚀。

常减压装置中硫化亚铁的主要分布情况：

（1）三塔顶系统

包括空冷器、水冷器、回流罐、产品罐、水封罐、瓦斯罐、塔顶系统附属管线及瓦斯管线等。

（2）塔内壁

碳钢塔中上部内壁、碳钢塔盘固定件、塔盘及填料。

3. 硫化亚铁自燃的现象

硫化亚铁在工艺设备中的分布一般遵循这一规律：介质中硫含量越高，其硫化亚铁腐蚀产物越多，但是介质中硫含量仅为百万分之几的设备在打开时也会发生硫化亚铁自燃的现象。其原因不是介质中硫含量高，而是微细的硫化亚铁腐蚀产物在某些局部区域很容易发生沉积。特别是填料塔，其填料除了具有分馏的功能外，还具有高效的过滤功能，上游携带来的硫化亚铁很容易被拦截下来。同时，金属填料具有较大的比表面积，与物料的接触面积大，即使物料中的硫含量很低也会腐蚀填料。由于填料塔内的物料流速低，填料表面腐蚀生成的硫化亚铁很难被物料带走。这样，在大负荷、长周期、连续运行的填料塔内将积聚一定量的硫化亚铁。由于塔设备内的硫化亚铁不是纯净物，与焦炭粉、油垢等混在一起形成垢污，结构一般较为疏松。硫化亚铁在潮湿空气中氧化时，二价铁离子被氧化成三价铁离子，负二价硫氧化成四价硫，放出大量的热量。由于局部温度升高，加速周围硫化亚铁的氧化，形成连锁反应。如果垢污中存在炭和重质油，则它们在硫化亚铁的作用下，会迅速燃烧，放出更多的热量。这种自燃现象易造成火灾爆炸事故。

4. 硫化亚铁自燃事故的防治对策

（1）从根源上控制硫化亚铁生成

硫化亚铁的产生过程是设备的腐蚀过程，有必要从多个方面采取措施，减少对设备的硫腐蚀。

①从工艺方面入手，减少设备硫腐蚀，控制硫化亚铁的产生。

a）加强常压装置"一脱四注"抑制腐蚀。

根据原油的实际状况，选择效果好的破乳剂，优化电脱盐工艺，加大无机盐（例如 $MgCl_2$、$CaCl_2$）脱除率，从而减小塔顶 Cl^- 含量。使用适合于高硫原料的缓蚀剂，降低腐蚀速度。适当加大注氨量，减轻硫腐蚀。

b）采用渣油加氢转化工艺降低常压渣油的硫含量。

催化裂化装置对常渣的硫含量要求较高，在加工高含硫原油的情况下，可采用渣油加氢转化技术，降低渣油中的硫、胶质、氮等物质的含量，可以减轻催化设备腐蚀，同时生产出高品质的产品。

c）在分馏塔顶试添加缓蚀剂，使钢材表面形成保护膜，起阻蚀作用。

②从设备方面采取措施，阻止硫化亚铁产生。

a）易被硫腐蚀的部位，更换成耐腐蚀的钢材。

兼顾成本，选择性价比较高的耐腐蚀钢材，例如选择价格合理而防腐性能与昂贵的 316L 钢相当的渗铝钢。

b）采用喷镀隔离技术

在易腐蚀设备内表面采用喷镀耐腐蚀金属或涂镀耐腐蚀材料等技术实现隔离防腐目的。但生产过程中如果流经设备及管线的油品的流速较大或设备中的易磨损部位不宜采用喷镀隔离技术。

c）加强停工期间的防腐保护。

对于长期停工的装置，应采用加盲板密闭，注入氮气置换空气等措施，防止大气腐蚀。

③加强日常操作管理

加强有关岗位的操作管理，防止因操作不当造成硫化亚铁的不断生成。

（2）采用化学处理方法消除硫化亚铁。

对于像减压塔填料，酸性水汽提塔板极易产生硫化亚铁部位，可采用化学方法处理。

①酸洗：可用稀盐酸清洗来消除硫化亚铁存在，但会释放出硫化氢气体，需额外加硫化氢抑制剂，以转化并消除硫化氢气体。

②螯合物处理：特制的高酸性螯合物在溶解硫化物沉淀时非常有效，不会产生硫化氢气体，但实际价格较昂贵。

③氧化处理：可用氧化剂高锰酸钾氧化硫化物，具有使用安全、容易实施的优点。

（3）停工检修过程中应注意的事项

①停工前做好预防硫化亚铁自燃事故预案。

停车前根据装置自身特点及以往的实践经验，做好硫化亚铁自燃预案，一旦发生自燃事故，立即采取措施，防止事故范围扩大，减小经济损失。

②设备吹扫清洗时，对于弯头、拐角等死区要特别处理，并注意低点排凝，确保吹扫质量，防止残油及剩余油气的存在，从而避免硫化亚铁自燃引发爆炸和火灾扩大。

③设备降至常温方可打开，进入前用清水冲洗，保证内部构件湿润，清除的硫化亚铁应装入袋中浇湿后运出设备外，并尽快采取深埋处理。

④加强巡检。检修期间，特别是在气温较高的环境下，必须加强检查，及时发现，及时处理。

二、油罐硫化亚铁自燃机理及预防措施

1. 硫化亚铁自燃机理

油罐设备长期处于含硫工作环境，介质中的硫特别是硫化氢与设备材质发生化学反应，在设备表面生成硫化亚铁（该硫化亚铁一般是指 FeS、FeS_2、Fe_3S_4 等几种化学物质的混合物），内防腐涂层被硫化成胶质膜，由于胶质膜对储罐的保护，使硫化亚铁氧化时，氧化热不易及时释放，积聚起来。

在罐顶通风口附近，硫化亚铁与空气接触，迅速氧化，热量不易积聚。而在油罐下部，越靠近浮盘的气相空间，氧含量越低，部分硫化亚铁被不完全氧化，生成单晶硫，这种单晶硫呈黄色颗粒状，其燃点较低，掺杂在硫铁化物中，为硫铁化物的自燃提供了充分的燃烧基础。

当油罐处于付油状态时，大量空气被吸入并充满油罐的气相空间，原先浸没在浮盘下和隐藏于防腐膜内的硫铁化物逐渐被暴露出来，并在胶质膜薄弱部位首先发生氧化，当散热速度不足以使其内部因放热反应而产生的热量及时散发出来时，热量不断在堆积层内部积聚起来，使堆积层内部温度升高。由于部分硫化亚铁的不完全氧化生成的单晶硫掺杂在硫化亚铁堆积层中，温度升至 100℃ 以上时，在堆积层内部少量的单质硫开始熔化。温度继续上升，促进了硫化亚铁的氧化，释放出更多的热量，反应释放的热量聚集起来会加速反应速率，而反应速率加快，又会使单位时间释放出更多的热量。热量急剧增大，使油品及硫铁化物的温度迅速上升，引起自燃。

2. 硫化亚铁的预防措施

（1）严格控制进罐油品的硫含量，从源头上降低事故隐患

油品脱硫的方法很多，加氢脱硫是最常见的方法，此外还有氧化脱硫、生物脱硫等非加氢脱硫方法。

①加氢脱硫

加氢脱硫是在氢气存在下，经催化剂作用将油品中的有机硫化物转化为硫化氢而除去的方法。该法所用催化剂通常为 $Co-Mo$、Al_2O_3，由于加氢装置投资大，操作费用高，操作条件苛刻，导致油品成本大幅上升。因此，人们一直寻求更好的脱硫工艺。

②氧化脱硫

在强氧化剂作用下，极性较低的硫醚和噻吩类化合物被氧化生成极性较高的亚砜和砜类化合物。与传统的加氢脱硫相比较，氧化脱硫法操作条件温和，工艺投资和操作费用

低，能将油中硫化物以有机硫的形式脱除，减少了环境污染。

③生物脱硫

生物脱硫，又称生物催化剂脱硫（BDS），是一种在常温、常压下利用需氧、厌氧菌去除在石油中含硫杂环化合物中硫的一种新技术。在细菌中的酶可以有选择性地氧化硫原子进而分开 C－S 键，经过需氧、厌氧菌分离的含硫化合物其烃类母体的燃烧性能并不受到影响。

（2）硫化亚铁的清洗和钝化

①酸洗法

酸洗法是通过泵把酸液输送到需要清洗的设备中，硫化亚铁与酸液反应生成 H_2S 溶解在酸液中，酸洗法潜在的困难是要除去 H_2S 气体，如果酸的浓度过高，将会导致酸洗法不能控制 H_2S 的产生速度，从而有大量 H_2S 产生，如果 H_2S 不能有效安全地除去，将会引起爆炸，除此之外酸洗法对设备产生一定的腐蚀。

②酸洗结合化学抑制剂法

在酸洗的过程中对产生的 H_2S 采用加入氢氧化钠的方式处理，这种方式能把 H_2S 转化为 Na_2S 的形式。另一种方法就是直接向酸液中加入某种化学试剂，它可以把 H_2S 转化为溶于水的物质，或者和 H_2S 发生沉淀反应的物质。

③高 pH 值溶液法

这种方法是通过向溶液中加入强碱性物质，把溶液 pH 值调得很高，在强碱性环境下，可以有效溶解硫铁化物，并且它的产物 H_2S 也溶解在强碱性溶液中。这种方法的优点是：清洗的比较干净，并且清洗的速度比较快，可以缩短停工时间，释放出 H_2S 的量比较小。缺点是：尽管释放出的 H_2S 量比较小，但 H_2S 的毒性很大，依然需要一套辅助设备除去 H_2S。除此之外，pH 试剂非常昂贵。

④表面活性剂清洗液

一种以表面活性剂、丙二烯二胺（丙二烯胺）和柠檬酸、EDTA 为主要组分的硫化亚铁清洗配方。该清洗液具有较低的表面张力和较强的渗透能力。清除过程可以分为以下几个阶段：首先是润湿、渗透阶段。当清洗液与污垢接触后，表面活性剂分子均匀排列在污垢的表面，充分地润湿污垢，同时清洗液穿过污垢表面的微小间隙进入污垢内部；二是乳化、分散阶段。进入污垢内部后，形成水包油乳液，在流体流动的作用下脱离污垢本体分散到清洗液中；三是冲洗剥离阶段。由于清洗液的流动，使部分污垢从设备表面冲洗剥离下来，使污垢得以清除。

⑤多步化学清洗法

这种方法利用氧化还原原理把硫化亚铁中的硫转化为其他价态的化合物。并且这些化合物容易处理，如果需要的话，还可以结合酸洗法，提高清除硫化亚铁的能力，因此称为多步化学清洗法。经常采用的氧化剂有：次氯酸钠、过氧化氢及高锰酸钾。这些试剂都具有快速清除硫化亚铁的能力，但各具优点和缺陷。

（3）做好设备防腐，采用涂料保护、渗铝、化学镀、阴极保护、生物膜等技术防止硫腐蚀。

①涂料保护技术

涂料保护法是储罐防腐常用措施之一，已开发出一系列新型防腐涂料，其中对储罐防

H_2S 腐蚀采用 WF – 40 型和 WF – 70 – 1 型涂料、E1 涂料、环氧 – 呋喃涂料、氧酚醛涂料和聚氨酯涂料效果较好。

②渗铝技术

渗铝材料在多种介质中具有良好的耐蚀性，如耐高温硫、环烷酸、低温硫化氢等腐蚀。由于渗铝后的金属材料表面显微硬度增加，同时还具有良好的耐磨性能。

③化学镀技术

化学镀是利用合适的还原剂，使溶液中的金属离子有选择地在经催化活化的表面上还原析出，成为金属镀层的一种化学处理方法。化学镀镍防腐蚀效果好，与碳钢相比，可延长设备使用寿命 2 ~ 5 倍。含硫原油工艺设备经常受到 H_2S，SO_2 等腐蚀介质侵害，采用化学镀镍后取得了明显效果，该技术已在高硫加工设备中得到了应用。

④生物膜防腐技术

利用细菌生物膜形成一种对腐蚀物的扩散屏蔽，这种屏蔽作用抑制了金属溶解，作为阻止易腐蚀生物增殖的腐蚀防护剂抑制了新陈代谢产物的产生，形成了一层微生物存在的独特的钝化层，利用此钝化层，阻止腐蚀物与金属接触，达到防腐目的。

（4）对设备改进，增加氮封装置和内喷淋系统

①氮封系统

所谓氮封，就是用氮气补充罐内气体空间，因氮气的密度小于油气而浮于油气之上故而形成氮封。当呼气时，呼出罐外的是氮气而不是油蒸气。当罐内压力低时，氮气自动进罐补充气体空间，减少蒸发损失，避免油品接触氧化，更主要是可以有效防止硫化亚铁的氧化，杜绝因硫化亚铁氧化放热引起油品自燃而发生火灾事故。

②内喷淋系统

在储罐内的上部设置消防喷淋盘管。当油罐内油品已经抽空，要求进行清罐作业时，为保障人身安全，此时罐内不能再充入氮气。为防止在清罐过程中硫化物氧化放热引起自燃，可开启罐内喷淋设施，降低温度，从而降低火灾危险性，预防事故的发生。

（5）其他措施

从人为因素上减少事故的发生。

①如缩短油罐运行周期，提高清罐检修频次，检查防腐涂层的腐蚀情况，并及时恢复脱落的防腐涂层。

②强化巡检质量和频次，提高操作人员的责任心和识别能力，发现事故苗头及时汇报和消除，从而提高油罐运行的安全性。

③采用各种腐蚀监测设备和自燃预测预报方法，有条件的可以增设罐区工业电视自动控制系统，及时、准确地反映储罐腐蚀及自燃情况，保证装置安全运行。

第十四章（*MK-A14*）
硫化氢对金属材料的腐蚀与防护

在油气田开发和石油加工过程中，硫化氢的存在对生产装备有很大的腐蚀破坏作用。在常温常压下，干燥的硫化氢对金属材料无腐蚀破坏作用，但是，硫化氢易溶于水而形成湿硫化氢环境，钢材在湿硫化氢环境中很易引发腐蚀破坏，影响正常生产，甚至会引发灾难性的事故，造成重大的人员伤亡和财产损失。

第一节（*MK-A14-1*） 硫化氢对金属材料的腐蚀机理

一、腐蚀形式

硫化氢对金属的腐蚀形式，有电化学失重腐蚀、氢脆和硫化物应力腐蚀开裂。

硫化氢对金属材料产生的电化学失重腐蚀，是指金属和含硫天然气接触发生的电化学反应。

腐蚀过程中，金属与介质之间有电子传输，腐蚀结果使金属表面形成蚀坑、斑点和大面积腐蚀剥落，剥脱等现象，造成设备减薄、穿孔，甚至引起爆破。

硫化氢对金属材料的腐蚀，最严重的是氢脆和硫化物应力腐蚀开裂。氢脆破坏是金属在含硫天然气作用下，由电化学反应过程产生的氢原子，渗入到金属晶格内部和缺陷处，逐渐结合成氢分子，在金属内部产生高的内压力，使金属韧性下降而变脆，但不一定引起破裂。如果脱离腐蚀介质，氢既可从金属内部逸出，金属的韧性会逐步恢复，这一过程是可逆的。而硫化物应力腐蚀开裂是金属在含硫天然气和固定应力两者同时作用下产生的开裂，是一个不可逆过程。固定应力可以来自外加载荷和内应力（由于不正确的热处理、冷加工和焊接产生的残余应力）。

二、腐蚀机理

硫化氢对钢材的腐蚀，从腐蚀机理来说属于电化学腐蚀的范畴，其主要的表现形式就是应力腐蚀开裂。

应力腐蚀开裂（SCC）简称应力腐蚀，它是在拉应力和特定的腐蚀介质共同作用下发生的金属材料的破断现象。它的发生一般认为需同时具备三个条件。

（1）一定的拉应力。一般情况下，产生应力腐蚀的系统中存在一个临界拉应力值，它低于材料的屈服点，可以是外加应力，也可以是内应力。

（2）敏感材料。纯金属一般不发生应力腐蚀，合金和含有杂质的金属才易发生 SCC，就是说不同的材料对 SCC 的敏感程度不同，较为敏感的材料有不锈钢、高强钢、Cu、Al、Ti 合金等。材料的强度水平或者说热应力热处理及冷作硬化等对这一敏感程度的影响很大。通常，材料的强度水平越高，越易发生应力腐蚀。

（3）特定环境。某种材料只有在特定的腐蚀介质中才会发生应力腐蚀，当然介质中的杂质对发生应力腐蚀的影响也是很大的。

硫化氢应力腐蚀开裂是造成油气田及石化设备众多事故的重要破坏形式之一，发生的事故往往是突然的、灾难性的，发生之前无明显的先兆，比较难以提前预防。钢在湿硫化氢环境中电离出的 H^+ 是强去极化剂，极易夺取金属的电子，促进阳极钢铁的溶解而导致钢铁的腐蚀。

如上章所述：硫化氢电化学腐蚀阴极、阳极的过程如下：

阳极：$Fe - 2e \longrightarrow Fe^{2+}$

阴极：$2H^+ + 2e \longrightarrow H_{ad} + H_{ad} \longrightarrow 2H \longrightarrow H_2 \uparrow$

$$[H] \longrightarrow 钢中扩散$$

其中 H_{ad}——钢表面吸附的氢原子；

$[H]$ ——钢中的扩散氢。

阳极反应的产物为：

$$Fe^{2+} + S^{2-} \longrightarrow FeS \downarrow$$

因此，钢材受到硫化氢腐蚀以后，阳极的最终产物就是硫化亚铁，该产物通常是一种有缺陷的结构，它与钢铁表面的黏结力差，易脱落，易氧化，且电位较正，于是作为阴极和钢铁基体构成一个活性的微电池，对钢基体继续进行腐蚀。

第二节 （*MK-A14-2*） 硫化氢对金属材料的腐蚀类型

一、氢压理论

硫化氢水溶液对钢材发生电化学腐蚀的另一产物就是氢。反应产物氢一般认为有两种去向：一是氢原子之间有较大的亲和力，易于结合形成氢分子排出；另一个去向就是由于原子半径极小的氢原子获得足够的能量后变成扩散氢 $[H]$ 而渗入钢的内部并溶入晶格中，固溶于晶格中的氢有很强的游离性，在一定条件下将导致材料的脆化（氢脆）和氢损伤。

目前氢脆较公认的机理是氢压理论。这一理论认为与形成氢致鼓泡原因一样，在夹杂物晶界等处形成的氢气团可产生一个很大的内应力，在强度较高的材料内部产生微裂纹，并由于氢原子在压力梯度的驱使下，向微裂纹尖端的三向拉应力区集中，使晶体点阵中的位错被氢原子"钉扎"，钢的塑性降低，当内压所致的拉应力和裂纹尖端的氢浓度达到某一临界值时，微裂纹扩展，扩展后的裂纹尖端某处氢再次聚集，裂纹再扩展，这样最终导致破断。

因此，湿硫化氢环境除了可以造成石油、石化装备的均匀腐蚀外，更重要的是引起一系列与钢材渗氢有关的腐蚀开裂。

二、湿硫化氢环境中氢损伤的几种典型形态

一般认为，湿硫化氢环境中的开裂有氢鼓泡（HB）、氢致开裂（HIC）、硫化物应力腐蚀开裂（SSCC）、应力导向氢致开裂（SO-HIC）四种形式。图 14 – 1 为酸性环境下氢损伤的几种典型形态。

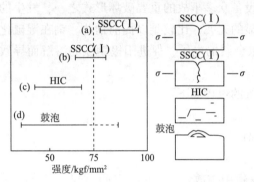

图 14 – 1 酸性环境下氢损伤的几种典型形态

1. 氢鼓泡（HB）

腐蚀过程中析出的氢原子向钢中扩散，在钢铁的非金属夹杂物、分层和其他不连续处，易聚集形成分子氢，由于氢分子较大难以从钢的组织内部逸出，从而形成巨大内压导致其周围组织屈服，形成表面层下的平面孔穴结构称为氢鼓泡，其分布平行于钢板表面。它的发生无需外加应力，与材料中的夹杂物等缺陷密切相关。

2. 氢致开裂（HIC）

在氢气压力的作用下，不同层面上的相邻氢鼓泡裂纹相互连接，形成阶梯状特征的内部裂纹称为氢致开裂，裂纹有时也可扩展到金属表面。HIC 的发生也无需外加应力，一般与钢中高密度的大平面夹杂物或合金元素在钢中偏析产生的不规则微观组织有关。酸性环境下的氢致开裂机理如图 14 – 2 所示。

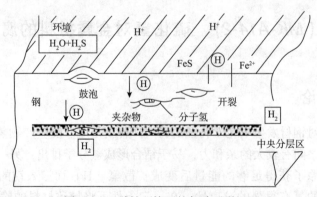

图 14 – 2 酸性环境下的氢致开裂机理

3. 硫化氢应力腐蚀开裂（SSCC）

湿硫化氢环境中腐蚀产生的氢原子渗入钢的内部，固溶于晶格中，使钢的脆性增加，

在外加拉应力或残余应力作用下形成的开裂，叫作硫化物应力腐蚀开裂。工程上有时也把受拉应力的钢及合金，在湿硫化氢及其他硫化物腐蚀环境中产生的脆性开裂统称为硫化物应力腐蚀开裂。SSCC 通常发生在中高强度钢中或焊缝及其热影响区等硬度较高的区域。

在含硫化氢酸性油气系统中，SSCC 主要出现于高强度钢、高内应力构件及硬焊缝上。SSCC 是由硫化氢腐蚀阴极反应所析出的氢原子，在硫化氢的催化下进入钢中后，在拉伸应力作用下，通过扩散，在冶金缺陷提供的三向拉伸应力区富集，而导致的开裂，开裂垂直于拉伸应力方向，如图 14-3 所示。

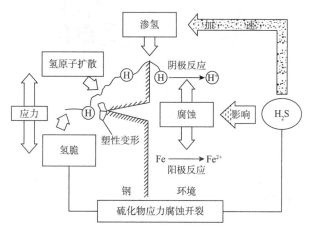

图 14-3 硫化物应力腐蚀开裂机理

普遍认为 SSCC 的本质属氢脆。SSCC 属低应力破裂，发生 SSCC 的应力值通常远低于钢材的抗拉强度。SSCC 具有脆性机制特征的断口形貌。穿晶和沿晶破坏均可观察到，一般高强度钢多为沿晶破裂。SSCC 破坏多为突发性，裂纹产生和扩展迅速。对 SSCC 敏感的材料，在含硫化氢酸性油气中，经短暂暴露后，就会出现破裂，以数小时到三个月情况为多。

在此需要指出的是硫化氢应力腐蚀开裂和硫化氢引起的氢脆断裂没有本质的区别，不同的是硫化氢应力腐蚀开裂是从材料表面的局部阳极溶解、位错露头和蚀坑等处起源的，而氢致开裂裂纹往往起源于材料的皮下或内部，且随外加应力增加，裂源位置向表面靠近。对硫化氢应力腐蚀来说，由于表面局部阳极溶解、位错露头和蚀坑处的应力集中，氢原子易于富集，因而导致脆性增大，当氢浓度达到某一临界值时裂纹萌生。裂纹萌生后，裂纹内的局部酸化使裂纹尖端电位变负，氢的去极化腐蚀加剧。裂纹尖端的腐蚀、增氢和应力集中状态，使得裂纹快速扩展，直至断裂。

4. 应力导向氢致开裂（SOHIC）（氢脆）

在应力引导下，夹杂物或缺陷处因氢聚集而形成的小裂纹叠加沿着垂直于应力的方向（即钢板的壁厚方向）发展导致的开裂称为应力导向氢致开裂，即氢脆，如图 14-4 所示。其典型特征是裂纹沿"之"字形扩展。有人认为，它也是 SSCC 的一种特殊形式。SOHIC 也常发生在焊缝影响区及其他高应力集中区，与通常所说的 SSCC 不同的是它对钢中的夹杂物比较敏感。应力集中常为裂纹状缺陷或应力腐蚀裂纹所引起，据报道，在多个开裂案例中都曾观测到 SSCC 和 SOHIC 并存的情况。

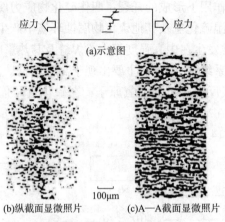

(a)示意图

100μm

(b)纵截面显微照片　　　(c)A—A截面显微照片

图 14 - 4　应力导向氢致开裂

在 H_2S 酸性油气田上，氢诱发裂纹（SOHIC）常见于具有抗 SSCC 性能的，延性较好的低、中强度管线用钢和容器用钢上。SOHIC 是一组平行于轧制面，沿着轧制方向的裂纹。它可以在没有外加拉伸应力的情况下出现，也不受钢级的影响。SOHIC 在钢内可以是单个直裂纹，也可以是阶梯状裂纹。SOHIC 极易起源于呈梭形、两端尖锐的 MnS 夹杂，并沿着碳、锰和磷元素偏析的异常组织扩展，也可产生于带状珠光体，沿带状珠光体和铁素体间的相界扩展。

SOHIC 作为一种缺陷存在于钢中，对使用性能的影响至今尚无统一的认识。大量的研究和现场实践表明，这种不需外力生成的 SOHIC 可视为一组平行于轧制面的面缺陷。它对钢材的常规强度指标影响不大，但对韧性指标有影响，会使钢材的脆性倾向增大。对 H_2S 环境断裂而言，具有决定意义的是材料的 SSCC 敏感性，因此，通常认为抗 SSCC 的设备、管材等夹带 SOHIC 运行不失安全性。但 SOHIC 的存在仍有一定的潜在危险性，SO-HIC 一旦沿阶梯状贯穿裂纹方向发展，将导致构件承载能力下降。当然这一般需要时间。对强度日益增高的管线用钢，SOHIC 往往是其发生 SSCC 的起裂源。

以上 4 种氢损伤形式中 SSCC 和 SOHIC 是最具危险性的开裂形式。

应力腐蚀开裂是环境引起的一种常见的失效形式。美国杜邦化学公司曾分析在 4 年中发生的金属管道和设备的 685 例破坏事故，有近 60% 是由于腐蚀引起，而在腐蚀造成的破坏中，应力腐蚀开裂占 13.7%。根据各国大量的统计，在不锈钢的湿态腐蚀破坏事故中，应力腐蚀开裂甚至高达 60%，居各类腐蚀破坏事故之冠。应力腐蚀开裂的频繁发生及其造成的巨大危害，应引起行内人员的重视。

三、硫化氢应力腐蚀开裂失效断口特征

（1）硫化物应力腐蚀和氢脆均属于延迟性破坏，开裂可能在钢材接触硫化氢后很短时间内（几小时、几天）发生，也可能在数周、数月或几年后发生，但无论破坏发生迟早，往往都是突然的、灾难性的。发生之前无明显先兆的情况下，设备、管线、仪表产生突然爆破，难于提前预防。

如某井用日本 N - 80 油管下井使用仅 20 天，在井深 355m 处突然断裂。同样的破坏在某气田 11 个月内，先后在八口井发生，地面及气管线上所用闸门的 GCr15 轴承使用几个

月后即成几块。

（2）硫化物应力腐蚀和氢脆属呈脆性破坏

在破坏形式上的特点是产生裂纹，且裂纹的纵深比宽度大几个数量级。裂纹有穿晶裂纹和晶间裂纹。

应力腐蚀及扩展区的破裂断口平整，无宏观塑性变形，颜色较暗，甚至为暗黑色，与最后断裂区有明显界限，而且越靠近裂源区，颜色越深。

在断口上有较多的腐蚀产物（FeS），裂纹源附近腐蚀产物最多。

对于强度较高的钢铁材料，硫化物应力腐蚀裂纹往往为沿晶断裂，裂纹有多个分支，二次裂纹较多。

而氢脆断口宏观特征较光亮，刚断开时无腐蚀，微观特征一般在裂纹源区除有沿晶断裂外，也可观察到解理、准解理和韧窝形貌，在晶界面上有撕裂棱和发纹，断口上一般无腐蚀产物，无二次裂纹或二次裂纹很小。

（3）硫化物应力腐蚀破裂和氢脆主要是在受拉应力时才产生，且主裂纹的方向一般总是和拉应力的方向垂直，压应力不会产生腐蚀破裂。

（4）硫化物应力腐蚀破裂和氢脆的爆破口多发生在导致应力集中的部位，如构件表面机械伤痕、蚀孔、焊件的焊缝和热影响区以及构件的冷作加工等处。

（5）硫化物应力腐蚀破裂和氢脆属于低应力下的破坏，有时使用应力只相当于屈服应力的百分之几，就会突然脆断，这时金属表面失重腐蚀非常轻微。如某气田九井，做爆破实验用的配气管汇，其使用应力只相当于钢材屈服应力的70%就会发生爆破。

四、硫化氢对钢材腐蚀破坏的影响因素

1. 钢材的本体因素

在油气田开发过程中，钻柱可能发生的腐蚀类型里面，以硫化氢腐蚀材料因素的影响最为显著，影响钢材抗硫化氢应力腐蚀性能的材料因素中主要有金相组织、强度、硬度等。

（1）金相组织

许多碳素钢和低合金钢的氢脆和硫化物应力腐蚀破裂表明，其破裂敏感性主要决定于钢材的金相组织，而通过对钢材合理的热处理，可以获得抗硫性能良好的金相组织。

如果钢材的强度相同，索氏体中碳化物呈均匀球形分布着（高温调质钢），则抗硫性能最好；珠光体的抗硫性能次之（正火回火钢或热轧钢）；其他诸如贝氏体、马氏体对硫化氢很敏感。

如35CrMo8阀杆，经淬火后低温回火，获得回火马氏体组织，气井使用后均发生断裂。如果采用高温620~650℃回火，获得索氏体组织，在某气田已使用九年之久，未发生断裂。

（2）强度和硬度

从对许多油气田开发过程中硫化物应力腐蚀开裂和氢致开裂事故的分析发现，随着钻柱强度升高，断裂的敏感性变大。有实验结果表明，随着屈服强度的升高，临界压力和屈服强度的比值下降，即应力腐蚀敏感性增加。

与强度有密切关系的是硬度。在给定条件下，硬度低于某值时，不发生断裂。现场破坏事故分析表明，碳素钢和低合金钢的硬度越高，越容易在含硫天然气中产生氢脆和硫化物应力腐蚀破裂。

材料的断裂大多出现在硬度大于 HRC22（相当于 HB200）的情况下，因此，通常 HRC22 可作为判断钻柱材料是否适合于含硫油气井钻探的标准。

（3）冷加工和焊接的影响

金属的冷加工（冷轧制、冷锻、冷弯）、焊接或其他制造工艺以及机械咬伤等产生的冷变形，不仅使冷变形区的硬度增大，而且会产生异常组织和残余应力，增加氢脆和硫化物应力腐蚀破裂的敏感性。

一般来说，钢材随着冷加工量的增加，硬度增大，硫化物应力腐蚀破裂的敏感性增加。同时，冷加工和焊接造成钢材组织的不一致性，会在钢材内部形成微电池，促进钢的电化学失重腐蚀。

因此，冷加工件和焊件大多数在使用前需进行高温回火处理。

（4）构件承受应力的影响

室内应力腐蚀实验证明，随着应力的增大，硫化物应力腐蚀破裂的时间缩短。含硫气井所用钢材的使用应力，应控制在该钢材屈服应力的 60% 以下。

2. 环境因素的影响

（1）硫化氢浓度

溶液中硫化氢浓度对硫化物应力腐蚀的影响见图 14 – 5。由图中可以看出，硫化氢体积分数小于 5×10^{-2}mL/L 时，碳钢的破坏时间都较长。NACE MRQ175—88 标准认为发生硫化氢应力腐蚀的极限分压为 0.345×10^{-3}MPa（水溶液中硫化氢浓度约 20mg/L），低于此分压不发生硫化氢应力腐蚀开裂。但是，对于高强度钢，即使在溶液中硫化氢浓度很低（体积分数为 1×10^{-3}mL/L）的情况下仍引起破坏，硫化氢体积分数为 $5 \times 10^{-2} \sim 6 \times 10^{-1}$mL/L 时，能在很短的时间内，引起高强度钢的硫化物应力腐蚀破坏，不过这时硫化氢浓度对高强度钢的破坏时间已经没有明显的影响了。硫化物应力腐蚀的下限浓度值与使用材料的强度（硬度）有关。

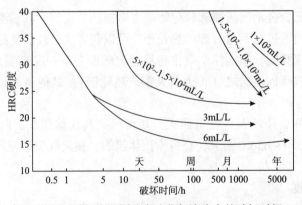

图 14 – 5　碳钢在不同浓度硫化氢溶液中的破坏时间

国外有人经试验认为，硫化氢体积分数低于 $2 \times 10^{-3} \sim 5 \times 10^{-3}$mL/L 时，对材料的硬度要求可以从小于 HRC22 放宽一些。

（2）pH 值

pH 值决定于天然气中硫化氢、二氧化碳、有机酸和地下水中的 Cl^-、SO_2^{2-} 的含量。pH 值对硫化物应力腐蚀的影响如图 14-6 所示。图中全部应力腐蚀试样硬度为 HRC33 ± 1，拉伸载荷为材料屈服强度的 115%。从图中可以看出，在 pH 值 ≤6 时，硫化物应力腐蚀很严重，在 6≤pH≤9 时，硫化物应力腐蚀敏感性开始显著下降，但达到断裂所需的时间仍然很短，pH 值 >9 时，就很少发生硫化物应力腐蚀破坏。

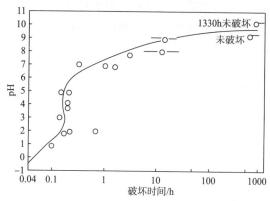

图 14-6　含硫化氢溶液中钢的破坏时间与 pH 值之间的关系

（3）温度

在一定温度范围内，温度升高，硫化物应力腐蚀破裂的敏感性降低，而电化学失重腐蚀加剧。温度对硫化物应力腐蚀的影响如图 14-7 所示，从图中可以看出，在 22℃ 左右硫化物应力腐蚀敏感性最大。温度大于 22℃ 后，温度升高，硫化物应力腐蚀的敏感性明显降低。

（4）水对钢材腐蚀的影响

常温下，在干燥的含硫天然气中钢材没有腐蚀现象，只有在含硫天然气中含有水分时，才产生腐蚀。当温度 ≤120℃ 时，硫化氢对钢材的腐蚀形式有以下几种。

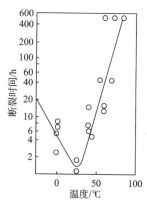

图 14-7　温度对硫化物
腐蚀的影响

① $H_2S—H_2O$ 型腐蚀

H_2S 气体当遇到水时，极易水解，在水中发生 $H_2S—H_2O$ 型腐蚀，其反应的电离方程式为：

$$H_2S \longrightarrow H^+ + HS^-$$
$$H_2S \longrightarrow H^+ + HS^{2-}$$

在 $H_2S—H_2O$ 体系中的 H^+、HS^-、S^2 和 H_2S 分子对金属的腐蚀为去极化作用，其反应方程式为：

阳极反应

$$Fe \longrightarrow Fe^+ + 2e$$
$$Fe^{2+} + S_2 \longrightarrow FeS$$
$$或 Fe^{2+} + HS^- \longrightarrow FeS + H^+ + e$$

阴极反应

$$2H^+ + 2e \longrightarrow 2H \longrightarrow H_2$$

②积水中的 SO_2 腐蚀

储运装置积水部位中的 SO_2 对防腐层脱落的钢材发生改性再生循环腐蚀，首先是 SO_2 在水中以亚硫酸形式存在，与铁反应生成硫化亚铁 $FeSO_3$ ，之后硫化亚铁水解，又形成游离的亚硫酸，而游离的酸又加速铁的腐蚀，生成新的硫酸亚铁，如此反复循环加速了对钢材的酸性腐蚀。又如某输气管，虽然输送的是净化天然气（气中含硫量在 $20mg/m^3$ 左右）。但由于天然气中水的凝析，使在地势低洼处的管底内积水，在有水管线附近管壁产生电化学失重腐蚀，使管子腐蚀减薄，在输气压力下，由于强度不够而造成两次爆破事故。因此要求天然气脱水干燥后，再进入输气管线，一般要求控制天然气的露点，使其满足：露点 ≤ （最低环境温度 −10℃）。

③硫酸盐还原菌腐蚀

原油中硫化物含量的增加，加大了硫酸盐还原菌腐蚀的风险。硫酸盐还原菌在缺氧的条件下，可以在金属表面的水膜中，利用溶液中的硫酸盐进行繁殖，硫酸盐在细菌作用下被还原为腐蚀性硫化物和有机酸。在缺氧的条件下，硫酸盐还原菌的代谢引起硫化物在金属表面附近的积累，当金属表面被生物膜覆盖时，硫化物在金属表面附近的浓度最高。如果铁离子和硫化物离子都存在，硫化铁很快在碳钢上形成并覆盖其表面。硫化铁的生成促进了阴极反应，电通道一旦形成，一个以低碳钢表面为阳极的电偶就生成了，电子通过硫化铁来传递，在铁离子浓度低时，暂时附着的保护性硫化铁膜在钢铁表面形成，从而降低了腐蚀速率，因此在完全无氧条件下的硫酸盐还原菌，具有较低的腐蚀速率。然而一旦有氧存在时，硫酸盐还原菌代谢过程中产生的硫化亚铁开始氧化，最常见的有两种氧化过程：一种是直接吸收氧，生成硫化亚铁，硫化亚铁在水中水解并氧化成铁的氧化物和硫酸，加大了腐蚀速度。另一种是硫化亚铁氧化成铁的氧化物和硫黄，反应生成的硫黄将溶于油品中，在腐蚀钢材的同时造成油品污染。

当然，硫介质只是储运设施中存在的各种复杂腐蚀性介质中的一种，水的存在是产生硫腐蚀的必要条件，而且在不同的运行环境下，硫对底材的腐蚀形式和程度也不同。但硫在油品中的存在会大大加速腐蚀，从而减短设备使用寿命，甚至导致安全和环境污染事故的发生。

第三节（*MK-A14-3*） 硫化氢对金属材料腐蚀的预防办法

含硫油气田现行防腐常用方法：

（1）选用防止硫化氢腐蚀破坏的各种金属材料和非金属材料；

（2）选用缓蚀剂，减缓金属电化学失重腐蚀；

（3）控制溶液 pH 值，可提高钢材对硫化氢的耐蚀能力，维持 pH 值在 9 ~ 11 之间，这样不仅可有效预防硫化氢腐蚀，又可提高钢材的疲劳寿命；

（4）采用合理的结构和制造工艺。

一、含硫油气田常用材料的性能、抗硫技术要求和应用

1. 非金属材料

根据美国 SPE—AIME 及有关资料推荐，可用于硫化氢环境的非金属密封件材料有氟塑料（聚四氟乙烯，F-46）、聚苯硫醚塑料和氟橡胶（F-46，F-246）、丁腈橡胶、氯丁橡胶。

根据 API BULL 5AP 和 7AI 通报的技术要求，钻具和套管用密封脂（丝扣油），应是耐酸又不易分解的多效脂基或复合脂基，具有适当稠度的矿物油高级密封材料。如目前国内气田广泛使用的 8401 钻杆丝扣油，8503 油套管密封脂以及 7405、7409 丝扣密封脂。

四川气田钻井井口和采气井口平板阀广泛采用的密封润滑脂有 7901、7902 等产品，二次密封脂有 EM-91-1 等产品。

2. 金属管材

含硫油气井用油管、套管、钻杆性能，抗硫技术要求及应用研究表明，各种钢级的管材都有其抗硫化氢腐蚀的最低临界温度，在临界温度之上，它就具有抗硫化氢腐蚀性能。

对于含硫化氢气井，在设计套管柱时，由于愈接近井口其井温愈低，因而套管柱接近井口部分应优先选择 K-55、L-80、C-75 等钢级套管，往下再按临界温度值选择 N-80、S-95、P-110 等钢级套管。

不适合硫化氢环境使用的管材

API：G-105 S-135 钻杆

API 套管：N-80 P-105 P-110 及 S-95 S-105 S00-95

国产：D75 套管

能适应硫化氢环境使用的管材

API：D 级、E 级和 X 级的钻杆

API 套管：H-40 J55 K55 C-75 C-90 L-80 S-80 SS-95 RY-85 MN-80 S00-90 等

日本住友套管：SM-80S SM-90S SM-95S SM-85SS SM-90SS 等

日本 NKK 套管：NKAC-80 NKAC-85 NKAC-90 NKAC-95 NKAC-85S NKAC-90S NKAC-95S NKAC-90MS NKAC-95MS 等

国产：E 级钻杆、D55 套管、D40 和 D55 级油管等

二、缓蚀剂保护

1. 缓蚀剂的作用原理

借助于缓蚀剂分子在金属表面现形成保护膜，隔绝硫化氢与钢材的接触，达到减缓和抑制钢材的电化学腐蚀作用，延长管材和设备的使用寿命。其缓蚀作用原理大多是经物理吸附和化学吸附覆盖在金属表面，而对金属起保护作用。

这类缓蚀剂有脂肪酸胺盐（PA-40、PA-50 等），胺（双氢氨、甲基丙基矾胺、尼凡 J18、康托尔），酰胺（7019、川天 2-1、川天 2-2、川天 2-3、PA-75、A-162

等），季铵盐（7251、4502等），米锉林（1017），吡啶（粗吡啶、重质吡啶1901等），聚酰胺（兰4-A等）。

2. 缓蚀剂的品种和性能

（1）粗吡啶

粗吡啶为炼焦副产品，为棕褐色液体，流动性很好，带强烈吡啶臭味。据化验室分析结果，粗吡啶约含吡啶及其同系物60%，中性油类20%~30%，水10%~15%，酚5%左右。其中吡啶碱包括有纯吡啶30%，α-甲基吡啶10%，β-甲基吡啶9%，α-β甲基吡啶与三甲基吡啶等7%，吡啶残渣44%。

由于炼焦用煤不同，所产的粗吡啶成分不相同，缓蚀效果亦有差异，甚至很大，鞍钢粗吡啶效果最佳。

（2）4-甲基吡啶釜残重蒸物（简称1901）

这是用制药废料"4-甲基吡啶"釜残进行减压蒸馏（残压10~20mmHg），选取60~190℃馏分即得。1901是棕褐色液体，流动性很好，带浓厚的吡啶臭味。

（3）页氮

页氮是"页岩油"精制过程的废料，棕褐色液体，其成分复杂，主要是重质吡啶和喹啉等混合物，页氮黏度较大，通常加入工业酒精稀释后使用。

多年来，通过井口挂片长期观察鉴定，上述三种缓蚀剂起到了较好的作用，缓蚀效果稳定在90%以上，近年，某长距离输气管线坚持使用缓蚀剂，亦见成效，上述缓蚀剂取材于副产品废料，价格便宜。

3. 缓蚀剂的注入量

对于关井状态的气体，完井后一次加入100kg缓蚀剂，以后每隔半年补加50kg，对于正常生产井，以采气量$3 \times 10^5 m^3/d$生产井为例，定期每隔半个月注入缓蚀剂40kg，产气量不同时，缓蚀剂用量可酌情增减。

4. 缓蚀剂的注入方法

缓蚀剂下井系采用压力平衡法，该法是利用气井本身压力到缓蚀剂注入罐，当注入罐压力与气井压力平衡后，缓蚀剂依靠本身自重由套管环形空间流入，随着气流从油管内排出。

5. 使用缓蚀剂的注意事项

上述缓蚀剂挥发性强，有臭味，并对皮肤、鼻黏膜等有刺激作用，操作时最好戴口罩和手套，使用完毕后及时用汽油或肥皂洗手。

三、抗硫设备制造工艺要求（脱硫厂流程以前的设备和部件）

1. 锻造

经锻造的低合金钢和碳素钢零件、部件应进行退火，或采用正火、淬火后随之采用高温回火，使钢材硬度低于HRC22。

2. 铸造

（1）用ZG15~ZG45等碳素钢铸件，应进行退火处理，使其硬度低于HRC22。

（2）用 ZG35CrMo 低合金钢的铸件，应在淬火或正火后，在 620～650℃ 的温度下回火，使其硬度低于 HRC22。

3. 焊接

包括手工焊、自动焊和电渣焊。

（1）阀体、大小四通、头盖、法兰和各种采用碳钢和低合金钢制造的零件部件，应尽量避免采用焊接结构。

分离器、大型容器、各类壳体和必须采用焊接结构的零部件，焊接时应尽量避免未焊透气孔、夹渣、疏松、咬边等缺陷。

（2）除金属表面堆焊硬质合金和不锈钢材料外，焊条组分和机械性能必须接近母材的组分和机械性能，除非另有规定，方可例外。

（3）超过一定厚度的设备和某些部件，经焊接和补焊后，应整体进行高温回火，回火后的焊缝和母材的硬度均应低于 HRC22。

回火后的设备一般不得再行焊接和补焊，非得补焊者必须进行局部回火。

（4）采用 10#、15#、20#、A3、09MV 钢做集气管线时，经生产证明在常温下进行焊接，只要严格遵守焊接操作规程，焊缝可以不进行回火处理，但要尽量避免补焊，不得不补焊者，焊后应保温缓冷。

（5）钻井液中应加除硫剂（如加碱式碳酸锌）。

4. 冷作加工

设备和零部件经冲压、整形和其他冷作加工后，必须进行整体高温回火处理，使其硬度低于 HRC22。

5. 热煨弯管

必须进行保温缓冷，使其硬度低于 HRC22。

第十五章（*MK-A15*）
公众教育

一、公众教育的重要性

公众硫化氢防范安全教育就是向公众普及硫化氢知识，进行硫化氢防范知识教育，以提高公众的硫化氢防范安全素质，减少对人民生命和财产的危害的活动过程。公众硫化氢防范安全教育是安全工作不可缺少的重要环节。

二、公众硫化氢安全教育与防范

（1）石油天然气开采、加工、储运等企业及下属施工作业单位作业前要对工作场所（井下、地面）以及可能产生影响的周边一定范围内的硫化氢存在含量浓度进行科学的预测。

（2）勘察、了解、掌握工作场所及周边地形、地貌、气象情况和地方政府、乡村、学校、厂矿、医院、水电讯资源及相关人员的分布情况。

（3）制定硫化氢工作场所硫化氢泄漏、火灾爆炸等应急预案时，应将对工作场所一定范围内的居民进行硫化氢知识宣传，使他们了解硫化氢防护基本知识及简单的逃生、自救互救方法等纳入预案内容之中，应急预案应征得当地政府意见并得到认可和支持。

（4）石油天然气开采、加工、储运等企业及下属施工作业单位施工作业前应按照应急预案对工作场所一定范围内的居民进行公众告知教育；施工作业过程中应建立硫化氢工作场所日常检测、监测制度，做好动态监测，发现硫化氢浓度超标或有事故风险预兆时，应及时进行公众告知，采取得力措施，组织人员撤离。

（5）对废弃井井口、管道、地面应按规定进行封井、封堵、填埋，并设特殊标志，同时向政府主管部门报备，向当地居民告知，防患于未然。

（6）要加强与作业所在地政府、基层组织的沟通，协力共建突发事件应急机制、信息交流机制和宣传教育机制，充分发挥专家和专业协会的作用，指导和帮助本单位和公众开展防范中毒窒息事故的安全培训，充分利用电视、广播、报纸、刊物、网络等媒体，以通俗易懂的方式，宣传识别硫化氢等常见有毒有害气体的方法、防范中毒事故和急救等安全知识，提高民众防范硫化氢等中毒事故的安全意识，提高公众应急处置能力，杜绝因施救不当、盲目施救导致伤亡扩大或引发次生事故，减少对当地民众的生命和财产的危害与损失。

三、公众教育内容（应包括但不限于）

（1）硫化氢的特性、危害及后果。
（2）紧急情况通知公众的方式。
（3）紧急情况发生时应采取的应急措施。

四、硫化氢防护公众教育安全告知书模版示例

1. 石油钻井施工作业安全告知书

××井附近政府机关、学校、厂矿、乡村及社区的居民同志们：

你们好，我们是××钻井公司×××钻井队，正在施工的×××井是一口××井，位于××省××市××县××乡××村，所钻探的地质构造中含有可以引起人畜中毒和环境污染的硫化氢（H_2S）气体。在钻井施工过程中，我们会采取严格的安全措施，抑制硫化氢气体的泄漏，同时，也存在着难以预料和失控的风险，可能导致硫化氢气体逸出进入空气影响周边环境。

为了您和您的家庭、单位人员的身体健康和生命财产的安全，我们把硫化氢的危害及在紧急情况下应急逃生的相关知识告知大家，望你们仔细阅读、了解和掌握相关知识及采取的应急措施，以避免人身伤害事件的发生。

（1）硫化氢气体特性

硫化氢是无色、剧毒、酸性、可燃性气体，与空气或氧气混合易发生爆炸，相对空气密度为1.19，比空气重，当在空气中含量达到 $0.04mg/m^3$ 时，具有典型的臭鸡蛋味；当在空气中含量达到 $150mg/m^3$ 时，嗅觉麻痹，反而闻不到臭味，当在空气中含量超过 $300mg/m^3$ 时，使人有中毒症状，甚至死亡，硫化氢在空气中的安全临界含量，规定为 $30mg/m^3$。

硫化氢主要来源于石油中的有机硫化物分解以及石油中的烃类和有机质通过储集层水中的硫酸盐的高温还原作用，通过裂缝、井眼等通道进入空气中。

（2）硫化氢气体中毒特征

①刺激反应：接触硫化氢后出现流泪、眼刺痛、流涕、咽喉部位有灼热感等刺激症状，可在短时间内恢复。

②轻度中毒：有眼胀痛、畏光、咽干、咳嗽，以及轻度头痛、头晕、乏力、恶心等症状。

③中度中毒：有明显的头痛、头晕等症状，出现轻度意识障碍，有明显的黏膜刺激症状，出现咳嗽、胸闷、视力模糊、眼结膜水肿及角膜溃疡等。

④重度中毒：昏迷、呼吸循环衰竭、休克、死亡等。

（3）紧急情况通知方式，

当硫化氢质量浓度超过 $40mg/m^3$ 或其他原因造成毒气扩散时，我们会采取以下紧急通知方式：

①连续拉鸣气喇叭，第一次持续时间为 5～10min，以后每隔3min拉响5min，听到此

种警报信号，大家应立即应急逃生（注：持续时间小于1min的气喇叭声响，是钻井队内部防喷演习或其他工作信号）

②钻井队工作人员大声疾呼或口头通知，引导大家应急逃生。

③电话报告地方政府、公安系统，由当地政府、公安系统组织大家紧急撤离。

④大家在应急逃生过程中，还要大声疾呼其他人一同应急逃生。

⑤如果发现钻井队井场入口或井架上悬挂有特殊红旗，则表明井场附近极度危险，应迅速撤离。

（4）应急逃生方式

得到应急逃生信息后，首先要明确自己与×××井井场的方向位置，选择合适的逃生路线，应最大可能地向远离井场方向、逆风方向、高处紧急逃生，还要注意以下几点：

①如果条件具备时，用沾有纯碱水的毛巾捂住口鼻，向高处、逆风方向逃生；

②如果逆风方向是朝向井口方向，应向侧向、高处应急逃生；

③应急逃生时要扶老携幼，结对进行，互相照顾，避免不必要的失误；

④听从当地政府、公安机关人员的指挥进行有序应急逃生；

⑤到达安全地带后，在没有接到返回通知时，不要擅自返回。

接到或看到此通知后，首先要明确自己居住地或工作学习环境与×××井井场的方向位置。在高度重视的同时，不要产生过度心里恐慌，我们有应急预案，会在钻开油气层前做好各项安全工作，做好各种应急处置，最大限度地保证大家的工作、学习和生活的正常进行。

再次感谢大家对我们工作的支持和配合！

×××公司×××钻井队

2. 硫化氢防护安全告知书

×××单位：

贵单位施工的_____井，属于高含硫化氢井，现场采取简易生产流程生产，存在硫化氢逸散的危险性。为了防止硫化氢（H_2S）中毒事故的发生，特向贵单位就硫化氢安全事项进行告知，希望贵单位在施工作业/生产期间严格服从井站人员的管理，并做好自身防护，确保人员的生命财产安全。

（1）20 年 月 日硫化氢检测数据，如表15-1所示。

表15-1 日硫化氢检测数据

位置	生产罐罐口20cm（下风口）	距生产罐2m（下风口）	距生产罐4m（下风口）	距生产罐7m（下风口）
硫化氢浓度				
贵单位井场宿营车				
贵单位井场办公室				

（2）硫化氢（H_2S）是可燃性无色气体，具有典型的臭鸡蛋味，相对分子质量34.08，空气的相对密度1.19，易溶于水，亦溶于醇类、二硫化碳、石油和原油中，空气中爆炸极

限为 4.3% ~ 45.5%（体积比），自燃点温度 260℃。

硫化氢（H_2S）是强烈的神经性毒物。较低浓度的硫化氢气体即可引起呼吸道及眼黏膜的局部刺激作用，浓度愈高，全身作用愈明显，表现为中枢神经系统症状和窒息症状。人体吸入硫化氢气体后，轻者刺激眼睛和呼吸道，重者可致人死亡，危害极大，如表15 - 2 所示。

表 15 - 2 不同浓度的硫化氢气体对人体的危害程度表

序号	空气中 H_2S 浓度/ppm	生理影响和危害
1	3	感到明显的臭鸡蛋气味
2	10	刺激眼睛
3	50 ~ 100	刺激呼吸道
4	100 ~ 200	嗅觉在 15min 内麻痹
5	600	暴露 30min 会引起致命性中毒
6	1000	引起呼吸道麻痹，有生命危险
7	1000 ~ 1500	在数分钟内中毒死亡

（3）为确保安全生产工作，请贵单位做好以下防范工作：

①对施工人员进行入场前安全教育及硫化氢防护知识培训；

②井场内工作人员在施工期间必须处于井场安全区域；

③施工人员进入井场需做好个人防护工作，佩戴必需的防护器具；

④进入井场施工人员不许携带烟火、手机；

⑤无关人员严禁进入井场；

⑥进站人员必须服从井站值班人员的管理；

⑦进站施工中，施工单位必须有专职安全员现场监护；

⑧按标准规定在相关位置安装硫化氢监测仪，以确保安全；

⑨当出现硫化氢突发事件时，启动应急预案，听从值班管理指挥，沿安全逃生通道，撤离非安全区域。

感谢贵单位及施工人员的大力支持和充分理解！

告知方（签章）   施工方（签章）

　年　月　日   年　月　日

第十六章（*MK-A16*）
硫化氢防护的相关标准

从广义上讲，我国的安全生产法律体系是由宪法、国家法律、国务院法规、地方性法规，以及标准、规章、规程和规范性文件等所构成的。在这个体系中，标准处于十分重要的位置，安全标准是为保护人和物安全而制定的标准，是法律的延伸。与安全生产相关的技术性规定，通常体现为国家标准和行业标准。

安全生产标准化是社会化大生产的要求，是社会生产力发展水平的反映。企业要求的良好社会与经济效益，求得长足的发展，就必须在生产管理的过程中，持之以恒地坚持一切工作要有标准，一切工作要具备标准条件，一切工作按标准操作，一切工作按标准检查考核。

下列标准、规范性文件（不仅限于此内容），对于硫化氢防护是必不可少的、必须执行的，是硫化氢防护的依据，应纳入硫化氢防护培训的重要内容。

1. GBZ/T 259—2014《硫化氢职业危害防护导则》
2. SY/T 5087—2017《硫化氢环境钻井场所作业安全规范》
3. SY/T 6137—2017《硫化氢环境天然气采集与处理安全规范》
4. SY/T 6277—2017《硫化氢环境人身防护规范》
5. SY/T 6610—2017《硫化氢环境井下作业场所作业安全规范》
6. SY/T 7356—2017《硫化氢防护安全培训规范》
7. SY/T 7357—2017《硫化氢环境应急救援规范》
8. SY/T 7358—2017《硫化氢环境原油采集与处理安全规范》

---

* 注：由于篇幅所限，上列规范标准已在本教材相关模块中引用，本章在此不再展开介绍，对其标准的培训学习，请查询标准原文进行。

实际操作模块
（MK-B）

　　SY/T 7356—2017《硫化氢防护安全培训规范》所列实操项目包括但不限于以下四个项目：正压空气呼吸器的佩戴操作、模拟搬运中毒者操作、便携式硫化氢检测仪操作、心肺复苏操作等，受训学员可参见本教材第六章第三节、第七章第三节、第六章第二节、第七章第四节等内容进行学习，指导教师也可结合上述章节并参考下列考评标准对学员进行训练和考核。

第十七章（*MK-B1*）
正压空气呼吸器的佩戴操作项目

RHZKF 型自给式正压空气呼吸器的佩戴项目考核评分表

序号	考核项目	考核内容及要求	配分	评分标准	扣分	备注
1	准备工作	①学员劳保用品穿戴齐全（工衣、工裤、安全帽）； ②现场准备 RHZKF 型自给式正压空气呼吸器 2 套、上海依格充气瓶若干、安全帽 4 顶； ③现场准备与考核相关的资料、计时器、应急急救箱等	3	①未穿戴劳保用品； ②劳保用品穿戴不正确或少穿戴（劳保服、鞋、安全帽）	3 1	劳保用品少穿戴一项扣 1 分，3 分扣完为止
	学员示意准备完毕。考评员下令开始考核。考评员开始 3min 的计时		1	未示意准备完毕	1	
2	使用前检查测试	（1）整体外观检查 ①全面罩的镜片、系带、环状密封、呼气阀、吸气阀、空气供给阀等机件应完整好用，连接正确可靠，清洁无污垢； ②气瓶压力表工作正常，连接牢固； ③背带、腰带完好、无断裂现象； ④气瓶与支架及各机件连接牢固，管路密封良好	12	①未进行整体外观检查，直接佩戴； ②未检查全面罩外观及各部位，连接错误； ③全面罩机件破损，污物未查出； ④未进行全面罩气密性检查； ⑤未检查气瓶外观及其固定部位； ⑥未检查气瓶压力表； ⑦气瓶压力表未在校验周期内； ⑧未查出气瓶压力表连接处松动； ⑨未检查背板、背带、腰带； ⑩未检查呼气阀、吸气阀、空气供给阀及手轮； ⑪高压、中压管路未进行外观检查	12 12 2 12 2 2 12 2 1 2 2	①、②、④、⑦为否决项，未进行检查整项不得分； 12 分扣完为止

序号	考核项目	考核内容及要求		配分	评分标准	扣分	备注
2	使用前检查测试	（2）气瓶的气体压力测试及整机气密检查	①气瓶压力一般为28～30MPa；②打开气瓶开关，待高压空气充满管路后关闭气瓶开关，观察压力变化，其指示值在1min内下降不应超过2MPa	9	①未检查气瓶压力；②气瓶压力检查后，未在常规范围内未进行报告；③未进行整机气密检查；④整机气密检查压力变化超过2MPa，未进行报告；⑤整机气密检查后未关闭气瓶开关；⑥高压、中压管路气密性未检查、确认	9 1 2 2 2 2	①为否决项，未进行检查整项不得分；9分数扣完为止
		（3）连接管路的密封性测试	空气供给阀和全面罩的匹配检查：正确佩戴正压式空气呼吸器后，打开气瓶开关，在呼气和屏气时，空气供给阀应停止供气，没有"咝咝"响声。在吸气时，空气供给阀应供气，并有"咝咝"响声。反之应更换全面罩或空气供给阀	4	①未进行空气供给阀和全面罩的匹配检查；②停止供气时有"咝咝"响声，未进行报告；③供气时无"咝咝"响声，未进行报告；④空气供给阀和全面罩的连接管路漏气未查出	4 2 2 4	①、④为否决项，未进行检查整项不得分；4分扣完为止
		（4）报警器的灵敏度测试	打开气瓶开关，待高压空气充满管路后关闭气瓶开关，缓慢释放管路气体同时观察压力变化，当压力表数值下降至5～6MPa，应发出报警音响，并连续报警至压力表数值"0"位为止	4	①释放管路压力下降到5.5MPa±0.5MPa时，报警哨未报警。学员未进行示意；②压力表读数不归零，学员未进行示意	2 2	
	检查程序结束后，举手示意，由学员自己按下计时器，开始30s计时			2	①未示意佩戴开始；②未按表计时或佩戴过程中按表	1 1	
3	操作程序	（1）打开气瓶阀开关	首先把供气阀放置待机状态，将气瓶阀打开（至少拧开两整圈以上），不得猛开气瓶阀，防止气瓶阀损坏	6	①未先打开气瓶阀开关；②未打开气瓶阀两圈以上；③猛开气瓶阀手轮	3 1 2	

序号	考核项目	考核内容及要求	配分	评分标准	扣分	备注
3	操作程序	（2）背上空气呼吸器　　①先弯腰将两臂穿入肩带，双手正握抓住气瓶中间把手，再缓慢举过头顶，迅速背在身后，（或双手交叉，将气瓶从身体一侧背在身后），气瓶开关在下方，沿着斜后方向拉紧肩带，固定腰带，系牢胸带。调节肩带、腰带，以合身、牢靠、松紧舒适为宜；　　②背上呼吸器时，用腰部承担呼吸器的重量，用肩带做调节	10	①未收紧、固定肩带和腰带；②未按顺序收紧肩带、腰带；③气瓶开关方向反朝上；④未用腰部承担气瓶重量	1　2　6　1	
		（3）戴好全面罩　　①先将内面罩朝上，把面罩上的一条长脖带套在脖子上，使面罩挎在胸前，再由下向上戴上面罩；　　②双手密切配合，一只手托住面罩将面罩口鼻罩与脸部完全贴合，另一只手将头带后拉罩住头部，不要让头发或其他物体压在面罩的密合框上，然后收紧面罩系带，以使全面罩与面部贴合良好，无明显压痛为宜，不必收的过紧，只要面部感觉舒适又不漏气为合适；　　③立即用手掌堵住面罩进气口，用力吸气，面罩内产生负压，这时应没有气体进入面罩，表示面罩的气密性合格	18	①未按由下向上的顺序戴上面罩；②双手配合不到位；③面罩的密合框上有头发或扭紧现象；④气密性测试不规范；⑤未测试面罩气密性；⑥面罩气密性不合格，漏气，未进行示意	2　2　4　4　12　6	
		（4）连接供气阀与面罩快速接口　　对好供气阀与面罩快速接口并确保连接牢固，固定好压管以使头部的运动自如	6	①未先打开气瓶阀，再连接快速接口，顺序错误；②未一次完成快速插头与面罩的连接；③连接时，过度用力	2　2　2	

续表

序号	考核项目	考核内容及要求		配分	评分标准		扣分	备注
3	操作程序	（5）空气呼吸器正常使用	①深呼吸2~3次，感觉应舒畅，呼吸器供气应均匀；②随时观察压力表的指示数值；③当报警器发出报警声时，立即撤离现场	4	①未做2~3次深呼吸；②未观察压力表数值；③报警器发出报警声时，学员未立即撤离现场		1 1 4	③为否决项，报警器报警，学员未立即撤离现场，整项不得分
		学员戴好安全帽，示意佩带完成，按表结束计时		6	①先佩戴供气面罩，再佩戴安全帽；②安全帽佩戴完后未进行固定；③未示意佩戴完成；④未按表结束计时		4 2 1 1	
		（6）卸下空气呼吸器	①拔开快速接口，从上往下放松面罩系带卡子，摘下全面罩；②卸下呼吸器，关闭气瓶阀手轮，泄掉连接管路内余压	9	①未先拔掉快速接口；②未按顺序放松面罩带子；③未关闭气瓶阀；④未排除残气；⑤压力表数值未落零		2 1 3 2 1	
		（7）清理现场	空气呼吸器摆放整齐，安全帽摆放正确，清理现场	5	①未摆放整齐；②未清理现场；③存在扔掷安全帽、面罩、气瓶等粗暴行为		1 1 3	
	示意考核结束，考评员结束计时			1	未示意全部结束		1	
4	备注	①全部操作程序在3min内完成，进行到3min停止考核；②未完成操作程序，扣除相应的分数						
		背戴呼吸器在30s内完成，超时将从总分中扣除相当分数			背戴30s，超时情况	超时1~5s	2	
						超时6~10s	4	
						超时11~20s	8	
						超时20s以上	10	
	合计			100				

注：自给式正压空气呼吸器的种类、型号不同，佩戴和操作的方法略有不同。

第十八章（MK-B2）
模拟搬运中毒者操作项目

模拟搬运中毒者项目考核评分表

序号	考核项目	考核内容及要求	配分	评分标准	扣分	备注
1	准备工作	①学员劳保用品穿戴齐全（工衣、工裤、安全帽）； ②现场准备 RHZKF 型自给式正压空气呼吸器 2 套； ③现场准备全自动心肺复苏模拟设备 2 套； ④现场准备搬运担架 2 副； ⑤现场准备与考核相关的资料、计时器、应急急救箱等	3	①未穿戴劳保用品； ②劳保用品穿戴不正确或少穿戴（劳保服、鞋、安全帽）	3 1	劳保用品少穿戴一项扣 1 分，3 分扣完为止
		学员示意准备完毕。考评员下令开始考核。考评员开始 10min 的计时	1	未示意准备完毕	1	
2	操作前检查	①按 RHZKF 型自给式正压空气呼吸器的佩戴前检查方法进行检查	8	①未检查自给式正压空气呼吸器； ②自给式正压空气呼吸器未进行外观检查； ③未观察压力表； ④空气呼吸器存在异常未检查出来	8 3 3 2	
		②按照全自动心肺复苏模拟设备的检查方法进行检查	6	①未检查全自动心肺复苏模拟设备； ②全自动心肺复苏模拟设备未通电； ③全自动心肺复苏模拟设备存在异常未检查出来	6 2 3	
		③检查搬运担架是否牢固可靠，齐全完好	4	①未检查搬运担架； ②选择搬运用的担架存在破损； ③担架损坏未检查出来	4 2 2	

序号	考核项目	考核内容及要求	配分	评分标准	扣分	备注
3	操作程序	（1）离开毒气区（脱离） ①首先了解硫化氢气体的来源地以及风向； ②确定进出线路，然后快速撤离到安全区域； ③如果人员在泄漏源的上风方向，就往上风方向跑； ④如果人员在泄漏源的下风方向，应向两侧垂直方向跑，尽可能地向高处跑，避免自身中毒	10	①未确定毒性气体来源地； ②未观察风向； ③未确定毒性气体泄漏区域； ④未确定进出线路； ⑤未按照逃生路线快速撤离	2 2 2 2 2	
		（2）打开报警器（报警） ①按动报警器，并使报警器报警； ②如果报警器在毒气区里，或附近没有合适的报警系统，就大声警告在毒气区的其他人； ③拨打120急救电话	8	①发现中毒人员未报警； ②未按报警器； ③未通知或大声警告周围人员； ④未拨打120急救电话报警	2 2 2 2	
		（3）戴上呼吸器（保护） 在安全地区，按照所要求的佩戴程序戴好正压式空气呼吸器	20	①气瓶佩戴错误，气瓶上下颠倒； ②未调整腰带、肩带； ③未检测面具的气密性； ④面具佩戴后未调整头带； ⑤未先打开气瓶阀，再连接快速接口，顺序错误； ⑥未佩戴安全帽或安全帽未固定	2 2 5 2 2 3	
		（4）救助中毒者（救助）（任意选一种方法操作） ①估计中毒情况 ②根据中毒者的状态、施救人员的多少以及路况，选择一个合适的救护技术，将中毒者从毒气区转移到安全地带	10	①未对中毒者进行救护； ②未判断中毒者的中毒情况（外伤、无呼吸等）； ③在现场拖延时间，未及时采取措施脱离现场； ④救助方法错误	5 2 3 5	

序号	考核项目	考核内容及要求		配分	评分标准	扣分	备注
3	操作程序	（4）救助中毒者（救助）（任意选一种方法操作）	**拖两臂法：** 让中毒者平躺，施救者蹲于中毒者后面，扶着中毒者的头颈使中毒者处于半坐，用大腿或膝盖支撑中毒者背部，将双臂置于中毒者腋窝下，弯曲中毒者的胳膊并牢固地抓住中毒者前臂（保证使其手臂紧贴其胸口），站起时将中毒者的背部靠在施救者胸部，将中毒者抱起，向后退，将中毒者拖到安全地带（一人施救）	10	①未将中毒者置于平躺体位就开始拖动； ②未将中毒者两臂抓住固定； ③施救者双臂位置放置错误； ④中毒者的背部未靠在施救者的胸部； ⑤未将中毒者抱起	2 2 2 2 2	
			拖衣服领口法： 让中毒者平躺，解开其拉链 $15\sim20cm$。如果可能，将中毒者处于半坐状态。施救者站于中毒者两侧，背向中毒者，将其最近的手插入中毒者衣领的内部直到触及其肩，牢固抓紧受害衣领并提起。协同工作，尽可能用前臂和衣领支撑中毒者的颈部，将中毒者拖至安全地带。（两人拖拽施救）		①未将中毒者置于平躺体位就开始拖动； ②未将中毒者拉链解开 $15\sim20cm$； ③拖拽过程中衣领勒住中毒者脖子； ④施救人员步调不一致； ⑤拖拽过程中未抓紧，中毒者跌落	2 2 2 2 2	
			两人抬四肢法： 让中毒者平躺。两名救助者都面向一个方向。一名救护人员将手放入中毒者的腋下，插入中毒者两臂上方，并抓住中毒者的前臂。另一名救助者抓住中毒者膝盖后部，两名救助者一起抬起，将中毒者抬至安全地带		①未将中毒者置于平躺体位就开始抬走； ②两人抬四肢法操作不正确； ③施救人员步调不一致； ④拖拽过程中未抓紧，中毒者跌落	2 4 2 2	

序号	考核项目	考核内容及要求		配分	评分标准	扣分	备注
3	操作程序	（4）救助中毒者（救助）（任意选一种方法操作）	担架搬运法： ①将担架放置在中毒者一侧； ②搬运人员蹲在中毒者的另一侧，分别托住中毒者的颈部、背部、腰部、膝盖上部、膝盖下部、脚腕处。步调一致，将中毒者平放到担架上； ③固定住中毒者，将担架上扣带固定拴好； ④搬运过程中，要使中毒者水平位仰卧，头部在后，脚在前搬运至起（终）点线； ⑤路上遇到上坡和下坡，要注意保持中毒者尽量处于一个水平的状态，同时要随时观察中毒者的情况	10	①未将担架放置在中毒者一侧； ②搬运人员未统一蹲在中毒者的一侧； ③搬运人员未按要求将手托住中毒者的颈部、背部、腰部、膝盖上部、膝盖下部、脚腕处； ④搬运人员步调不一致、方向不同向； ⑤未固定好中毒者； ⑥搬运过程中中毒者头部在前	1 1 1 2 2 1	
		（5）检查并实施急救（处置）	①检查中毒者的中毒情况； ②如果呼吸、心跳停止，应立即进行人工呼吸、心肺复苏，力争使中毒者苏醒，为进一步的医疗救助争取时间	20	①未检查中毒者中毒情况； ②对中毒者未进行心肺复苏； ③心肺复苏按压点错误； ④按压过程中手臂弯曲，未垂直； ⑤中毒者气道未开放； ⑥按压与吹气比错误； ⑦吹气错误（错误一次扣0.5分，最高扣3分）； ⑧按压错误（错误一次扣0.2分，最高扣5分）	2 16 2 2 2 2 0.5 0.2	
		（6）进行医疗救护（医护）	①保持与救护车的联系，报告中毒者的病情及发生位置； ②医护人员到达现场，由医护人员检查受伤情况并采取必要的救护措施，并送往急救中心或医院做进一步的诊断和治疗	4	①未与救护车保持联系，未安排人员接应救护车； ②未向医护人员介绍中毒者情况	2 2	
		清理现场	清理现场，整理现场用具，干净整齐	5	①未摆放整齐； ②未清理现场； ③存在扔掷安全帽、面罩、气瓶等粗暴行为	1 1 3	

续表

序号	考核项目	考核内容及要求	配分	评分标准		扣分	备注
		学员示意考核结束，考评员结束计时	1	未示意全部结束		1	
4	备注	①全部操作程序在10min内完成，进行到10min停止考核；②未完成操作程序，扣除相应的分数					
		③背戴呼吸器在30s内完成，超时将从总分中扣除相当分数		超时情况	超时1~5s	1	
					超时6~10s	3	
					超时11~20s	5	
					超时20s以上	7	
		④心肺复苏操作在5min内完成，超时将从总分中扣除相当分数					
	合计		100				

第十九章（*MK-B3*）
便携式硫化氢检测仪操作项目

SP-114 型便携式硫化氢检测仪的操作项目考核评分表

序号	考核项目	考核内容及要求		配分	评分标准	扣分	备注
1	准备工作	①学员劳保用品穿戴齐全（工衣、工裤、安全帽）；②现场准备过滤式全面罩防毒面具2套；③现场准备SP-114型便携式硫化氢检测仪2个；④现场准备与考核相关的资料、计时器、应急急救箱等		3	①未穿戴劳保用品；②劳保用品穿戴不正确或少穿戴（劳保服、鞋、安全帽）	3 1	劳保用品少穿戴一项扣1分，3分扣完为止
	学员示意准备完毕。考评员下令开始考核。考评员开始3min的计时			1	未示意准备完毕	1	
2	操作前检查	（1）SP-114型便携式硫化氢检测仪检查	①检查检测仪外观是否完好；②检查电池电量是否充足；③在无硫化氢区域内检测仪读数为零；④检查检测仪是否在校验有效期内	10	①未检查检测仪外观是否完好；②未检查电池电量或电量不足未示意；③安全环境下检测仪读数不为零；④检测仪未在有效期范围内	3 2 2 3	
		（2）过滤式全面罩防毒面具检查	①防毒面具无裂痕、破口；②防毒面具与脸部贴合密封性良好；③呼气阀片无变形、破裂及裂缝；④防毒头带有弹性；⑤滤毒盒座密封圈完好；⑥滤毒盒在有效期内	15	①未对防毒面具进行外观检查；②未进行防毒面具的气密性检查；③未对呼气阀片进行检查或阀片有破损；④防毒头带弹性失效；⑤未对滤毒盒进行检查；⑥未检查防毒面具与滤毒盒连接胶管或者胶管出现裂纹、破损等；⑦未检查滤毒罐是否在有效期内或者已失效	15 5 2 2 2 2 2	

序号	考核项目		考核内容及要求	配分	评分标准	扣分	备注
3	操作程序	（1）佩戴防毒面具	①佩戴防毒面具 将防毒面具盖住口鼻，然后将头带框套拉至头顶，用双手将下面的头带拉向颈后，然后扣住； ②检查吸气阀的密合性 a）将手掌盖住呼气阀并缓缓呼气，如面部感到有一定压力，但没感到有空气从面部和面罩之间泄漏，表示佩戴密合性良好； b）用手掌盖住滤毒盒座的连接口，缓缓吸气，若感到呼吸有困难，则表示佩戴面具密闭性良好。 ③连接滤毒罐，固定牢固	25	①防毒面具佩戴不规范； ②未检查吸气阀的密合性或漏气； ③气密性检查动作不规范； ④滤毒罐未有效连接	4 8 5 8	
		（2）便携式硫化氢检测仪使用	①开启电源 按下电源"开机"触摸键即可接通电源，此时电源指示灯发光 ②检查电源电压 电源接通后或在仪器工作过程中，如果连续蜂鸣同时液晶显示"LO-BAT"字样报警指示灯连续发光时，说明电压不足，立即更换 ③零点校正 如果在新鲜清洁空气中数字指示不为"000"，则应用螺丝刀调整调零电位器"Z1"使显示为"000"；如果达不到，或数字跳动变化较大，则说明传感器可能有问题，请更换传感器 ④正常测试、正确读数 开机并在空气中调节"000"显示后即可进行正常测试。此时测试气体是从仪器前面窗口扩散进去的仪器周围环境的硫化氢气体含量。如果需要测试，而操作人员又不能进入含硫化氢区域时，可将本机采样管接入吸气嘴，将采样头伸到被测地点，按动开泵触摸开关，泵开始工作时开泵指示灯发出红光，此时仪器测量气体是从吸气嘴吸入的硫化氢气体含量。注意：防止接头处漏气，不可将脏物和液体吸入仪器内	30	①未开启电源直接检测； ②未观察电源指示灯是否正常； ③未检查电源电压或电源电压过低未发现； ④未进行零点校正或不会进行零点校正； ⑤未调节至零点就开始检测； ⑥检测地点不正确； ⑦不会读数或读数错误； ⑧检测完毕未关闭电源或不会关闭电源操作	5 2 3 3 5 5 5 2	

序号	考核项目	考核内容及要求		配分	评分标准	扣分	备注
3	操作程序	（2）便携式硫化氢检测仪使用	⑤关泵、关机 用两个手指同时按下"开泵"及"关"触摸开关，即可使泵停止转动。用两个手指同时按下"开机"及"关"触摸开关，即可关机	30			
			⑥注意：两个手指应同时放开，或先放"开机"（开泵）按键，否则不能关机或关泵； 上述操作是为了防止仪器在工作时由于意外碰撞引起误关机而造成危险事故的发生而特别设计的				
		（3）做好记录	将检测仪显示区显示测量到的气体浓度做好记录	8	①未做记录； ②记录不全、不完整	8 4	
		（4）清理现场	将防毒面具放置好、滤毒罐密封好，检测仪与防毒面具擦拭干净，摆放整齐，保持场地清洁	7	①防毒面具未放置原位； ②滤毒罐未进行密封或密封好； ③现场不整洁干净	2 3 2	
	学员示意考核结束，考评员结束计时			1	未示意全部结束	1	
4	备注	①全部操作程序在 3min 内完成，进行到 3min 停止考核； ②未完成操作程序，扣除相应的分数					
	合计			100			

注：防毒面具、便携式气体检测仪的种类、型号不同，佩戴和操作的方法略有不同。

第二十章（*MK-B4*）
心肺复苏操作项目

心肺复苏项目考核评分表

序号	考核项目	考核内容及要求	配分	评分标准	扣分	备注
1	准备工作	①学员劳保用品穿戴齐全（工衣、工裤、安全帽）；②现场准备全自动心肺复苏模拟设备2套；③现场准备与考核相关的资料、计时器、应急急救箱等	3	①未穿戴劳保用品；②劳保用品穿戴不正确或少穿戴（劳保服、鞋、安全帽）	3 1	劳保用品少穿戴一项扣1分，3分扣完为止
		④全自动心肺复苏模拟设备的检查准备 a）模拟人安装 将模拟人及电脑显示器从包装皮箱内取出，把模拟人平躺仰卧操作台上，另将电脑显示器连接电源线，外接电源线再与人体进行连接，将电脑显示器与220V电源接好，即完成连线过程； b）完成连线过程后，打开电脑显示器后面的电源开关，选择工作方式，确定考核模式	5	①未对全自动心肺复苏模拟设备进行检查或不会检查；②未按照全自动心肺复苏模拟设备的安装方法进行检查；③全自动心肺复苏模拟设备未通电或连接错误；④不会选择工作方式进行操作或选择错误；⑤全自动心肺复苏模拟设备配件不全或有漏项，现场未检查	5 2 2 2 2	
	学员示意准备完毕。考评员下令开始考核。考评员开始5min的计时		1	未示意准备完毕	1	
2	操作程序	（1）检查意识 ①当发现有人突然倒地，抢救者应按照救护程序迅速将受害者转移到安全的地方；②救助者确认环境安全后，应立即检查受害者是否有意识；③在检查中，可以拍打其双肩，大声问"你还好吗？"等；④如果受害者有所应答但是已经受伤或需要救治，根据受害者受伤的情况进行简单的紧急处置，再去拨打急救电话，然后重新检查受害者的情况；⑤如果无反应，表明受害者的意识已经丧失	10	①未确认受害者环境是否安全；②未检查受害者是否有意识；③未判定受害者有无自主呼吸；④未判定受害者有无损伤；⑤发现受害者存在外伤未进行应急处置或者未拨打急救电话	2 2 2 2 2	

序号	考核项目	考核内容及要求		配分	评分标准	扣分	备注
2	操作程序	（2）大声呼救	当救助者发现没有意识的受害者时，应立即大声呼叫"来人啊！救命啊！"，尽可能争取到更多人的帮助	4	①未进行大声呼救； ②救助者离开受害者进行呼救	2 2	
		（3）受害者体位	①在进行心肺复苏之前，首先将受害者仰卧于坚实、平整，无尖锐突出物的地方，头、颈、躯干无扭曲； ②如果没有意识的受害者为俯卧位或侧卧位，应将其放置为仰卧位； ③翻动受害者时使头、肩、躯干、臀部同时整体转动，防止扭曲； ④翻动时尤其注意保护颈部，抢救者一手托住其颈部，另一手扶其肩部，使受害者平稳地转动为仰卧位，松解衣领、裤带和内衣	10	①受害者体位放置错误； ②受害者放置的位置有尖锐的突出物或地面不平整； ③翻转受害者过程中方法错误或使受害者受伤	5 2 3	
		（4）开放气道	①救助者检查受害者口鼻中是否有异物，清理干净后，用仰头抬颈或仰头举颏手法开放气道； ②开放气道的方法 a）仰头抬颈法 抢救者跪于受害者头部的一侧，一手放在受害者的颈后将颈部托起，另一手置于前额，压住前额使头后仰，其程度要求下颌角与耳垂边线和地面垂直，动作要轻，用力过猛可能造成损伤颈椎； b）仰头举颏法 抢救者一只手放于受害者的前额，另一只手的食中指放在下颌骨下方，将颏部向上抬起	12	①未检查口腔是否有异物； ②口腔异物未清除或清除不彻底； ③未开放受伤者气道； ④开放气道方法错误或者不会； ⑤操作动作过猛	12 2 2 5 3	
		（5）检查呼吸	检查受害者是否有自主呼吸存在，首先观察病人胸部、腹部； ①当有起伏时，则可肯定呼吸的存在； ②在呼吸微弱时，就是从裸露的胸部也难肯定，此时需用耳或面部侧贴于受害者口及鼻孔前感知有无气体呼出，或触摸颈动脉有无搏动； ③如确定无气体呼出或颈动脉无搏动时，应立即进行人工呼吸	5	①未检查受害者有无呼吸； ②判定受害者呼吸方法错误或不会判定； ③判定结果未向考评员示意	5 4 1	
		学员按下全自动心肺复苏模拟设备"启动按钮"开始心肺复苏操作		1	未按"启动按钮"	1	

序号	考核项目	考核内容及要求	配分	评分标准	扣分	备注
2	操作程序	**(6) 人工呼吸** ①人工呼吸（口对口吹气）即可以给受害者提供氧气，又可以确认受害者的呼吸道是否畅通； ②抢救者捏住受害者的鼻翼，形成口对口密封状。每次吹气超过1s，然后松口抬头，面侧转，"正常"吸气，同时松开鼻翼的手，使患者胸廓及肺弹性回缩。如此反复进行，每分钟吹气16~18次； ③人工呼吸最常见的困难是开放气道，所以如果受害者的胸廓在第一次吹气时没发生起伏，应该检查气道是否已打开	15	①未进行人工呼吸； ②人工呼吸时未捏住鼻子； ③未用口将模拟人的口封住； ④人工呼吸时，气道未开放； ⑤吹气频次不够； ⑥红灯亮，语言每提示："吹气错误"，数码显示错误1次扣分，最高扣分为6分	15 2 2 2 2 1	
		(7) 胸外按压 ①如果受害者的意识丧失、无呼吸，颈动脉无搏动，应立即实施胸外按压； ②胸外按压技术要求： a) 按压部位 两个乳头连线的中点即为按压点（胸骨中下1/3交界处）； b) 按压手法 双手重叠，手指相扣，扣紧，下手掌五指翘起，掌根压在按压点上； c) 按压姿势 抢救者跪于受害者一侧，抢救者双臂伸直，肘关节固定不能弯曲，双肩位于病人胸部正上方。身体向前倾斜，利用身体的体重和肩、臂肌肉的力量，垂直下压胸骨，下压深度为受害者胸背厚度的⅓~½，成人5~6cm； d) 按压方式 按压必须平稳而有规律地进行，不能间断，每次按压后必须缓慢逐渐抬手，使胸骨复位，以利于心脏舒张。但应注意不可猛压猛放，因猛压与猛放易引起血流骤喷； e) 按压频率 1分钟按压100~120次，向下按压和向上松开的时间1:1相等，按压通气比为30:2。按压30次，人工呼吸2次，为一个循环，连续进行5个循环，观察效果； ③胸外按压应注意以下事项： a) 按压位置要正确，否则不仅无效，且将出现肋骨骨折、胃内物返流等副作用； b) 开始按压时切忌用力猛，最初的一、二次按压不妨用力略小，以探索受害者胸廓弹性，尽量避免发生肋骨骨折等	25	①未确定按压位置； ②按压过程中，按压位置错误； ③按压手法错误，未双手重叠； ④按压姿势不正确，未双臂垂直于模拟人操作； ⑤按压方式猛压猛放； ⑥按压时手掌离开按压位置，未重新定位按压； ⑦红灯亮，语言每提示："按压错误"，数码显示错误1次扣0.5分，此项最高扣分为10分	2 2 2 2 2 0.5	

续表

序号	考核项目		考核内容及要求	配分	评分标准	扣分	备注
2	操作程序	（8）操作结束	显示器上正确按压显示为150，正确吹气为10，在规定的时间120～250s内完成。即告单人操作按程序操作成功	5	显示器显示"操作失败"	5	
		（9）清理现场	将全自动心肺复苏模拟设备擦拭干净，摆放整齐，保持场地清洁	3	①模拟设备未放置原位；②现场不整洁干净	2 1	
	学员示意考核结束，考评员结束计时			1	未示意全部结束	1	
3	备注		①检查、准备时间为1min，到时考评员提示终止；②操作时间为120～250s（从参训人员开始实施心肺复苏到参训人员示意完成为止）；③在规定时间内，人工呼吸、胸外按压操作不成功的，此两项不得分；④超出规定时间，扣除相应分数				
	合计			100			

事故案例剖析模块
（*MK-C*）

案例一（*MK-C1*）　"12·23"重庆开县硫化氢中毒事故

一、事故经过

罗家 16H 井位于重庆开县高桥镇东面 1km 处的晓阳村，井场位于小山坳里，井场周围 300m 范围内散布有 60 多户农户，最近的距井场不到 50m。当地属于盆周山区，道路交通状况很差。罗家 16H 井是一口布置在丛式井井场上的水平开发井，拟钻采罗家寨飞仙关鲕滩油气藏的高含硫天然气，该气藏硫化氢含量 7%～10.44%。

2003 年 12 月 23 日 2 时 52 分，罗家 16H 井钻进至深 4049.68m 时，应更换钻具，开始正常起钻，21 时 55 分，录井员发现录井仪显示钻井液密度、电导、出口温度异常；烃类组分出现异常，钻井液总体积上涨。泥浆员随即经钻井液导管出口处跑上平台向司钻报告发生井涌，司钻发出井喷警报。司钻停止起钻，下放钻具，准备抢接顶驱关旋塞，但在下放钻具 10 余米时，发生井喷（21 时 57 分），顶驱下部起火。通过远程控制台关全闭防喷器，将钻杆压扁，火势减小，没有被完全挤扁的钻杆内喷出的钻井液将顶驱的火熄灭。拟上提顶驱，拉断全封闭以上的钻杆，未成功。启动钻井泵向井筒内环空泵注加重钻井液，因与井筒环空连接的井场放喷管线阀门未关闭，加重钻井液由防喷管线喷出，内喷仍在继续，22 时 04 分左右，井喷完全失控。至 24 日 15 时 55 分左右点火成功。高含硫天然气未点火释放持续了 18h 左右。经过周密部署和充分准备，现场抢险人员于 12 月 27 日成功实施压井，结束了这次特大井喷事故。这次事故造成井场周围居民和井队职工 243 人死亡，2142 人中毒，6 万余人疏散转移，经济损失上亿元。

二、事故原因分析

（一）直接原因

（1）起钻前泥浆循环时间严重不足。没有按照规定在起钻前要进行 90min 泥浆循环，仅循环 35min 就起钻，没有将井下气体和岩石钻屑全部排出，使起密封作用的泥浆液柱密度降低，影响密封效果。

（2）长时间停机检修后没有充分循环泥浆即进行起钻。没有排出气侵泥浆，影响泥浆液柱的密度和密封效果。

（3）起钻过程中没有按规定灌注泥浆。没有遵守每提升3柱钻杆灌满泥浆1次的规定，其中有9次是超过3柱才进行灌浆操作的，最多至提升9柱才进行灌浆，造成井下没有足够的泥浆及时填补钻具提升后的空间，减少了泥浆柱的密封作用。

（4）未能及时发现溢流征兆。当班人员工作疏忽，没有认真观察录井仪，未及时发现泥浆流量变化等溢流征兆。

（5）卸下钻具中防止井喷的回压阀。有关负责人员违反作业规程，违章指挥卸掉回压阀，致使发生井喷时无法进行控制，导致井喷失控。

（6）未能及时采取放喷管点火，将高浓度硫化氢天然气焚烧处理，造成大量硫化氢喷出扩散，导致人员中毒死亡。

（二）管理原因

（1）安全生产责任制不落实。该事故的直接原因表现出该井场严重的现场管理不严、违章指挥、违章作业问题。

（2）工程设计有缺陷，审查把关不严。未按照有关安全标准标明井场周围规定区域内居民点等重点项目，没有进行安全评价、审查，对危险因素缺乏分析论证。

（3）事故应急预案不完善。井队没有制定针对社会的"事故应急预案"，没有和当地政府建立"事故应急联动体系"和紧急状态联系方法，没有及时向当地政府报告事故，告知组织群众疏散方向、距离和避险措施，致使地方政府事故应急处理工作陷于被动。

（4）高危作业企业没有对社会进行安全告知，井队没有向当地政府通报生产作业具有的潜在危险、可能发生的事故及危害、事故应急措施和方案，没有向人民群众做有关宣教工作，致使当地政府和人民群众不了解事故可能造成的危害、应急防护常识和避险措施。由于当地政府工作人员和人民群众没有硫化氢中毒和避险防护知识，致使事故损害扩大（如有部分撤离群众就是看到井喷没有发生爆炸和火灾，而自行返回村庄，造成中毒死亡）。

案例二（*MK-C2*）"7·12"某石化公司承包商硫化氢中毒死亡事故

2008年7月11日，某石化公司排水车间在新建斜板隔油装置油泥井的排水管线疏通工作中，发生一起硫化氢中毒人身伤亡事故，事故造成2人死亡。

一、事故经过

2008年7月11日，某石化公司排水车间新建斜板隔油装置油泥井的排水管线不通，下午13时30分左右，排水车间设备工程师卢某通知炼油改造项目部监理陈某，要求安排人员疏通。16时30分，陈某打电话给炼化工程公司（某石化公司改制企业）现场负责人王某，要求王某安排正在现场作业的临时工王某某（男，55 岁）等进行疏通。

7 月 12 日 8 时左右，王某某、丁某来到需疏通的油泥井处开始作业。在未办理任何作业手续的情况下，王某沿井壁上固定扶梯下到井底，用铁桶清理油泥，丁某在井上用绳索往上提。大约提了十几桶污泥后，发现油泥下面有水泥块，并且有水冒出。王某随即停止作业，爬出井口，并在井口用钢管捣水泥块。

10 时 20 分左右，王某再次沿井壁上固定扶梯下至井内。刚进去就喊往上拉，随即落入井内。丁某赶快叫人，附近作业的炼化工程公司临时工李某、王某某等 3 人赶来救援。李某赶到后，未采取任何防护措施直接下去救人，也倒在井内。随后王某某用绳索系在腰部下井，刚进去就喊往上拉，被抢救上来后已处于昏迷状态。10 时 32 分左右，公司消防支队接报警后赶到现场。气防人员佩戴防护用具后将王某某、李某 2 人救出，并送医院抢救。王某、李某因中毒时间过长，经抢救无效死亡。王某某经救治后脱离危险。

二、事故原因分析

这是一起严重违章作业责任事故。事故直接原因是作业人员违章作业，在未办理受限空间作业票、未采取任何防护措施情况下，擅自进入井内作业，吸入高浓度硫化氢气体（事后分析，井内气体硫化氢浓度为 411ppm），造成中毒事故；抢救人员缺乏应急救援知识、盲目施救，导致事故扩大。这起事故暴露出该公司项目管理、施工现场安全监督、外来人员安全教育培训等方面存在严重漏洞。

（1）工程项目管理制度不落实。项目分包较多，管理秩序不清。现场监理人员一个电话就可以安排施工，不开作业票，不进行危害识别，工作随意性强。

（2）施工现场管理混乱。项目部、工程公司在安排作业任务时，没有对作业人员进行现场安全交底，没有安排现场监督检查。对施工人员不办理相关票证就进入受限空间作业的违章行为，没有及时发现、制止，安全监督不到位。

（3）排水车间提交工作任务时，没有对进入受限空间作业风险进行提醒，没有进行危害告知，没有提出作业安全要求。对管辖区域内施工作业缺乏监管，没有及时制止作业人员的违章行为。

（4）外来人员安全教育流于形式。作业人员安全意识淡薄，缺乏应急救援知识，对可能造成的危害认识不足，没有采取防护措施就贸然进入受限空间作业。发生事故时惊慌失措，盲目施救，导致事故扩大。

案例三（MK-C3）　"8·27"某石化分公司硫化氢泄漏中毒事故

2002 年 8 月 27 日，某石化分公司炼油厂在对欲拆除的旧烷基化装置槽内的残留反应产物回收过程中，发生一起硫化氢泄漏导致人员中毒的重大事故，造成 5 人死亡，45 人不同程度中毒。

一、事故经过

2002 年 8 月，某石化公司决定对炼油厂 1998 年停产的旧烷基化装置进行拆除。炼油厂烷基化车间为了确保旧烷基化装置的拆除工作安全顺利进行，计划对该装置进行彻底工艺处理。在处理废酸沉降槽（容–7）内残存的反应产物过程中，因该沉降槽抽出线已拆除，无法将物料回收处理，由装置所在分厂向公司生产处打出报告，申请联系收油单位对槽内的残留反应产物进行回收。

2002年8月27日15时左右，烷基化车间主任张某带领车间管理工程师程某、安全员锁某协助三联公司污油回收队装车。由于从废酸沉降槽（容–7）人孔处用蒸汽往复泵不上量，张某等三人决定从废酸沉降槽（容–7）底部抽油。在废酸沉降槽（容–7）放空管线试通过程中，违反含硫污水系统严禁排放废酸性物料的规定，利用地下风压罐的顶部放空线将废酸沉降槽中的部分酸性废油排入含硫污水系统。酸性废油中的硫酸与含硫污水中的硫化钠反应产生了高浓度硫化氢气体，硫化氢气体通过与含硫污水系统相连的观察井口溢出。

8月27日17时10分，在该石化公司炼油厂北围墙外西固区环形东路长约40m范围内，有行人和机动车司机共50人出现中毒现象。17时15分，某石油化工公司总医院急救车到达现场，将受伤人员送往医院抢救。其中4名受伤人员在送往医院途中死亡，1名受伤人员于9月1日经抢救无效死亡，45人不同程度的中毒，经济损失达250多万元。

二、事故原因分析

1. 直接原因

烷基化车间在对废酸沉降槽进行工艺处理过程中，由于蒸汽往复泵不上量，决定从废酸沉降槽（容–7）底部抽油，在废酸沉降槽（容–7）放空管线试通过程中，违反含硫污水系统严禁排放废酸性物料的规定，将含酸废油直接排入含硫污水管线，酸性废油中的硫酸与含硫污水中的硫化钠反应产生了高浓度的硫化氢气体，硫化氢气体通过与含硫污水系统相连的观察井口溢出。

2. 间接原因

（1）公司在报废装置管理、员工培训和制度执行、安全环保隐患治理等方面存在严重问题。

（2）部分管理干部安全素质不高，对作业变更后方案的危害认识不足，车间管理人员违章指挥，鲁莽行事，贪图便捷。

（3）操作人员对含酸废油排入含硫污水系统会产生硫化氢的常识不清楚，业务技术不过关。

案例四（MK-C4） "10·12"某油田井下作业公司硫化氢中毒事故

2005年10月12日，某油田井下作业公司第三修井分公司306队在小集油田小6–3井进行除垢作业前的配液过程中，发生重大硫化氢中毒事故，导致3人死亡，1人受伤。

一、事故经过

2005 年 10 月 5 日，第三修井分公司 306 队搬上小 6 - 3 注水井进行换管柱作业。在起井下管柱过程中，油管断裂，经三次冲洗打捞，捞出油管 161 根，打捞深度为 1521m。但由于井内结垢严重，无法继续进行打捞作业，于 12 日上午向甲方进行汇报。甲方决定先进行除垢作业，再进行打捞，同时下发《设计变更通知书》。

第三修井分公司生产技术部门接到通知单后，组织技术人员编写施工设计，经逐级审核、审批后，交作业队组织实施。

10 月 12 日下午，306 队技术员委某按照设计要求对施工作业人员进行技术交底，之后，副队长温某带领职工陈某、任某、吕某到现场将储液罐内的污水用罐车倒走，用铁锹对罐底淤泥进行简单清理，并把 40 袋（每袋 25kg）除垢剂搬运到储液罐罐体平台上（平台面积不足 4m²），四人站在罐顶平台上向罐内倒除垢剂。19 时 50 分左右，当倒至第 24 袋时，罐上 4 人突然晕倒，温某、陈某、任某 3 人掉入罐内，吕某倒在罐顶上。现场的泵车司机江某、泵工张某、罐车司机杨某、王某发现后，立即将晕倒在罐顶上的职工吕某抬到安全地带进行抢救。在试图抢救掉入罐内的 3 人时，感觉空气中有难闻气味，怀疑存在有毒有害气体，未贸然入罐抢救。

杨某立即用电话将事故及现场情况通知给第三修井分公司应急办公室，其他人员向该井附近的 305 队求救，305 队职工周某、胡某赶到现场，与现场其他人员一起控制现场。第三修井分公司经理冯振山接到通知后立即下达应急抢险指令，20 时 20 分，抢险人员到达现场，佩戴正压呼吸器后进行抢救，将罐内 3 人救出，经抢救无效死亡。

二、事故原因分析

1. 直接原因

该井井下返出残泥中所含硫化亚铁与除垢剂主要成分氨基磺酸发生化学反应，产生大量硫化氢气体导致人员中毒。

2. 间接原因

（1）配液罐没有清理干净。配液前，尽管现场人员将罐内的残液倒走，并用铁锹对罐底的淤泥进行清理，但由于没有明确规定谁负责清理、按什么程序清理、清理到什么程度，致使罐底的淤泥没有被彻底清理干净，仍残留含有硫化亚铁的黑色泥状物，当与除垢剂中的氨基磺酸接触后，发生化学反应，产生硫化氢。

（2）配液罐结构不合理。此配液罐底面焊有三道加强筋，凸起底面 10cm，且只有一个排放口，致使部分残液无法排除，罐内残留部分含有硫化亚铁的黑色泥状物。罐顶仅有不足 4m² 的工作面，面积小且未安装防人员坠落设施，致使人员昏倒后掉入罐内。

（3）现场环境不利于有毒气体扩散。事故发生时，天气阴沉、空气潮湿、无风、空气比重较大，罐内产生的硫化氢气体在罐口不易扩散，导致浓度急剧增高，作业人员在短时间内中毒晕倒。

3. 管理原因

（1）风险识别不全面。尽管该公司定期组织开展风险识别工作，但由于该工艺已经使用了 10 年，每年作业 80 余井次，从未发生类似事故，因此，对成熟工艺没有引起足够的重视，没有识别出配液作业会产生硫化氢的风险。

（2）规章制度不落实。该公司制定的《井场配置修井液质量管理控制办法》、《井下小修作业指导书》和《施工设计书》等，明确规定配液作业前要将配液罐清理干净，以确保符合质量要求，但作业人员没有认真执行。

（3）培训教育不到位。尽管该队作业人员全面经过操作规程、安全基础知识、岗位风险以及防范措施、应急措施等方面培训，但人员对相关硫化氢中毒的知识掌握不够，且配液作业前没有进行防硫化氢中毒知识的教育，致使员工缺乏风险意识，对硫化氢产生初期的异味没有引起警觉，并及时采取避险措施。

案例五 （MK-C5） "5·11"某石化公司硫化氢中毒事故

2007 年 5 月 11 日，某石化公司炼油厂加氢精制联合车间柴油加氢精制装置在停工过程中，发生一起硫化氢中毒事故，造成 5 人中毒，其中 2 人在中毒后从高处坠落。

一、事故经过

2007 年 5 月 11 日，该石化公司炼油厂加氢精制联合车间对柴油加氢装置进行停工检修。14：50，停反应系统新氢压缩机，切断新氢进装置新氢罐边界阀，准备在阀后加装盲板（该阀位于管廊上，距地面 4.3m）。15：30，对新氢罐进行泄压。18：30，新氢罐压力上升，再次对新氢罐进行泄压。18：50，检修施工作业班长带领四名施工人员来到现场，检修施工作业班长和车间一名岗位人员在地面监护。19：15，作业人员在松开全部八颗螺栓后拆下上部两颗螺栓，突然有气流喷出，在下风侧的一名作业人员随即昏倒在管廊上，其他作业人员立即进行施救。一名作业人员在摘除安全带施救过程中，昏倒后从管廊缝隙中坠落。两名监护人员立刻前往车间呼救，车间一名工艺技术员和两名操作工立即赶到现场施救，工艺技术员在施救过程中中毒从脚手架坠地，两名操作工也先后中毒。其他赶来的施救人员佩戴空气呼吸器爬上管廊将中毒人员抢救到地面，送往石化职工医院抢救。

二、事故原因分析

（1）当拆开新氢罐边界阀法兰和大气相通后，与低压瓦斯放空分液罐相连的新氢罐底部排液阀门没有关严或阀门内漏，造成高含硫化氢的低压瓦斯进入新氢罐，从断开的法兰处排出，造成作业人员和施救人员中毒。

（2）基层单位安全意识不强，在出现新氢罐压力升高的异常情况后，没有按生产数控程序进行检查确认，就盲目安排作业。

（3）施工人员在施工作业危害辨识不够的情况下，盲目作业。

（4）施救人员在没有采取任何防范措施的情况下，盲目应急救援，造成次生人员伤害和事故后果扩大。

（5）公司在安全管理上存在薄弱环节，生产受控管理还有漏洞，对防范硫化氢中毒事故重视不够，措施不力。

案例六（MK-C6） 某造纸厂硫化氢中毒事故

1999年1月，广东东莞市一造纸厂发生一起因工人严重违反操作规程和缺乏救助常识而导致10人中毒，其中4人死亡的重大伤害事故。

一、事故经过

1999年1月，按照惯例，工人于早上7点停机，并向浆渣池中灌水、排水的工序后，8点左右，有两名工人下池清理浆池，当即晕倒在池中．在场工人在没有通知厂领导的情况下，擅自下池救人，先后有6人因救人相继晕倒池中，另有2人在救人过程中突感不适被人救出。至此，已有10人中毒。厂领导赶到后，立即组织抢救，经向池中加氧、用风扇往池中送风后，方将中毒者全部用绳子接出池来。由于本次中毒发生快、中毒深、病情严重，10例病人在送往医院后，已有6例心跳和呼吸停止，虽经多方努力抢救，至当日下午4时20分，仍有4人死亡。

二、事故原因分析

（1）浆池外形似一倒扣的半球状体，顶部有一40cm×60cm洞口，工人利用竹梯从洞口进出硫化氢含量为55mg/m³的清洗池，而导致急性重毒硫化氢中毒。

（2）浆池硫化氢产生的原因

造纸的过程中，使用大量的含硫化学物质，通常情况下，由硫化氢引起的职业危害多发生在蒸煮、制浆和洗涤漂白过程中，如果含硫的废渣、废水长时间存放在浆池中，再加上含硫有机物的腐败，就会释放大量的硫化氢气体，由于比重较大而沉积于浆池的底部。

（3）工人严重违反损伤规程

硫化氢是一种剧毒的窒息性气体，在没有良好通风和个人防护的情况下，是绝对不能进入高浓度硫化氢环境工作的。但本次清洗浆池前，水仅灌注了四分之一，且工人在没有对池内进行通风处理的情况下就下池清洗，随后一连串的救人更是在没有任何通风和保护的情况下进行的。

（4）缺乏安全及应急措施

用于鼓风的排污口处却没有鼓风机，连电源插座都找不到，清洗浆渣池时，没有任何的个人防护用具（气防器具），甚至连一根求助的绳子都没有，更没有发生事故时的抢救设备。

（5）缺乏劳动安全卫生意识，管理混乱

厂方有关安全规章制度不健全，厂里没有安全监督员负责对整个安全程序进行监督，以便做到及早发现，及早预防。

（6）缺乏必要的防毒急救安全知识教育

本次中毒的10位工人，在该厂工作1~5年，却从未进行过有关的安全卫生培训和教育，不知道制浆过程中存在哪些对人体有害的化学物质，对人体能造成哪些伤害，也不知预防措施，更不知发生紧急情况如何救治。

案例七（MK-C7）"3·22"温泉4井硫化氢串层中毒事故

1998年3月22日17时，温泉4井（气井）钻井至1869m左右时，发生溢流显示，关井后在准备压井泥浆及堵漏过程中，3月23日凌晨5时40分左右，天然气通过煤矿采动裂隙自然窜入井场附近的四川省开江翰田坝煤矿和乡镇小煤矿，导致在乡镇小煤矿内作业的矿工死亡11人，中毒13人，烧伤1人的特大事故。

一、事故经过

温泉4井（气井）是某钻探公司6020队在温泉井构造西段下盘石炭系构造高点上钻的一口探井，设计井深4650m，钻探目的层是石炭系。在香溪—嘉三（609.5~1747m）段用密度为1.07~1.14g/cm³的泥浆钻井，在钻进过程中，发生多次井漏，漏速范围在2.5~30m³/h，累计漏失钻井液473.6m³、桥塞钻井液105.8m³。3月18日，用密度为1.09g/cm³的泥浆钻至井深1835.9m时，井口微涌，录井参数无明显变化，集气点火不燃，钻时略有波动，将泥浆密度由1.09g/cm³提到1.14g/cm³，井漏，漏速2~8m³/h，钻进中见微弱后效显示，岩性为云岩。3月22日17时35分，钻至井深1869.60m时发生井涌，液面上涨5m³，钻井液密度由1.13g/cm³降到1.11g/cm³，涌势猛烈。17时40分关井，至3月23日7时02分关井观察，立压由0升至8.5MPa，套压由0升至7.9MPa。8时40分点火放喷，10时46分~12时15分，反注密度为1.45g/cm³的桥塞钻井液30m³，13时压井无效关井。3月24日3时50分点火放喷，喷出物中有硫化氢存在，由于套管下得浅，裸眼长，漏层多，不得不进行间断放喷。至25日3时10分，放喷橘红色火焰高7~15m，做压井准备工作。3月26日8时，水泥车管线试压20MPa，用泥浆泵注清水6m³，泵压由7.9MPa升至16MPa，正循环不通，用泥浆泵注清水间断憋压仍不通，卸方钻杆抢接下旋塞、回压凡尔和憋压三通，用一台700型压裂车向钻具内间断正憋清水3.6m³，泵压由0到20MPa再到0，在以后憋压的同时开放喷管线放喷，喷势猛，其中17时55分~18时30分，出口见较多液体喷出，并听见放喷管线内有岩屑撞击声。因为钻具内不通，决定射开钻具，建立循环通道，为压井创造条件。在井深1693.7~1689.93m段钻具内用41发51型射孔弹射开钻杆。出口喷势忽弱忽强。因泥浆排量和总量不够，压井未成功。

3月29日，用3台水泥车向钻具内注入清水54m³、用两台泥浆泵和一台986水泥车正注密度为1.80g/cm³的泥浆158m³，喷势减弱，关两条放喷管线；注浓度10%、密度为1.45g/cm³的桥浆55m³和密度为1.80g/cm³的泥浆82m³，喷势继续减弱，但无泥浆反出。用5台水泥车注快干水泥180t，出口喷纯气，火势减弱，用两台986水泥车正替清水14m³，出口已无喷势，关放喷管线。用水泥车反灌桥浆19m³。后经10次反注（灌）浓度桥浆62.22m³堵漏。至4月3日8时关井观察，立压、套压均为零，事故解除。

事故损失时间254h，在压井处理过程中，含硫天然气（含硫0.379~0.539g/m³）窜到附近煤窑内，致使其中采煤的民工 11 人死亡，1 人烧伤，13 人中毒。

二、事故原因及教训

（1）在勘定井位时，应对诸如煤矿等采掘地下资源的工作场所进行详细了解、标定，并制定详细的、可行的防范措施，以避免出现本井事故的连带事故。

（2）在对所钻地层特别是碳酸盐地层还没有完全认识以前，钻井工程设计充满着不确定性和风险性，在施工中要根据地下情况的变化及时做出相应的设计调整。本井若能在第一次溢流显示后就把 φ244.5mm 套管提前下入，可能就不会出现溢流关井后造成地下井喷，从而导致地面被迫放喷的复杂局面。本井产层以上大段裸眼至少有三个漏层，在漏层没有得到根治的前提下，钻开产层后果当然是严重的。

案例八（*MK-C8*） "3·24"山东某石油化工分公司硫化氢泄漏事故

2007 年 3 月 24 日 20 时 30 分许，山东某石油化工分公司轻油罐区发生硫化氢泄漏，造成正在催化罐区施工的山东某安装工程有限公司职工 2 人死亡，3 人中毒。

一、事故经过

2007 年 3 月 24 日，山东某安装工程有限公司施工人员在山东某石油化工分公司 80 万 t/a 催裂化罐区泵房南侧空地上进行梯子、平台预制、焊接作业。20 时 20 分左右准备收工时，在现场施工的 5 名职工先后中毒晕倒。经抢救，3 人脱离生命危险，2 人抢救无效死亡。搜救人员用仪器检测时发现轻油罐区 G-4210 罐周围硫化氢浓度超过 200ppm，轻油罐区与催化罐区之间的道路上硫化氢浓度也超过了 80ppm。

二、事故原因分析

1. 直接原因

公司轻油罐区 G-4210 罐内硫化氢等有毒有害气体从加氢原料中大量挥发，并通过罐上部呼吸孔散发到山东某安装工程有限公司施工现场，导致施工人员中毒。

2. 间接原因

（1）公司现场管理不严，长期存在安全隐患，安全生产管理制度不落实。

（2）公司安全教育培训不力，现场施工人员普遍缺乏硫化氢中毒防护知识。

（3）施工现场缺少安全防护器材。

案例九（*MK-C9*） "1·1"山西省太原某化工有限公司硫化氢中毒事故

2008 年 1 月 1 日，山西省太原市某化工有限公司发生硫化氢中毒事故，造成 3 人死亡。

一、事故经过

某化工有限公司为从事煤焦油加工的危险化学品生产企业，主要产品为工业萘、沥青等，事发前，该企业因环保原因，已长期处在半停产状态，拟进行搬迁，仅有少部分管理人员和工人在岗，负责设备维护和检修。为拆迁做准备，1 月 1 日，该公司的焦油加工车间组织清理燃料油中间储罐，该储罐是一个长 7.1m，直径 2.3m 的卧式罐。16 时许，在没有对作业储罐进行隔离，也没有对罐内有毒、有害气体和氧气含量进行分析的情况下，一名负责清理的工人仅佩戴过滤式防毒口罩（非隔离式防护用品）就进入燃料油中间储罐进行清罐作业，进罐后即中毒晕倒。负责监护的工人和附近另外一名工人盲目施救，没有佩戴任何安全防护用品就相继进入罐内救人，也中毒晕倒。3 人救出后抢救无效死亡。事后（4 日），从与发生事故储罐相连的两个产品储罐取样分析，硫化氢含量分别高达56ppm 和 30ppm。

二、事故原因分析

（1）作业人员在清理储罐时，未将燃料油中间储罐与其他储罐隔离，未按照安全作业规程进行吹扫、置换、通风，未对罐内有毒、有害气体和氧含量进行检测。

（2）使用安全防护用品错误，存在有毒、有害气体作业时，应使用隔离式防护用品，造成硫化氢中毒。

（3）现场人员盲目施救，施救人员在没有佩戴安全防护用品的情况下进罐救人，造成伤亡扩大。

（4）公司安全管理严重不到位，虽然制定了进入密闭空间作业的安全规定，但不执行；不能正确使用防护用品；在没有对作业储罐进行有毒、有害气体和氧含量检测分析，没有采取有效的防护措施的情况下，违章进入危险作业场所作业，导致事故发生。

案例十（*MK-C10*） "1·9"重庆某化学原料有限公司硫化氢中毒窒息事故

2008 年 1 月 9 日，重庆市某化学原料有限公司发生中毒窒息事故，造成 5 人死亡、13人中毒（其中 3 人重伤）。

一、事故经过

该化学原料有限公司主要生产、销售软磁铁氧体及其制品，发生事故的车间为该公司铁氧体颗粒生产车间。1月9日，该公司在铁氧体颗粒生产厂房内进行菱锰矿和稀硫酸反应的中间试验。14时许，2名工人下到循环水池边去关闭反应罐底阀时中毒窒息晕倒，落入1.6m深的循环水池。周边工人在未佩戴任何个人防护用品的情况下，相继进入循环水池施救也中毒窒息晕倒，事故共造成3名工人当场死亡，2名工人因抢救无效死亡，11人轻伤，3人重伤。

二、事故原因分析

（1）中试试验中菱锰矿和稀硫酸反应生成的含有硫化氢的二氧化碳气体从反应罐进料口和搅拌器连接口逸出，在反应罐下部的循环水系统集聚。操作工人下到循环水池边去关闭反应罐底阀时，中毒窒息晕倒。

（2）企业安全意识差，对进行的中间试验没有进行危险有害因素辨识，对中试产生的气体组成和危害缺乏认识，没有采取必要的通风措施。

（3）安全培训不到位，从业人员安全意识差。

（4）工人缺乏应急救援知识，施救人员没有采取任何防护措施的情况下，盲目施救，造成伤亡扩大。

案例十一（MK-C11） "5·31"青岛某宾馆重大硫化氢中毒事故

2002年5月31日8时30分，青岛市某宾馆在组织维修工疏通污水管道时，发生硫化氢气体中毒事故，造成3人中毒死亡。

一、事故经过

5月29日，热电燃气总公司工作人员通知因该宾馆污水管道堵塞，污水渗入地下热力管道道沟，要求立即予以疏通。5月30日下午4时左右，宾馆副总经理徐某请示主持宾馆工作的副总经理相某同意后，安排宾馆维修工宋某联系以前给宾馆疏通过污水管道的人来疏通，宋联系好后向徐进行了汇报。5月31日8时30分左右，宋某、李某、邵某3人来到宾馆西北角的污水检查井旁，李某和宋某先后下到污水检查井内，均因吸入有毒气体昏倒在井底，邵某见状急忙呼救，宾馆职工立即设法营救和拨打电话110、119、120报警。邵某救人心切，不听他人劝阻，在下井过程中吸入有毒气体昏迷而跌入井底。当地巡警、消防大队的干警接报后迅速赶到现场，消防队员戴防护面具下井将3人抬出。医务人员立即在现场对中毒人员进行抢救，至上午9时，确认3人抢救无效死亡。《急性中毒事故调查报告》《尸体检验报告》《抢救经过报告》。宋某、李某、邵某3人均为吸入高浓度的硫化氢气体中毒死亡。

二、事故原因分析

1. 直接原因

宋某、李某、邵某3人缺乏疏通污水管道作业的安全知识，安全观念淡薄，未采取任何防范措施，冒险进入危险场所。

2. 间接原因

（1）宾馆安排疏通污水管道工作时，没交代安全注意事项和采取必要的安全保障措施，未按规定对职工进行相应的安全教育和培训。

（2）非法个体户业主李某长期从事疏通污水管道作业，在从事疏通污水管道作业的过程中，未向工人传授有关安全知识、交代安全注意事项和提供必要的防护用具。

（3）疏通污水管道的人员缺乏预防硫化氢中毒的安全知识，未采取必要的防范措施。

案例十二（*MK-C12*）　"9·1"扬州硫化氢中毒事故

2007年9月1日，江苏省扬州市宝应县某公司组织工人清理藕制品的腌制池时，1人硫化氢中毒后，8人盲目参与施救，最终造成6人死亡、3人重伤。

一、事故经过

该有限公司是一家乡镇企业，主要生产藕腌制品。2007年9月1日前，该企业已经停产3个多月。为恢复生产，需对腌制池进行清理。腌制池位于玻璃钢顶的厂房内、敞口。腌制池深3.2m，长和宽各4m，池内盐水深0.3m。9月1日16时左右，公司的1名工人下到腌制池进行清理作业时，感觉不适，于是停止作业，在向池上爬的途中摔下。池边的另外1人发现后，立即呼救，随后相继有8人下池施救中毒。事故发生后，经取样检测，腌制池内硫化氢气体浓度达24mg/m³（空气中最大允许浓度是10mg/m³）。最终造成6人死亡、3人重伤。

二、事故原因分析

这是一起因盲目施救造成伤亡扩大的严重事故。事故主要原因有：

（1）池中有机物腐败变质产生大量硫化氢和氨气等有毒气体引起作业工人电击样死亡的中毒事故，腌制池底的盐液等残留物在夏季高温期间产生的硫化氢气体沉积在池内，浓度超标准。

（2）公司在组织工人清理腌制池前，没有进行有害气体检测，现场也没有有毒有害气体检测设备。

（3）公司在清理过程中，没有采取强制通风措施，只靠自然通风。

（4）作业人员没有佩戴防护用具，没有配备便携式有毒有害气体报警仪。

（5）8名施救人员也没有佩戴防护用具，冒险施救，造成伤亡扩大。

案例十三（MK-C13）　"9·28"赵县硫化氢中毒事故

1993 年 9 月 28 日 15 时，位于河北省石家庄市附近赵县的某油田一口预探井（编号为赵 48 井），在试油射孔过程中发生井喷，地层中大量硫化氢气体随着喷出井口，毒气扩散面积达 10 个乡镇，80 余个村庄。造成 7 人死亡，24 人中等中毒，440 余人轻度中毒，附近村民 22.6 万人被紧急疏散。

一、事故经过

赵 48 井位于河北省石家庄市赵县各子乡宋城村北约 700m 处，是一口预探井，在钻探中见到了良好的含油显示，为搞清地下情况，决定对该井进行逐层试油。1993 年 9 月 28 日下午，油田井下作业公司物理站射孔一队对该油井进行射孔，10min 后引爆射孔弹。在开始上提电缆时，井口发生外溢，外溢量逐渐增大，溢出的水中有气泡。当电缆全部从井提出后，作业队副队长李某立即带领当班的 5 名工人抢装事先备好的总闸门。在准备关闭套管闸门时，因有硫化氢气体随同压井液、轻质油及天然气一同喷出，使现场一名工人中毒昏迷。其他人员迅速将这名工人抬离现场，当其他人再想返回时，终因喷出的硫化氢气体浓度加大，工人们不得不从井口撤离。撤出井场后，李某及时向上级汇报并通知村民转移。

从 28 日夜至 29 日上午，抢险指挥部组织专家深入空地考察，制定抢险方案，筹备抢险设备、机具。29 日上午，由石油天然气总公司钻井局 16 人抢险小分队佩戴防毒面具接近井口，在当地驻军防化兵和井烃煤矿抢险队的支援下，华北油田 5 名抢险队员关闭了井口左右两翼套管闸门。9 时 20 分，抢险队完全控制了井喷，从井喷到控制井喷，历时 18 个小时。事故中，毒气扩散面积达 10 余个乡镇，造成 7 人死亡，24 人中度中毒，440 余人轻度中毒，当地附近村民 22.6 万人被迫紧急疏散。

二、事故原因分析

（1）试油作业时对该井含有硫化氢没有预见。
（2）作业队执行制度不严。
（3）没有严格按照设计要求组织施工。

案例十四（MK-C14）　硫化氢腐蚀钻具断落事故

一、事故经过

某井位于四川省宣汉县境内，设计井深 4840m，于 2006 年 4 月 8 日下防硫技术套管固井，安装 105MPa 的防硫井控系统，4 月 23 日三开钻进，钻至井深 3941.10m，7 月 24 日下取心筒准备再次取心时发生卡钻。卡钻后，注入解卡剂活动钻具解卡，并倒出一根钻杆。在随后循环排解卡液时发生溢流，随后关井，在关井过程中，因高含硫化氢气体涌入井内，导致钻杆氢脆断落，井场弥漫着高浓度硫化氢气体。其间通过点火排除硫化氢，火焰高达 30m。7 月 31 日压井成功，起出钻具 1011.75m，进入打捞阶段。

二、事故应急处理情况

（1）及时启动应急预案。事故发生后，井队施工人员立即启动四级井控防硫化氢应急预案，佩戴好空气呼吸器，并向有关部门报告，同时组织人员对周围 300m 内的 18 户居民共计 67 人进行疏散，随后进行放喷点火、加重压井、节流循环排气等处理措施，及时、有效地控制住了井口。

（2）成立了井下复杂情况处置领导小组。事故发生后，集团公司、滇黔桂石油局、南方分公司等单位的领导和专家及时赶到了现场，成立了某井井下事故处理领导小组，及时部署抢险方案，制定了《某井复杂情况处理应急方案》，进行抢险施工作业。7 月 28 日，取得了压井成功，没有造成人员伤亡事故，有效地防止了事态的进一步扩大。

三、事故原因

（1）气层硫化氢含量高。由于地层较深，硫化氢含量相当高，在取心时经便携式硫化氢监测仪检测硫化氢含量高达 1000ppm。当产层气体外溢时，对井内钻具造成了致命的伤害，钻具在受力作用下迅速发生氢脆断裂，使事故恶化。

（2）气层活跃。本井产层井段长，岩性发育好，气层活跃，当注入解卡剂时，泥饼遭到破坏，虽然当时密度能平衡地层压力，但是井壁孔隙度通道被打开，在泥浆近平衡状态下，地层流体大量进入井筒，在循环排出解卡剂时诱导了溢流的发生。

（3）地层复杂。产层位置地层复杂，钻井液密度稍高就容易发生井漏，密度稍低就发生井涌，调节范围小，稍有不慎便会导致事故发生。

（4）钻具不配套，没按设计要求使用抗硫钻具。

四、事故教训

（1）必须进一步加强对硫化氢危害的认识。在钻井过程中对硫化氢侵蚀钻具的后果没有实际感性认识，对深层次的危害缺乏认识。而在本次事故中，从发生溢流到钻具氢脆断裂，只有短短的 1h，通过这次事故，必须充分认识到硫化氢对钻具危害的严重性。

（2）要进一步落实应急预案，加强实战演练。井涌发生后，井场上弥漫着硫化氢气体，在放喷点火中也有部分气体从防喷管线内窜出。由于及时启动应急预案，组织事故抢险、疏散井场周边的居民，因而未造成人员伤亡，充分体现了应急预案以及演练工作的重要性。

（3）继续增加安全投入。川东北地区地层含硫量较大，要克服硫化氢危害，需要采取多种防范措施，在以后的生产中需要进一步增加防硫化氢资金的投入，并在设计时指出有效的防硫措施，钻井队施工时应严格遵守设计。

案例十五（MK-C15） 洗井过程中硫化氢中毒事故

一、事故经过

2005年10月12日晚上，某油田修井人员在对沧县境内的一口油井进行洗井作业时，突发硫化氢中毒事故，事故造成3人死亡，包括附近村民在内的15人送医院救治。工人洗井时所使用的除垢剂与油井里的一些物质混合后，产生硫化氢气体。硫化氢中毒是此次事故中工人伤亡的主要原因。当时，工人一边用泵车从油井内向方型罐内打水，一边掺入除垢剂等化学品，混合后，产生大量的硫化氢气体。

二、事故教训

（1）作业人员缺乏硫化氢防护知识，对有害气体危害的严重性认识不足。重点要突出岗位安全生产培训，使每个职工都能熟悉了解本岗位的职业危害因素、防护技术及救护知识，教育职工正确使用个人防护用品，教育职工遵章守纪。

（2）洗井时所使用的除垢剂与油井里的一些物质混合后，产生硫化氢气体发生中毒，国外资料有过这方面的报道，在洗井设计时，没有做这方面的考虑是发生事故的主要原因。

案例十六（MK-C16） 塔中某井完井试油过程中的
硫化氢溢出事故

一、事故经过

塔中某井是一口部署在塔中1号断裂坡折构造带上的评价井，井型为直井。该井于2005年7月23日10：00开钻，于11月21日12：00完井，至11月29日14：00正式转为试油。2005年12月24日13：00开始试油压井施工，根据监督开具的作业指令书的要求，先反挤清水90m³，再反挤入密度为1.25g/cm³、黏度为100s的高黏泥浆10m³，随后反挤注密度为1.25g/cm³、黏度为50s的泥浆120m³，此时套压下降至0MPa；倒管线试压合格后，于23：30开始正挤清水，挤入4m³后，由于泵压由42MPa上升至55MPa，停泵后压力不下降，于是试油监督决定由钻井队上井连接地面简易放喷管线进行放压，25日5：00~9：00，用6mm油嘴放喷点火、油管放压，油压下降至17MPa，放喷口处见液、火灭，至15：00观察，套压保持在1MPa，油压上升为40MPa。至18：00正挤注清水24m³和密度为1.25g/cm³、黏度为50s的泥浆35m³，此时油压、套压均为0MPa，注泥浆过程中，节流管汇畅通无泥浆返出，挤压井完毕，试油监督要求进行观察。在观察期间无异常，然后拆采油树，打开采油树右翼生产阀门，出口处没有油气和泥浆溢出。往油套管环空内注入泥浆 17m³，套压由 4MPa 下降至 0MPa，卸掉采油树与采油四通连接处的螺栓，对角留四个未卸。此时无泥浆或油气外溢迹象，起吊采油树，准备换装封井器时所用的钢圈，吊起采油树时井口无外溢，将采油树吊开后约 2min，井口开始有轻微外溢，于是立即组织班组人员抢接变扣接头及旋塞，期间井口泥浆喷势逐渐增大，抢接变扣接头及旋塞不成功，此时泥浆喷出高度已经达到 2m 左右。试油监督指挥进行重新抢装采油树，抢装采油树不成功，井口泥浆已喷出钻台面以上高度，并有硫化氢喷出。于是井队紧急启动《井喷失控的紧急处理》预案，立即停车、断电，组织井上人员撤离，立即摇响营房的手摇式硫化氢报警器，启动《营房硫化氢应急预案》，组织营房人员进行疏散。全部人员疏散到营房外的高地上。井喷溢出的含硫油化氢气体会导致人窒息死亡，事故发生在沙漠腹地尚未有人员受伤。因该井发生井喷，塔里木盆地的塔克拉玛干沙漠公路且末至轮台段自 26日起临时封闭 10 天。

二、事故处理

事故发生后，相关领导及部门人员及时赶赴事故现场，在油田公司抢险领导小组的统一指挥下，积极进行事故处理。期间，一是组织本单位职工严格按照抢险指挥部的各项指令进行抢险工作；二是立即委派两个督查小组分头前往其他各队传达甲方领导有关指示，并分别针对各施工井的不同工况提出重点防范措施和要求；三是污水泥浆反压井成功后，详细安排部署了恢复生产的各项措施和要求，力争把事故损失降到最低限度。

三、监控事故原因

（1）按监督指令正压井 35m³，观察 8～12h，正常后方可换装井口，正确的做法应该是观察正常后再正压井 35m³，方能更换井口。

（2）指令只有每隔 1h 往环空挤 1m³ 泥浆，却没有往油管内挤泥浆，从而导致油管内发生气侵，正确的方法应该是同时往油管内和环空挤泥浆。

（3）油管没有接回压凡尔或旋塞，导致发现溢流后抢接未成功，正确的方法应该是提前接好，油管接出钻台面。

（4）塔中冬季夜间气温较低（-18～-20℃），出现异常抢接回压凡尔，难度更大，如果换装井口改在白天施工，情况会更好。

（5）对于抢接变扣接头和旋塞，井队人员操作不熟练，对这些风险较大的作业应安排在白天完成。

四、事故教训

（1）施工人员对试油期间的井控工作重视程度不够，尤其对试油期间的风险工序不是很清楚。

（2）风险性较大的施工应安排在白天施工，尤其在冬季施工，必须要考虑周全，制定周密的应急预案和技术保障措施。

（3）发生轻微外溢后，是抢接变扣接头及旋塞，还是重新抢装采油树，在井喷预案中应有明确规定。

附　录

SY/T 7356—2017 培训模块与本教材章节模块对应表

受训人员分类	培训内容（标准规定模块）		实际操作	培训时间	培训内容（教材章节模块）		实际操作
	理论模块				理论模块		
机关管理人员	模块一、模块二、模块五、模块十四		项目1	8学时	MK-A1、MK-A2、MK-A3、MK-A6、MK-A16、MK-C		MK-B1
基层管理人员	模块一、模块三、模块四、模块五、模块六、模块七、模块十四		项目1 项目2 项目3 项目4	32学时	MK-A1、MK-A3、MK-A5、MK-A6、MK-A7、MK-A12、MK-A16、MK-C		MK-B1 MK-B2 MK-B3 MK-B4
	选学：模块九、模块十、模块十一、模块十二				MK-A8、MK-A9、MK-A10、MK-A11		
基层人员	模块一、模块三、模块五、模块六、模块七		项目1 项目2 项目3 项目4	20学时	MK-A1、MK-A3、MK-A6、MK-A7、MK-A12、MK-C		MK-B1 MK-B2 MK-B3 MK-B4
	选学：模块九、模块十、模块十一、模块十二				MK-A8、MK-A9、MK-A10、MK-A11		
设计人员	模块一、模块四、模块五、模块八、模块十三、模块十四		项目1	32学时	MK-A1、MK-A5、MK-A6、MK-A13、MK-A14、MK-A16、MK-C		MK-B1
	选学：模块九、模块十、模块十一、模块十二				MK-A8、MK-A9、MK-A10、MK-A11		
应急救援人员	模块一、模块二、模块三、模块四、模块五、模块六、模块七、模块九、模块十、模块十一、模块十二		项目1 项目2 项目3 项目4	32学时	MK-A1、MK-A2、MK-A3、MK-A4、MK-A5、MK-A6、MK-A7、MK-A8、MK-A9、MK-A10、MK-A11、MK-A12、MK-C		MK-B1 MK-B2 MK-B3 MK-B4
现场服务人员	模块一、模块五、模块十四		项目1 项目4	16学时	MK-A1、MK-A6、MK-A16、MK-C		MK-B1 MK-B4
公众	模块十五		—	告知	MK-A15		—

注：基层管理人员、基层人员、设计人员的培训按专业对应选学模块。

参考文献

[1] 彭国生. 石油作业硫化氢防护与处理 [M]. 东营：中国石油大学出版社，2005.

[2] 李强. 钻井作业硫化氢防护 [M]. 北京：石油工业出版社，2006.

[3] 张桂林. 井下作业井控技术 [M]. 北京：石油工业出版社，2006.

[4] 陈安标，刘钰，等. 油田作业 HSE 培训系列教材 [M]. 北京：中国石化出版社，2009.

[5] 刘钰，等. 硫化氢防护培训教材（第三版）[M]. 北京：中国石化出版社，2015.

[6] 卢世红，等. 中国石化油田企业 HSE 培训教材（陆上钻井）[M]. 青岛：中国石油大学出版社，2017.

[7] 卢世红，等. 中国石化油田企业 HSE 培训教材（陆上井下作业）[M]. 青岛：中国石油大学出版社，2017.

[8] 卢世红，等. 中国石化油田企业 HSE 培训教材（陆上采油）[M]. 青岛：中国石油大学出版社，2017.

[9] 卢世红，等. 中国石化油田企业 HSE 培训教材（陆上采气）[M]. 青岛：中国石油大学出版社，2017.

[10] 卢世红，等. 中国石化油田企业 HSE 培训教材（陆上原油集输）[M]. 青岛：中国石油大学出版社，2017.

[11] 卢世红，等. 中国石化油田企业 HSE 培训教材（陆上天然气集输）[M]. 青岛：中国石油大学出版社，2017.

[12] 卢世红，等. 中国石化油田企业 HSE 培训教材（天然气净化处理）[M]. 青岛：中国石油大学出版社，2017.

[13] 张荣，练学宁，等. 危险化学品作业人员安全技术知识培训教程 [M]. 北京：中国劳动社会保障出版社，2014.

[14] 王毅，刘健，等. 危险化学品从业人员安全培训教材 [M]. 北京：中国石化出版社，2014.

[15] 王军. 炼油装置中硫化亚铁的产生及自燃的预防浅析 [J]. 广东化工，2017，(14).

[16] 马金秋，等. 典型炼油装置硫化亚铁自燃分析及对策 [J]. 山东化工，2010，(06).

[17] 王礼静，等. 油罐硫化亚铁自燃预防措施 [J]. 石油和化工设备，2009，(02).

[18] 油气田腐蚀与防护技术手册编委会. 油气田腐蚀与防护技术手册 [M]. 北京：石油工业出版社，1999.

[19] 陈明，崔琦，等. 硫化氢腐蚀机理和防护的研究现状及进展 [J]. 石油工程建设，2010.

[20] 吕文奇，等. 浅谈油气田开发中硫化氢对钢材的腐蚀及对策，油井管技术及标准化国际研讨会论文集. 北京：石油工业标准化通讯出版社，2006.

[21] GB/T 29639，生产经营单位生产安全事故应急预案编制导则 [S].

[22] GB 50183—2004，石油天然气工程设计防火规范 [S].

[23] GBZ/T 259—2014，硫化氢职业危害防护导则 [S].

[24] SY/T 7356—2017，硫化氢防护安全培训规范 [S].

[25] SY/T 5087—2017，硫化氢环境钻井场所作业安全规范 [S].

[26] SY/T 6610—2017，硫化氢环境井下作业场所作业安全规范 [S].

[27] SY/T 7358—2017，硫化氢环境原油采集与处理安全规范 [S].

［28］SY/T 6137—2017，硫化氢环境天然气采集与处理安全规范［S］.

［29］SY/T 6277—2017，硫化氢环境人身防护规范［S］.

［30］SY/T 7357—2017，硫化氢环境应急救援规范［S］.

［31］SY 5225—2012，石油天然气钻井、开发、储运防火防爆安全生产技术规程［S］.

［32］GB 13495.1—2015，消防安全标志第 1 部分：标志［S］.

［33］GB 2894—2008，安全标志及其使用导则［S］.

［34］SY 6355—2017，石油天然气生产专用安全标志［S］.

［35］SY/T 7028—2016，钻（修）井井架逃生装置安全规范［S］.

［36］GBZ 158—2003，工作场所职业病危害警示标识［S］.

［37］SY/T 6203—2014，油气井井喷着火抢险作法［S］.

［38］GBZ1，工业企业设计卫生标准［S］.

［39］GB/T 20972.3—2008，石油天然气工业油气开采中用于含硫化氢环境的材料第 3 部分：抗开裂耐蚀合金和其他合金［S］.

［40］GB 12358—2006，作业场所环境气体检测报警仪通用技术要求［S］.

［41］GB 3836.1，爆炸性环境第 1 部分：设备通用要求［S］.

［42］GB 3836.2，爆炸性环境第 2 部分：由隔爆外壳"d"保护的设备［S］.

［43］GB 3836.4，爆炸性环境第 4 部分：由本质安全型"i"保护的设备［S］.

［44］GB 6095，安全带［S］.

［45］SY/T6666—2017，石油天然气工业用钢丝绳的选用和维护的推荐作法［S］.

［46］GB 2893—2008，安全色［S］.

［47］JJG 695，飘尘采样器检定方法［S］.

［48］GA 124，正压式消防空气呼吸器标准［S］.

［49］ANSI Z358.1—2014，应急洗眼和淋浴用设备［S］.

［50］GB/T 31033，石油天然气钻井井控技术规范［S］.

［51］SY/T 6857.1，石油天然气工业特殊环境用油井管第 1 部分：含 H_2S 油气［S］.

［52］SY/T 5466，钻前工程及井场布置技术要求［S］.

［53］GB/T 22513—2013，石油天然气工业钻井和采油设备井口装置和采油树［S］.